建设工程监理从业人员能力教育系列教材

建设工程项目监理实务

王东升　李世钧　主编

中国建筑工业出版社

图书在版编目（CIP）数据

建设工程项目监理实务 / 王东升，李世钧主编. —
北京 ：中国建筑工业出版社，2021.3（2023.4重印）
建设工程监理从业人员能力教育系列教材
ISBN 978-7-112-25743-0

Ⅰ. ①建… Ⅱ. ①王… ②李… Ⅲ. ①建筑工程—施
工监理—职业培训—教材 Ⅳ. ①TU712.2

中国版本图书馆 CIP 数据核字（2020）第 252387 号

责任编辑：李　杰
责任校对：赵　菲

建设工程监理从业人员能力教育系列教材
建设工程项目监理实务
王东升　李世钧　主编

*

中国建筑工业出版社出版、发行（北京海淀三里河路9号）

各地新华书店、建筑书店经销

北京红光制版公司制版

河北鹏润印刷有限公司印刷

*

开本：787 毫米×1092 毫米　1/16　印张：22¾　字数：473 千字
2021 年 8 月第一版　　2023 年 4 月第三次印刷
定价：**88.00** 元
ISBN 978-7-112-25743-0
（36603）

本书编委会

主　　编：王东升　李世钧

副 主 编：盛　谊　张　雷　周晓宙

参编人员：庄文光　徐希庆　屈增涛　孙　燕　鲍利珂

　　　　　江伟帅　王志超　邹晓红　宋　超

审　　定：徐友全

出 版 说 明

 为了进一步提高建设工程监理从业人员的工作能力和水平，提升建设工程监理队伍的整体素质，促进建设工程监理工作高质量发展，按照《中华人民共和国建筑法》《中华人民共和国安全生产法》《建设工程质量管理条例》《建设工程安全生产管理条例》《民用建筑节能条例》《注册监理工程师管理规定》《建设工程监理规范》GB/T 50319—2013、《国务院办公厅关于促进建筑业持续健康发展的意见》（国办发〔2017〕19号）、《国务院办公厅转发住房城乡建设部关于完善质量保障体系提升建筑工程品质指导意见的通知》（国办函〔2019〕92号）等法律、法规、规范的要求，编写了这套《建设工程监理从业人员能力教育系列教材》，供各级建设管理部门、行业协会和监理企业组织开展监理人员岗前培训及继续教育使用。

 建设工程监理从业人员教育培训，旨在使从业人员熟悉工程监理相关法律法规及规范要求，掌握基本的监理业务知识，增强从业人员的法律意识、责任意识，规范监理工作行为，提高业务水平，培养造就一支懂经济、懂技术、懂法律、会管理的建设工程监理专业人才队伍，促进建设工程监理事业高质量发展。在编撰过程中，我们本着理论联系实践的原则，着重于提高监理人员解决实际问题的能力，重点体现综合性、实践性、通用性和前瞻性。本套教材与相关学历教育相结合，与监理人员业务水平相结合，与现行建设工程法律、法规、标准规范相结合，与建设工程监理咨询服务需求相结合，以适应现代化建设的发展需要。本套教材编撰者为高等院校、行政管理部门、行业协会、监理企业等单位的专家学者，教材可以作为建设工程监理从业人员能力教育培训用书，也可供工程类院校师生教学时参考。

 在本套教材编写过程中，得到了山东省住房和城乡建设厅、山东省建设工程监理与咨询协会、清华大学、中国海洋大学、山东师范大学、山东科技大学、山东建筑大学、烟台大学、青岛理工大学、北京清大鲁班国际信息技术集团有限公司、山东海达云工程咨询集团有限公司、山东中英国际建筑技术集团有限公司、青岛华海科技文化传媒有限公司、中国建筑工业出版社等单位及部分监理企业的大力支持，在此表示衷心的感谢。

 本套教材的编写，虽经反复推敲核证，仍难免有疏漏之处，恳请广大读者提出宝贵意见。

编审委员会

2021年6月

前　言

本书是根据《中华人民共和国建筑法》《中华人民共和国安全生产法》《建设工程质量管理条例》《建设工程安全生产管理条例》《民用建筑节能条例》《注册监理工程师管理规定》《建设工程监理规范》GB/T 50319—2013 以及建设工程监理有关法律法规、标准规范的相关要求编写而成。作为《建设工程监理从业人员能力教育系列教材》之一，本书的主要内容包括建筑识图、现场消防安全、现场土建监理、现场安装监理以及相应的案例等方面。通过对本书的学习，可以使建设工程监理从业人员更好地熟悉建设工程监理工作的相关内容，掌握建设工程监理理论知识在实践中的应用，从而提升监理工作的效率与质量。

本书在编撰过程中，坚持理论联系实践的原则，着重于培养监理从业人员解决实际问题的能力，重点体现综合性、实践性、通用性和前瞻性。本书可以作为建设工程监理从业人员的能力教育培训用书，也可供工程类院校师生教学时参考。

本书虽经反复推敲核证，仍难免有疏漏之处，恳请广大读者提出宝贵意见。

编　者
2021 年 6 月

目　　录

第一章 建 筑 识 图

第一节 施工图基本知识

一套房屋施工图，视房屋复杂程度的不同，其数量少则几张、十几张，多则几十张甚至几百张。根据图样内容与作用的不同，施工图可分为建筑施工图（简称"建施"）、结构施工图（简称"结施"）和设备施工图（简称"设施"）。建筑施工图是表示房屋总体布局、外部形状、内部布置及细部构造、内外装修、施工要求等情况的图样。它的基本图纸包括总平面图、平面图、立面图和剖面图。此外还有若干详图，一般有楼梯、门、窗、墙身、厕所、浴室等部分的图样。

房屋施工图是施工的主要依据。为使房屋施工图做到基本统一、清晰简明，满足设计、施工、存档的要求，以适应工程建筑的需要，我国制定了《房屋建筑制图统一标准》GB/T 50001—2017、《建筑制图标准》GB/T 50104—2010、《总图制图标准》GB/T 50103—2010 等标准。在绘制房屋施工图时，必须严格遵守国家标准中的有关规定。

一、图线

《房屋建筑制图统一标准》GB/T 50001—2017 中规定，施工图中的图线宽度用 b 表示，应从下列线宽系列中选取：0.35mm、0.5mm、0.7mm、1.0mm、1.4mm、2.0mm。每个图样，应根据复杂程度与比例大小，先确定基本线宽 b，再选用表 1-1 中适当的线宽组。若选线宽 b 为 1.0mm，则 $0.5b$ 应为 0.5mm，$0.25b$ 则为 0.25mm。施工图中的线型应符合表 1-1 中的规定。

线型

表 1-1

名称		线型	线宽	一般用途
实线	粗	——————	b	主要可见轮廓线
	中	——————	$0.5b$	可见轮廓线
	细	——————	$0.25b$	可见轮廓线、图例线等
虚线	粗	— — — — —	b	见有关专业制图标准
	中	— — — — —	$0.5b$	不可见轮廓线
	细	— — — — —	$0.25b$	不可见轮廓线、图例线等

名称		线型	线宽	一般用途
单点长画线	粗	—·—·—·—·	b	见有关专业制图标准
	中	—·—·—·—·—	0.5b	见有关专业制图标准
	细	—·—·—·—·	0.25b	中心线、对称线等
双点长画线	粗	—··—··—··—	b	见有关专业制图标准
	中	—··—··—··—	0.5b	见有关专业制图标准
	细	—··—··—··—	0.25b	假想轮廓线、成型前原始轮廓线
折断线		——〜——	0.25b	断开界线
波浪线		〜〜〜〜	0.25b	断开界线

二、定位轴线

建筑施工图中的定位轴线是施工中定位、放线的重要依据，凡是承重墙、柱子等主要承重构件都应画出轴线来确定其位置。对于非承重的分隔墙、次要承重构件等，则可用分轴线或注明它与附近轴线的相关尺寸来确定其位置。

定位轴线采用细点画线表示，并应编号，编号应注写在轴线端部的圆圈内。圆圈用细实线绘制，直径为 8mm。平面图中定位轴线的编号，宜标注在下方与左侧。横向编号应用阿拉伯数字，从左至右顺序编写。竖向编号应用大写拉丁字母，从下至上顺序编写（I、O、Z 不得用作编号）。两根轴线之间有附加的分轴线时，编号用分数表示，分母表示前一轴线的编号，分子表示本附加轴线的编号（图 1-1）。

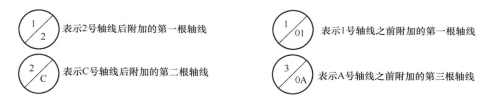

图 1-1 附加轴线的编号

三、标高

标高用标高符号加数字表示。标高符号用细实线绘制，形式如图 1-2 所示。标高符

图 1-2 标高符号

号的尖端应指至被注的高度，尖端可向下，也可向上。标高数字以米（m）为单位。

单体建筑工程施工图中标高数字应注写到小数点后第三位，在总平面图中则注写到小数点后第二位。零点标高应写成±0.000，正数标高不注"＋"号，负数标高则应注"－"号。在平面图中的标高符号，尖端处设有短的横线。在总平面图中用涂黑的直角三角形表示室外的地面标高，此时注的标高为绝对标高。绝对标高是以我国黄海的平均海平面为零点测出的高度尺寸。在图样的同一位置需表示几个不同标高时，标高数字可重叠放置。

四、索引符号和详图符号

当图样中某一局部或构件需另用较大比例绘制的详图表达时，应采用索引符号，索引符号如图 1-3 所示。圆圈及直径均应以细实线绘制，圆的直径为 10mm。若索引出的详图与被索引的图样在同一张图纸内，则应在索引符号的上半圆内用阿拉伯数字注明该详图的编号，并在下半圆中间画一段水平细实线，如图 1-3（a）所示。如果索引出的详图与被索引的图样不在同一张图纸内，应在索引符号的下半圆内用阿拉伯数字注明该详图所在图纸的编号。例如，图 1-3（b）中所注的是编号为 5 的详图画在了第 2张图纸上。索引出的详图，如采用标准图，则应在索引符号水平直径的延长线上加注该标准图册的编号，如图 1-3（c）所示。

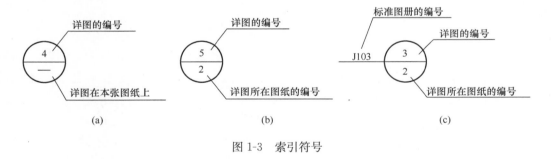

图 1-3　索引符号

详图的位置和编号，应以详图符号表示，其样式如图 1-4 所示。详图符号用粗实线圆绘制，直径为 14mm。

当详图与被索引的图样在同一张图纸内时，应在详图符号内用阿拉伯数字注明本详图的标号，如图 1-4（a）所示。当详图与被索引的图样不在同一张图纸内时，可用细实线在详图符号内画一水平直径，在上半圆内注明本详图的编号，在下半圆内则注

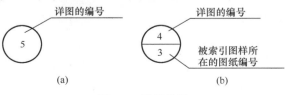

图 1-4　详图符号

明被索图样所在的图纸编号。这样详图和被索引的图样就彼此呼应起来，如图 1-4（b）所示。

第二节　房屋总平面图

房屋总平面图是表示建筑场地总体情况的平面图。总平面图通常采用较小的比例绘制，如 1：500、1：1000、1：2000 等。总平面图中包括的内容较多，除了房屋本身的平面形状和总体尺寸外，还包括拟建房屋的坐落位置、与既有建筑物及道路的关系。此外，还应包括绿化布置、远景规划等。

在总平面图中，应标注拟建房屋的具体尺寸。通常可根据原有建筑物或主要道路边线来定位，尺寸的单位规定为米（m）。总平面图中已建的房屋用细实线画出，拟建的房屋用粗实线画出。拟建房屋是用原有房屋来定位的。建筑预留场地用虚线画出。在每幢房屋角上用小黑点量来表示本幢房屋的层数。此外，图中还应画出指北针，用以表明房屋的朝向。总平面图中的各种地物用图例表示，表 1-2 中列举了制图标准中规定的几种图例。

房屋总平面图常用的图例　　　　　　　　　表 1-2

名称	图　　例	说　　明	名称	图　　例	说　　明
新建的建筑物		1. 上图为不画入口图例，下图为画入口图例。 2. 需要时，可在图形内右上角以点数或数字表示层数。 3. 用粗实线表示	既有道路		
既有建筑物		1. 应注明拟利用者。 2. 用细实线表示	拆除的道路		
拆除的建筑物		用细实线表示	指北针		1. 用细实线表示。 2. 圆的直径为 24mm。 3. 指针尾部宽宜为 3mm
计划扩建的预留地或建筑物		用中虚线表示	围墙及大门		上图为砖石、混凝土或金属材料的围墙；下图为镀锌钢丝网、篱笆等围墙。 　如仅画围墙时，不画大门

续表

名称	图　例	说　明	名称	图　例	说　明
人行道			草木花卉		
草地					

第三节　建筑施工图识读

一、建筑平面图

楼层的建筑平面图是假想用水平剖切面在稍高于窗台的位置将房屋剖开，把剖切面以上的部分移开，将剩余部分向下投射得到的水平剖面（剖视）图（图1-5）。

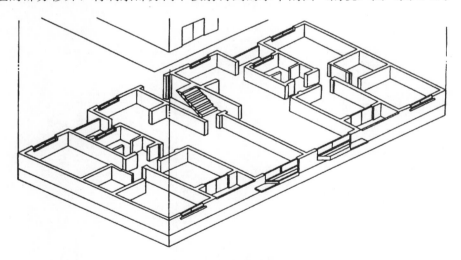

图 1-5　平面图的形成

尽管实际上是水平剖面图，但习惯上仍称之为平面图。一般来说，房屋有几层，就应画出几个平面图，并且以楼层命名。例如，三层房屋就应画出底层平面图、二层平面图和三层平面图。但如果多层房屋的中间各层房间分隔情况相同，也可将相同的几层画成一个标准层平面图。

楼层建筑平面图主要用来表示房屋的平面形式、内部布置以及房间的分隔和门窗的位置。底层平面图上还要画出室外的散水。

5

1. 平面图中的图线

平面图中剖切到的墙用粗实线画出，通常不画剖面线。门、窗、楼梯都用图例表示。图例用细实线画出，门的开启方向用 45°的中实线表示。门的代号为 M，根据宽度、高度的不同，分别用 M-1、M-2 等来表示。窗的代号为 C，根据宽度和高度的不同，分别用 C-1、C-2 等表示。门、窗的具体尺寸可查门窗表。卫生间的设施，如洗脸盆、坐式大便器、浴盆、污水池等均用图例表示。表 1-3 中列出了部分常用配件的图例。

常用配件的图例 表 1-3

名称	图例	说明	名称	图例	说明
单扇门		1. 门的名称代号用 M 表示。 2. 剖面图上左为外、右为内，平面图上下为外、上为内。 3. 立面形式应按实际情况绘制	浴盆		楼梯的形式及步数应按实际情况绘制
双扇推拉门			底层楼梯		
			中间层楼梯		
			顶层楼梯		
固定窗		1. 窗的名称代号用 C 表示。 2. 剖面图上左为外、右为内，平面图上下为外、上为内。 3. 窗的立面形式应按实际情况绘制	洗脸盆		
			立式洗脸盆		
推拉窗			坐式大便器		
			污水池		

2. 平面图中的尺寸

平面图中沿房屋长度方向要标注三道尺寸：靠里一道尺寸表明外墙上门、窗洞的位置以及窗间墙与轴线的关系；中间一道尺寸标注的是房间的轴线尺寸，称为房屋的开间尺寸；外面一道尺寸表明房屋的总长，即从墙边到墙边的尺寸。竖向也要标注三道尺寸：靠里一道尺寸标注定位轴线之间的尺寸；第二道尺寸标注的是房屋的进深尺寸；外边一道尺寸标注的是房屋宽度的总尺寸。由于房间的开间不同，因此可在另一侧再标注两道尺寸，靠里一道尺寸是门、窗位置尺寸，另一道尺寸是开间尺寸。此外，在平面图内还应标注出墙的厚度尺寸、散水的宽度尺寸。通常还应注明地面的标高，如底层地面标高为±0.000。在标准层平面图中，应注出各层楼面的标高。在底层平面图中，还应注出作剖面图时的剖切位置，剖切符号用粗实线画出。

3. 其他平面图

屋顶平面图用箭头表明排水方向，用数字表示屋面或天沟的排水坡度，符号为 i（%）。有时为了表明某个局部的平面布局，也常画出局部平面图，比如对卫生间单独画出卫生间平面图等。

二、建筑立面图

为了反映房屋立面的形状，把房屋向着与各墙面平行的投影面进行投射所得到的图形称为房屋各个立面的立面图。立面图可根据两端定位轴线的编号来确定名称，也可按平面图各面的朝向确定名称，如东立面图、南立面图等。有时也把房屋主要出入口或反映房屋外貌主要特征的立面图作为正立面图，相应地可定出背立面图和侧立面图等。

1. 立面图表达的内容和图线

立面图主要用于表示房屋的外部形状、高度和立面装修。

在立面图中，外轮廓线是粗实线，地面线用加粗线表示，门、窗、台阶、阳台轮廓用中实线表示，门窗分隔线用细实线表示，引条线也用细实线表示。

2. 立面图中的尺寸

立面图中的尺寸较少，通常只注出几个主要部位的标高，如室外地面的标高、勒脚的标高、屋顶的标高等。竖向标注有两道尺寸：靠里一道尺寸标注的是阳台、窗洞及窗间墙的高度，外面一道尺寸标注的是每一层的高度和檐沟板的高度。此外，还应标注出房屋两端的定位轴线位置，以便与平面图相对应。

三、建筑剖面图

剖面图是假想用平行于某一墙面的平面（一般平行于横墙）剖切房屋所得到的垂直剖面图。虽然是剖面图，但照例仍不画剖面线。剖面图主要用于表示房屋内部的构造、分层情况、各部分之间的联系及高度等。剖切位置通常选在内部构造比较复杂和典型的部位，并应通过门、窗洞、楼梯等位置。

1. 剖面图表示的内容和图线

剖面图的剖切位置可从底层平面图中看出。

剖面图中被剖切到的墙、楼梯、各层楼板、休息平台等均使用粗实线画出，没剖切到但投影时看到的部分用中实线画出。门窗仍用图例表示，画成细实线，室外地坪线仍画成加粗线。

2. 剖面图中的尺寸

剖面图中主要标注高度尺寸。应标注出各层楼面、休息平台和屋顶的标高，以及外墙门窗洞口的高度尺寸。在图的一侧标注出进门的门洞高度、窗间墙高度以及楼梯间门窗的高度。图的另一侧有两道尺寸：靠里一道尺寸是该侧的窗洞高、窗间墙高，外边一道尺寸是楼层的层高。另外，图中还应标注出轴线之间的尺寸。

四、建筑详图

建筑平面图、立面图、剖面图反映了房屋的全貌，但由于所用比例较小，对局部的构造不能表达清楚。为了满足施工需要，通常应将这些局部构造用较大的比例详细画出，这种图称为建筑详图，也称为大样图。

需要画出详图的一般有外墙身、楼梯、厨房、厕所、阳台、门窗等。

1. 墙身节点详图

墙身节点详图的作用是与建筑平面图配合起来作为墙身施工的依据。通常采用1：10或1：20的比例详细画出墙身的散水、勒脚、窗台、屋檐等各节点的构造和做法。

墙身节点详图中应表明墙身与轴线的关系，在散水、勒脚节点详图中，轴线应居中。散水的做法在图中用多层构造的引出线表示：引出线贯穿各层，在引出线的一侧画有三道短横线，在它旁边用文字说明各层的构造及厚度。在窗台节点详图中应表明窗过梁、楼面、窗台的做法。楼面的构造用多层构造引出线表示。在檐口节点详图中应表明檐沟的做法及屋面的构造。

在墙身节点详图中剖切到的墙身线、檐口、楼面、屋面均应使用粗实线画出；看到的屋顶上的砖墩、窗洞处的外墙边线、踢脚线等用中实线绘制；粉刷线用细实线画出。

墙身节点详图中的尺寸不多，主要应标注出轴线与墙身的关系、散水的宽度、踢脚板的高度、窗过梁的高度、挑檐板的高度及挑檐板伸出轴线的距离等。另外，还应注出几个标高，即室内地坪标高、防潮层标高、室外地面标高等，在图中还应用箭头表示出散水的坡度和排水方向。

2. 楼梯详图

楼梯详图包括楼梯平面图和楼梯剖面图。楼梯平面图包括底层平面图、标准层平面图和顶层平面图。底层平面图是在一层和二层之间的休息平台以下剖切得到的，梯段被剖切处的实际投影与踏步平行，且其位置不确定。但为了避免剖切处的投影与踏步线混淆，应在平面图中把剖切处画成斜的折断线，其倾斜方向是使梯段在靠墙的一侧长一些，靠扶手的一侧短一些。在图中用箭头标明上楼和下楼方向。标准层平面图是将中间各层合并到二层平面图上画出的，二层平面图是在二层和三层之间的休息平台以下剖切得到的。折断线应画在上行梯段，所谓"上行"，是按人站在二层楼面来说的。折断线的两边分别是不同梯段的投影，一边是楼面处的上行梯段，另一边是休息平台处的下行梯段，箭头标明了上楼和下楼的方向。由于标准层平面图代表了中间各层的平面图，因此图中应注明几个不同的标高。顶层平面图是在顶层楼面以上，于略高于窗台处剖切得到的。它可与房屋顶层平面的剖切位置相同，当从上往下看时，看到的全是下行梯段。因此，在图中只需用箭头标明下楼的方向。

在楼梯平面图中应注明梯段的有关尺寸，注明每个梯段长是多少、梯段的宽是多少，以及每个踏步的尺寸和踏步数、两个梯段之间的梯井宽度、起步位置到门洞的距离、休息平台宽度等。在底层平面图中还应标明台阶到入口处的距离。另外，图中还应标注出定位轴线、门、窗洞口的尺寸，并标注相应的标高，即出入口处地面标高、室内地面标高、休息平台标高、楼面标高等。

图线表达：如果墙、门、窗、休息平台、各层楼面及一侧踏步均被剖到了，则在图中用粗实线表示。另一侧踏步没有被剖切到，但是能看到的，应用中实线表示，图例用细实线画出。

在楼梯剖面图中标注的尺寸有门、窗洞口的高度尺寸，每个梯段的高度尺寸，扶手的高度尺寸以及楼梯间被剖切到的进深尺寸。此外，还应标注出各层楼面的标高、各休息平台的标高以及进楼梯间未上台阶时的地面标高。

第四节　结构施工图识读

一、钢筋混凝土结构的图示方法

1. 钢筋混凝土构件图的内容

（1）模板图

模板图即构件的外形图。对于形状简单的构件，可不必单独画模板图。

（2）配筋图

配筋图主要表达钢筋在构件中的分布情况，通常有配筋平面图、配筋立面图、配筋断面图等。

钢筋在混凝土中不是单根游离放置的，而是将各钢筋用钢丝绑扎或焊接成钢筋骨架或网片。梁、板的钢筋骨架由下列种类的钢筋组成：

1）受力钢筋——是承受构件内力的主要钢筋。

2）架立钢筋——起架立作用，以构成钢筋骨架。

3）箍筋——固定各钢筋的位置并承受剪力。

4）分布钢筋——常用于板式构件中，将板面承受的力分配给受力钢筋，并防止混凝土开裂，同时也起固定受力钢筋位置的作用（图 1-6）。

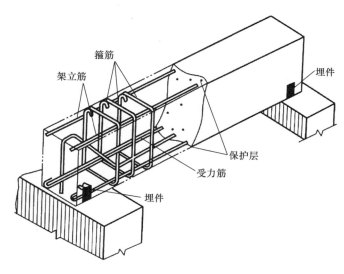

图 1-6　梁的钢筋骨架

2. 配筋图中钢筋的一般表示方法

（1）图线

钢筋不按实际投影绘制，只用单线条表示。为突出钢筋，在配筋图中，可见的钢筋应用粗实线绘制。钢筋的横断面用涂黑的圆点表示。不可见的钢筋用粗虚线绘制、预应力钢筋用粗双点划线绘制。

（2）钢筋的编号和品种代号

构件内的各种钢筋应予以编号，以便于识别。编号采用阿拉伯数字，写在直径为6mm 的细线圆圈中。

在编号引出线的文字说明中，钢筋品种代号由直径符号变化而来，常用钢筋的品种代号列于表 1-4 中。

常用的钢筋代号

表 1-4

种类		符号
热轧钢筋	HPB235（Q235）	Φ
	HRB335（20MnSi）	Φ
	HRB400（20MnSiV，20MnSiNb）	Φ
	RRB400（K20MnSi）	ΦR

（3）尺寸标注

钢筋图上尺寸的注写形式与其他工程图相比，有以下明显的特点：

1）对于构件外形尺寸、构件轴线的定位尺寸、钢筋的定位尺寸等，采用普通的尺寸线标注方式标注。

2）钢筋的数量、品种、直径及均匀分布的钢筋间距等，通常与钢筋编号集中在一起，用引出线标注。

3）钢筋成型的分段长度直接顺着钢筋写在一旁，不画尺寸线。钢筋的弯起角度常按分量形式注写并标注出水平及竖直方向的分量长度。

（4）阅读钢筋混凝土构件图

钢筋混凝土构件图阅读的要点如下：

1）弄清该构件的名称、绘图比例及有关施工、材料等方面的技术要求。

2）弄清构件的外形和尺寸。

3）弄清构件中各号钢筋的位置、形状、尺寸、品种、直径和数量。

4）弄清各钢筋间的相对位置及钢筋骨架在构件中的位置。

3．钢筋混凝土结构构件平法表示

详见混凝土结构施工图平面整体表示方法制图规则和构造详图（现浇混凝土框架、剪力墙、梁、板）16G101-1。

二、结构施工图

结构施工图中一般包括基础平面图、楼层结构平面图、构件详图、节点详图等。也可将构件详图和节点详图合并为一类，称为结构详图。为便于阅读，在结构施工图中常用结构构件代号（表 1-5）来表示构件的名称。

常用结构构件代号　　　　　　　　　　　　　　　　表 1-5

序号	名称	代号	序号	名称	代号	序号	名称	代号
1	板	B	15	吊车梁	DL	29	基础	J
2	屋面板	WB	16	圈梁	QL	30	设备基础	SJ
3	空心板	KB	17	过梁	GL	31	桩	ZH
4	槽形板	CB	18	连系梁	LL	32	柱间支撑	ZC
5	折板	ZB	19	基础梁	JL	33	垂直支撑	CC
6	密肋板	MB	20	楼梯梁	TL	34	水平支撑	SC
7	楼梯板	TB	21	檩条	LT	35	梯	T
8	盖板或沟盖板	GB	22	屋架	WJ	36	雨篷	YP
9	挡雨板或檐口板	YB	23	托架	TJ	37	阳台	YT
10	吊车安全走道板	DB	24	天窗架	CJ	38	梁垫	LD
11	墙板	QB	25	框架	KJ	39	预埋件	M
12	天沟板	TGB	26	刚架	GJ	40	天窗端壁	TD
13	梁	L	27	支架	ZJ	41	钢筋网	W
14	屋面梁	WL	28	柱	Z	42	钢筋骨架	G

1. 基础平面图

基础平面图是假想用水平剖切面，沿房屋的底层地面将房屋剖开，移去剖切平面以上的房屋和基础回填土后所得到的水平投影。

在基础平面图中，剖切到的墙用中实线画出，墙两侧的细实线表示基坑的边线。如有可见的基础梁，在基础平面图上用单线条的粗实线表示，对于不可见的基础梁，则用单线条的粗虚线表示。在基础平面图中应标注轴线标号和有关尺寸，包括轴线间的尺寸、轴线到基坑边及基础墙边的尺寸、基坑边线和基础墙的宽度尺寸等。

2. 基础断面详图

基础断面详图主要表示基础各组成部分的形状、尺寸、材料和基础的埋置深度等内容。应尽可能将它与基础平面图画在同一张图纸上，以便对照施工。

3. 结构平面布置图

结构平面布置图是表示墙、梁、板、柱等承重构件在平面图中位置的图样，是施工中布置各层承重构件的依据。

结构平面布置图是假想用一个紧贴楼面的水平面剖切楼层后所得到的水平投影。一幢房屋如果有若干层的楼面结构布置相同时，可合用一个结构平面布置图。若为不同的结构布置，则应有各自不同的结构平面布置图。屋顶结构布置要适应排水、隔热等特殊要求，因此，屋顶的结构布置通常要另外画成屋顶结构平面布置图。屋顶结构平面布置图的内容和图示特点与楼层结构平面布置相似。

在结构平面布置图中，涂黑的部分往往是柱的位置。墙边线因被铺设在其上的楼板遮挡而看不见，应画成中虚线。其余未被挡住的墙边线画成中实线。梁若用单线表示，则画成粗虚线。楼面结构平面布置图中的尺寸，除应标注出轴线尺寸和总尺寸外，还应标注出梁的定位尺寸。

第二章　建设工程施工现场消防安全技术规范[●]

第一节　总　　则

1.0.1　为预防建设工程施工现场火灾，减少火灾危害，保护人身和财产安全，制定本规范。

1.0.2　本规范适用于新建、改建和扩建等各类建设工程施工现场的防火。

1.0.3　建设工程施工现场的防火，必须遵循国家有关方针、政策，针对不同施工现场的火灾特点，立足自防自救，采取可靠防火措施，做到安全可靠、经济合理、方便适用。

1.0.4　建设工程施工现场的防火，除应符合本规范的规定外，尚应符合国家现行有关标准的规定。

第二节　术　　语

2.0.1　临时用房　temporary construction

在施工现场建造的，为建设工程施工服务的各种非永久性建筑物，包括办公用房、宿舍、厨房操作间、食堂、锅炉房、发电机房、变配电房、库房等。

2.0.2　临时设施　temporary facility

在施工现场建造的，为建设工程施工服务的各种非永久性设施，包括围墙、大门、临时道路、材料堆场及其加工场、固定动火作业场、作业棚、机具棚、贮水池及临时给水排水、供电、供热管线等。

2.0.3　临时消防设施　temporary fire control facility

设置在建设工程施工现场，用于扑救施工现场火灾、引导施工人员安全疏散等的各类消防设施，包括灭火器、临时消防给水系统、消防应急照明、疏散指示标识、临时疏散通道等。

2.0.4　临时疏散通道　temporary evacuation route

●　本章内容直接引用《建设工程施工现场消防安全技术规范》GB 50720—2011内容，本章中提到的"本规范"，均指该规范。

施工现场发生火灾或意外事件时，供人员安全撤离危险区域并到达安全地点或安全地带所经的路径。

2.0.5 临时消防救援场地 temporary fire fighting and rescue site

施工现场中供人员和设备实施灭火救援作业的场地。

第三节 总 平 面 布 局

3.1 一般规定

3.1.1 临时用房、临时设施的布置应满足现场防火、灭火及人员安全疏散的要求。

3.1.2 下列临时用房和临时设施应纳入施工现场总平面布局：

1 施工现场的出入口、围墙、围挡。

2 场内临时道路。

3 给水管网或管路和配电线路敷设或架设的走向、高度。

4 施工现场办公用房、宿舍、发电机房、配电房、可燃材料库房、易燃易爆危险品库房、可燃材料堆场及其加工场、固定动火作业场等。

5 临时消防车道、消防救援场地和消防水源。

3.1.3 施工现场出入口的设置应满足消防车通行的要求，并宜布置在不同方向，其数量不宜少于 2 个。当确有困难只能设置 1 个出入口时，应在施工现场内设置满足消防车通行的环形道路。

3.1.4 施工现场临时办公、生活、生产、物料存贮等功能区宜相对独立布置，防火间距应符合本规范第 3.2.1 条及第 3.2.2 条要求。

3.1.5 固定动火作业场应布置在可燃材料堆场及其加工场、易燃易爆危险品库房等全年最小频率风向的上风侧；并宜布置在临时办公用房、宿舍、可燃材料库房、在建工程等全年最小频率风向的上风侧。

3.1.6 易燃易爆危险品库房应远离明火作业区、人员密集区和建筑物相对集中区。

3.1.7 可燃材料堆场及其加工场、易燃易爆危险品库房不应布置在架空电力线下。

3.2 防火间距

3.2.1 易燃易爆危险品库房与在建工程的防火间距不应小于 15m，可燃材料堆场及其加工场、固定动火作业场与在建工程的防火间距不应小于 10m，其他临时用房、临时设施与在建工程的防火间距不应小于 6m。

3.2.2 施工现场主要临时用房、临时设施的防火间距不应小于表 2-1 的规定，当办公用房、宿舍成组布置时，其防火间距可适当减小，但应符合以下要求：

1 每组临时用房的栋数不应超过 10 栋，组与组之间的防火间距不应小于 8m。

2 组内临时用房之间的防火间距不应小于 3.5m；当建筑构件燃烧性能等级为 A

级时，其防火间距可减少到 3m。

施工现场主要临时用房、临时设施的防火间距（m）　　　　表 2-1

名称间距	办公用房、宿舍	发电机房、变配电房	可燃材料库房	厨房操作间、锅炉房	可燃材料堆场及其加工场	固定动火作业场	易燃易爆危险品库房
办公用房、宿舍	4	4	5	5	7	7	10
发电机房、变配电房	4	4	5	5	7	7	10
可燃材料库房	5	5	5	5	7	7	10
厨房操作间、锅炉房	5	5	5	5	7	7	10
可燃材料堆场及其加工场	7	7	7	7	10	10	10
固定动火作业场	7	7	7	7	10	10	12
易燃易爆危险品库房	10	10	10	10	10	12	12

注：1. 临时用房、临时设施的防火间距应按临时用房外墙外边线或堆场、作业场、作业棚边线间的最小距离计算，如临时用房外墙有突出可燃构件时，应从其突出可燃构件的外缘算起。

　　2. 两栋临时用房相邻较高一面的外墙为防火墙时，防火间距不限。

　　3. 本表未规定的，可按同等火灾危险性的临时用房、临时设施的防火间距确定。

3.3 消防车道

3.3.1 施工现场内应设置临时消防车道，临时消防车道与在建工程、临时用房、可燃材料堆场及其加工场的距离不宜小于 5m，且不宜大于 40m；施工现场周边道路满足消防车通行及灭火救援要求时，施工现场内可不设置临时消防车道。

3.3.2 临时消防车道的设置应符合下列规定：

　　1 临时消防车道宜为环形，设置环形临时消防车道确有困难时，应在消防车道尽端设置尺寸不小于 12m×12m 的回车场。

　　2 临时消防车道的净宽度和净空高度均不应小于 4m。

　　3 临时消防车道的右侧应设置消防车行进路线指示标识。

　　4 临时消防车道路基、路面及其下部设施应能承受消防车通行压力及工作荷载。

3.3.3 下列建筑应设置环形临时消防车道，设置环形临时消防车道确有困难时，除应按本规范 3.3.2 条的要求设置回车场外，尚应按本规范第 3.3.4 条的要求设置临时消防救援场地：

　　1 建筑高度大于 24m 的在建工程。

　　2 建筑工程单体占地面积大于 3000m² 的在建工程。

　　3 超过 10 栋，且为成组布置的临时用房。

3.3.4 临时消防救援场地的设置应符合下列要求：

　　1 临时消防救援场地应于在建工程装饰装修阶段设置。

　　2 临时消防救援场地应设置在成组布置的临时用房场地的长边一侧及在建工程的

长边一侧。

　　3　场地宽度应满足消防车正常操作要求，且不应小于 6m，与在建工程外脚手架的净距不宜小于 2m，且不宜超过 6m。

第四节　建　筑　防　火

4.1　一般规定

4.1.1　临时用房和在建工程应采取可靠的防火分隔和安全疏散等防火技术措施。

4.1.2　临时用房的防火设计应根据其使用性质及火灾危险性等情况进行确定。

4.1.3　在建工程防火设计应根据施工性质、建筑高度、建筑规模及结构特点等情况进行确定。

4.2　临时用房防火

4.2.1　宿舍、办公用房的防火设计应符合下列规定：

　　1　建筑构件的燃烧性能等级应为 A 级。当采用金属夹芯板材时，其芯材的燃烧性能等级应为 A 级。

　　2　建筑层数不应超过 3 层，每层建筑面积不应大于 $300m^2$。

　　3　层数为 3 层或每层建筑面积大于 $200m^2$ 时，应设置不少于 2 部疏散楼梯，房间疏散门至疏散楼梯的最大距离不应大于 25m。

　　4　单面布置用房时，疏散走道的净宽度不应小于 1.0m；双面布置用房时，疏散走道的净宽度不应小于 1.5m。

　　5　疏散楼梯的净宽度不应小于疏散走道的净宽度。

　　6　宿舍房间的建筑面积不应大于 $30m^2$，其他房间的建筑面积不宜大于 $100m^2$。

　　7　房间内任一点至最近疏散门的距离不应大于 15m，房门的净宽度不应小于 0.8m，房间建筑面积超过 $50m^2$ 时，房门的净宽度不应小于 1.2m。

　　8　隔墙应从楼地面基层隔断至顶板基层底面。

4.2.2　发电机房、变配电房、厨房操作间、锅炉房、可燃材料库房及易燃易爆危险品库房的防火设计应符合下列规定：

　　1　建筑构件的燃烧性能等级应为 A 级。

　　2　层数应为 1 层，建筑面积不应大于 $200m^2$。

　　3　可燃材料库房单个房间的建筑面积不应超过 $30m^2$，易燃易爆危险品库房单个房间的建筑面积不应超过 $20m^2$。

　　4　房间内任一点至最近疏散门的距离不应大于 10m，房门的净宽度不应小于 0.8m。

4.2.3　其他防火设计应符合下列规定：

1　宿舍、办公用房不应与厨房操作间、锅炉房、变配电房等组合建造。

2　会议室、文化娱乐室等人员密集的房间应设置在临时用房的第1层，其疏散门应向疏散方向开启。

4.3　在建工程防火

4.3.1　在建工程作业场所的临时疏散通道应采用不燃、难燃材料建造，并应与在建工程结构施工同步设置，也可利用在建工程施工完毕的水平结构、楼梯。

4.3.2　在建工程作业场所临时疏散通道的设置应符合下列规定：

1　耐火极限不应低于0.5h。

2　设置在地面上的临时疏散通道，其净宽度不应小于1.5m；利用在建工程施工完毕的水平结构、楼梯作临时疏散通道时，其净宽度不应小于1.0m；用于疏散的爬梯及设置在脚手架上的临时疏散通道，其净宽度不应小于0.6m。

3　临时疏散通道为坡道，且坡度大于25°时，应修建楼梯或台阶踏步或设置防滑条。

4　临时疏散通道不宜采用爬梯，确需采用时，应采取可靠固定措施。

5　临时疏散通道的侧面为临空面时，必须沿临空面设置高度不小于1.2m的防护栏杆。

6　临时疏散通道设置在脚手架上时，脚手架应采用不燃材料搭设。

7　临时疏散通道应设置明显的疏散指示标识。

8　临时疏散通道应设置照明设施。

4.3.3　既有建筑进行扩建、改建施工时，必须明确划分施工区和非施工区。施工区不得营业、使用和居住；非施工区继续营业、使用和居住时，应符合下列要求：

1　施工区和非施工区之间应采用不开设门、窗、洞口且耐火极限不低于3.0h的不燃烧体隔墙进行防火分隔。

2　非施工区内的消防设施应完好和有效，疏散通道应保持畅通，并应落实日常值班及消防安全管理制度。

3　施工区的消防安全应配有专人值守，发生火情应能立即处置。

4　施工单位应向居住和使用者进行消防宣传教育，告知建筑消防设施、疏散通道的位置及使用方法，同时应组织进行疏散演练。

5　外脚手架搭设不应影响安全疏散、消防车正常通行及灭火救援操作；外脚手架搭设长度不应超过该建筑物外立面周长的1/2。

4.3.4　外脚手架、支模架的架体宜采用不燃或难燃材料搭设，下列工程的外脚手架、支模架的架体应采用不燃材料搭设：

1　高层建筑。

2　既有建筑改造工程。

4.3.5 下列安全防护网应采用阻燃型安全防护网：

    1 高层建筑外脚手架的安全防护网。

    2 既有建筑外墙改造时，其外脚手架的安全防护网。

    3 临时疏散通道的安全防护网。

4.3.6 作业场所应设置明显的疏散指示标志，其指示方向应指向最近的临时疏散通道入口。

4.3.7 作业层的醒目位置应设置安全疏散示意图。

第五节 临时消防设施

5.1 一般规定

5.1.1 施工现场应设置灭火器、临时消防给水系统和临时消防应急照明等临时消防设施。

5.1.2 临时消防设施应与在建工程的施工同步设置。房屋建筑工程中，临时消防设施的设置与在建工程主体结构施工进度的差距不应超过3层。

5.1.3 施工现场在建工程可利用已具备使用条件的永久性消防设施作为临时消防设施。当永久性消防设施无法满足使用要求时，应增设临时消防设施，并应符合本规范第5.2～5.4节的有关规定。

5.1.4 施工现场的消火栓泵应采用专用消防配电线路。专用消防配电线路应自施工现场总配电箱的总断路器上端接入，且应保持不间断供电。

5.1.5 地下工程的施工作业场所宜配备防毒面具。

5.1.6 临时消防给水系统的贮水池、消火栓泵、室内消防竖管及水泵接合器等应设有醒目标识。

5.2 灭火器

5.2.1 在建工程及临时用房的下列场所应配置灭火器：

    1 易燃易爆危险品存放及使用场所。

    2 动火作业场所。

    3 可燃材料存放、加工及使用场所。

    4 厨房操作间、锅炉房、发电机房、变配电房、设备用房、办公用房、宿舍等临时用房。

    5 其他具有火灾危险的场所。

5.2.2 施工现场灭火器配置应符合下列规定：

    1 灭火器的类型应与配备场所可能发生的火灾类型相匹配。

    2 灭火器的最低配置标准应符合表2-2的规定。

灭火器最低配置标准　　　　　　　　　　　　　　　　表 2-2

项目	固体物质火灾		液体或可熔化固体物质火灾、气体火灾	
	单具灭火器最小灭火级别	单位灭火级别最大保护面积（m²/A）	单具灭火器最小灭火级别	单位灭火级别最大保护面积（m²/B）
易燃易爆危险品存放及使用场所	3A	50	89B	0.5
固定动火作业场	3A	50	89B	0.5
临时动火作业点	2A	50	55B	0.5
可燃材料存放、加工及使用场所	2A	75	55B	1.0
厨房操作间、锅炉房	2A	75	55B	1.0
自备发电机房	2A	75	55B	1.0
变配电房	2A	75	55B	1.0
办公用房、宿舍	1A	100	—	—

　　3　灭火器的配置数量应按照《建筑灭火器配置设计规范》GB 50140 经计算确定，且每个场所的灭火器数量不应少于 2 具。

　　4　灭火器的最大保护距离应符合表 2-3 的规定。

灭火器的最大保护距离（m）　　　　　　　　　　　　表 2-3

灭火器配置场所	固体物质火灾	液体或可熔化固体物质火灾、气体火灾
易燃易爆危险品存放及使用场所	15	9
固定动火作业场	15	9
临时动火作业点	10	6
可燃材料存放、加工及使用场所	20	12
厨房操作间、锅炉房	20	12
自备发电机房、变配电房	20	12
办公用房、宿舍等	25	—

5.3　临时消防给水系统

5.3.1　施工现场或其附近应设置稳定、可靠的水源，并应能满足施工现场临时消防用水的需要。

　　消防水源可采用市政给水管网或天然水源。当采用天然水源时，应采取措施确保冰冻季节、枯水期最低水位时顺利取水，并满足临时消防用水量的要求。

5.3.2　临时消防用水量应为临时室外消防用水量与临时室内消防用水量之和。

5.3.3　临时室外消防用水量应按临时用房和在建工程的临时室外消防用水量的较大者

确定，施工现场火灾次数可按同时发生 1 次确定。

5.3.4　临时用房建筑面积之和大于 $1000m^2$ 或在建工程（单体）体积大于 $10000m^3$ 时，应设置临时室外消防给水系统。当施工现场处于市政消火栓 150m 保护范围内，且市政消火栓的数量满足室外消防用水量要求时，可不设置临时室外消防给水系统。

5.3.5　临时用房的临时室外消防用水量不应小于表 2-4 的规定。

临时用房的临时室外消防用水量 　　　　　　表 2-4

临时用房的建筑面积之和	火灾延续时间 （h）	消火栓用水量 （L/s）	每支水枪最小流量 （L/s）
$1000m^2 <$ 面积 $\leqslant 5000m^2$	1	10	5
面积 $> 5000m^2$		15	5

5.3.6　在建工程的临时室外消防用水量不应小于表 2-5 的规定。

在建工程的临时室外消防用水量 　　　　　　表 2-5

在建工程（单体）体积	火灾延续时间 （h）	消火栓用水量 （L/s）	每支水枪最小流量 （L/s）
$10000m^3 <$ 体积 $\leqslant 30000m^3$	1	15	5
体积 $> 30000m^3$	2	20	5

5.3.7　施工现场临时室外消防给水系统的设置应符合下列要求：

　　1　给水管网宜布置成环状。

　　2　临时室外消防给水干管的管径应依据施工现场临时消防用水量和干管内水流计算速度进行计算确定，且不应小于 $DN100$。

　　3　室外消火栓应沿在建工程、临时用房及可燃材料堆场及其加工场均匀布置，与在建工程、临时用房及可燃材料堆场及其加工场外边线的距离不应小于 5m。

　　4　消火栓的间距不应大于 120m。

　　5　消火栓的最大保护半径不应大于 150m。

5.3.8　建筑高度大于 24m 或单体体积超过 $30000m^3$ 的在建工程，应设置临时室内消防给水系统。

5.3.9　在建工程的临时室内消防用水量不应小于表 2-6 的规定。

在建工程的临时室内消防用水量 　　　　　　表 2-6

建筑高度、在建工程（单体）体积	火灾延续时间 （h）	消火栓用水量 （L/s）	每支水枪最小流量 （L/s）
$24m <$ 建筑高度 $\leqslant 50m$ 或 $30000m^3 <$ 体积 $\leqslant 50000m^3$	1	10	5
建筑高度 $> 50m$ 或体积 $> 50000m^3$	1	15	5

5.3.10 在建工程室内临时消防竖管的设置应符合下列要求：

1 消防竖管的设置位置应便于消防人员操作，其数量不应少于2根，当结构封顶时，应将消防竖管设置成环状。

2 消防竖管的管径应根据在建工程临时消防用水量、竖管内水流计算速度进行计算确定，且不应小于 DN100。

5.3.11 设置室内消防给水系统的在建工程，应设消防水泵接合器。消防水泵接合器应设置在室外便于消防车取水的部位，与室外消火栓或消防水池取水口的距离宜为15～40m。

5.3.12 设置临时室内消防给水系统的在建工程，各结构层均应设置室内消火栓接口及消防软管接口，并应符合下列要求：

1 消火栓接口及软管接口应设置在位置明显且易于操作的部位。

2 消火栓接口的前端应设置截止阀。

3 消火栓接口或软管接口的间距，多层建筑不大于50m，高层建筑不大于30m。

5.3.13 在建工程结构施工完毕的每层楼梯处，应设置消防水枪、水带及软管，且每个设置点不少于2套。

5.3.14 高度超过100m的在建工程，应在适当楼层增设临时中转水池及加压水泵。中转水池的有效容积不应少于$10m^3$，上下两个中转水池的高差不宜超过100m。

5.3.15 临时消防给水系统的给水压力应满足消防水枪充实水柱长度不小于10m的要求；给水压力不能满足要求时，应设置消火栓泵，消火栓泵不应少于2台，且应互为备用；消火栓泵宜设置自动启动装置。

5.3.16 当外部消防水源不能满足施工现场的临时消防用水量要求时，应在施工现场设置临时贮水池。临时贮水池宜设置在便于消防车取水的部位，其有效容积不应小于施工现场火灾延续时间内一次灭火的全部消防用水量。

5.3.17 施工现场临时消防给水系统应与施工现场生产、生活给水系统合并设置，但应设置将生产、生活用水转为消防用水的应急阀门。应急阀门不应超过2个，且应设置在易于操作的场所，并设置明显标识。

5.3.18 严寒和寒冷地区的现场临时消防给水系统，应采取防冻措施。

5.4 应急照明

5.4.1 施工现场的下列场所应配备临时应急照明。

1 自备发电机房及变配电房。

2 水泵房。

3 无天然采光的作业场所及疏散通道。

4 高度超过100m的在建工程的室内疏散通道。

5 发生火灾时仍需坚持工作的其他场所。

5.4.2 作业场所应急照明的照度不应低于正常工作所需照度的90%，疏散通道的照度值不应小于0.5lx。

5.4.3 临时消防应急照明灯具宜选用自备电源的应急照明灯具，自备电源的连续供电时间不应小于60min。

第六节 防 火 管 理

6.1 一般规定

6.1.1 施工现场的消防安全管理由施工单位负责。

实行施工总承包时，应由总承包单位负责。分包单位应向总承包单位负责，并应服从总承包单位的管理，同时应承担国家法律法规规定的消防责任和义务。

6.1.2 监理单位应对施工现场的消防安全管理实施监理。

6.1.3 施工单位应根据建设项目规模、现场消防安全管理的重点，在施工现场建立消防安全管理组织机构及义务消防组织，并应确定消防安全负责人和消防安全管理人，同时应落实相关人员的消防安全管理责任。

6.1.4 施工单位应针对施工现场可能导致火灾发生的施工作业及其他活动，制订消防安全管理制度。消防安全管理制度应包括下列主要内容：

    1 消防安全教育与培训制度。

    2 可燃及易燃易爆危险品管理制度。

    3 用火、用电、用气管理制度。

    4 消防安全检查制度。

    5 应急预案演练制度。

6.1.5 施工单位应编制施工现场防火技术方案，并应根据现场情况变化及时对其修改、完善。防火技术方案应包括下列主要内容：

    1 施工现场重大火灾危险源辨识。

    2 施工现场防火技术措施。

    3 临时消防设施、临时疏散设施配备。

    4 临时消防设施和消防警示标识布置图。

6.1.6 施工单位应编制施工现场灭火及应急疏散预案。灭火及应急疏散预案应包括下列主要内容：

    1 应急灭火处置机构及各级人员应急处置职责。

    2 报警、接警处置的程序和通讯联络的方式。

    3 扑救初起火灾的程序和措施。

    4 应急疏散及救援的程序和措施。

6.1.7 施工人员进场前，施工现场的消防安全管理人员应对施工人员进行消防安全教育和培训。防火安全教育和培训应包括下列内容：

    1 施工现场消防安全管理制度、防火技术方案、灭火及应急疏散预案的主要内容。

    2 施工现场临时消防设施的性能及使用、维护方法。

    3 扑灭初起火灾及自救逃生的知识和技能。

    4 报火警、接警的程序和方法。

6.1.8 施工作业前，施工现场的施工管理人员应向作业人员进行消防安全技术交底。消防安全技术交底应包括下列主要内容：

    1 施工过程中可能发生火灾的部位或环节。

    2 施工过程应采取的防火措施及应配备的临时消防设施。

    3 初起火灾的扑救方法及注意事项。

    4 逃生方法及路线。

6.1.9 施工过程中，施工现场的消防安全负责人应定期组织消防安全管理人员对施工现场的消防安全进行检查。消防安全检查应包括下列主要内容：

    1 可燃物及易燃易爆危险品的管理是否落实。

    2 动火作业的防火措施是否落实。

    3 用火、用电、用气是否存在违章操作，电、气焊及保温防水施工是否执行操作规程。

    4 临时消防设施是否完好有效。

    5 临时消防车道及临时疏散设施是否畅通。

6.1.10 施工单位应依据灭火及应急疏散预案，定期开展灭火及应急疏散的演练。

6.1.11 施工单位应做好并保存施工现场消防安全管理的相关文件和记录，建立现场消防安全管理档案。

6.2 可燃物及易燃易爆危险品管理

6.2.1 用于在建工程的保温、防水、装饰及防腐等材料的燃烧性能等级，应符合设计要求。

6.2.2 可燃材料及易燃易爆危险品应按计划限量进场。进场后，可燃材料宜存放于库房内，如露天存放时，应分类成垛堆放，垛高不应超过 2m，单垛体积不应超过 50m³，垛与垛之间的最小间距不应小于 2m，且应采用不燃或难燃材料覆盖；易燃易爆危险品应分类专库储存，库房内通风良好，并设置严禁明火标志。

6.2.3 室内使用油漆及其有机溶剂、乙二胺、冷底子油等易挥发产生易燃气体的物资作业时，应保持良好通风，作业场所严禁明火，并应避免产生静电。

6.2.4 施工产生的可燃、易燃建筑垃圾或余料，应及时清理。

6.3 用火、用电、用气管理

6.3.1 施工现场用火应符合下列要求：

1 动火作业应办理动火许可证；动火许可证的签发人收到动火申请后，应前往现场查验并确认动火作业的防火措施落实后，方可签发动火许可证。

2 动火操作人员应具有相应资格。

3 焊接、切割、烘烤或加热等动火作业前，应对作业现场的可燃物进行清理；作业现场及其附近无法移走的可燃物，应采用不燃材料对其覆盖或隔离。

4 施工作业安排时，宜将动火作业安排在使用可燃建筑材料的施工作业前进行。确需在使用可燃建筑材料的施工作业之后进行动火作业时，应采取可靠防火措施。

5 裸露的可燃材料上严禁直接进行动火作业。

6 焊接、切割、烘烤或加热等动火作业应配备灭火器材，并应设置动火监护人进行现场监护，每个动火作业点均应设置 1 个监护人。

7 遇 5 级（含 5 级）以上风力时，应停止焊接、切割等室外动火作业，否则应采取可靠的挡风措施。

8 动火作业后，应对现场进行检查，确认无火灾危险后，动火操作人员方可离开。

9 具有火灾、爆炸危险的场所严禁明火。

10 施工现场不应采用明火取暖。

11 厨房操作间炉灶使用完毕后，应将炉火熄灭，排油烟机及油烟管道应定期清理油垢。

6.3.2 施工现场用电应符合下列要求：

1 施工现场供用电设施的设计、施工、运行、维护应符合现行国家标准《建设工程施工现场供用电安全规范》GB 50194 的有关规定。

2 电气线路应具有相应的绝缘强度和机械强度，严禁使用绝缘老化或失去绝缘性能的电气线路，严禁在电气线路上悬挂物品。破损、烧焦的插座、插头应及时更换。

3 电气设备与可燃、易燃易爆和腐蚀性物品应保持一定的安全距离。

4 有爆炸和火灾危险的场所，按危险场所等级选用相应的电气设备。

5 配电屏上每个电气回路应设置漏电保护器、过载保护器，距配电屏 2m 范围内不应堆放可燃物，5m 范围内不应设置可能产生较多易燃、易爆气体、粉尘的作业区。

6 可燃材料库房不应使用高热灯具，易燃易爆危险品库房内应使用防爆灯具。

7 普通灯具与易燃物距离不宜小于 300mm；聚光灯、碘钨灯等高热灯具与易燃物的距离不宜小于 500mm。

8 电气设备不应超负荷运行或带故障使用。

9 禁止私自改装现场供用电设施。

10 应定期对电气设备和线路的运行及维护情况进行检查。

6.3.3 施工现场用气应符合下列要求：

1 储装气体的罐瓶及其附件应合格、完好和有效；严禁使用减压器及其他附件缺损的氧气瓶，严禁使用乙炔专用减压器、回火防止器及其他附件缺损的乙炔瓶。

2 气瓶运输、存放、使用时，应符合下列规定：

1）气瓶应保持直立状态，并采取防倾倒措施，乙炔瓶严禁横躺卧放。

2）严禁碰撞、敲打、抛掷、滚动气瓶。

3）气瓶应远离火源，与火源距离不应小于10m，并应采取避免高温和防止曝晒的措施。

4）燃气储装瓶罐应设置防静电装置。

3 气瓶应分类储存，库房内通风良好；空瓶和实瓶同库存放时，应分开放置，两者间距不应小于1.5m。

4 气瓶使用时应符合下列规定：

1）使用前，应检查气瓶及气瓶附件的完好性，检查连接管路的气密性，并采取避免气体泄漏的措施，严禁使用已老化的橡皮气管。

2）氧气瓶与乙炔瓶的工作间距不应小于5m，气瓶与明火作业点的距离不应小于10m。

3）冬季使用气瓶，如气瓶的瓶阀、减压器等发生冻结，严禁用火烘烤或用铁器敲击瓶阀，禁止猛拧减压器的调节螺丝。

4）氧气瓶内剩余气体的压力不应小于0.1MPa。

5）气瓶用后应及时归库。

6.4 其他防火管理

6.4.1 施工现场的重点防火部位或区域，应设置防火警示标识。

6.4.2 施工单位应做好施工现场临时消防设施的日常维护工作，对已失效、损坏或丢失的消防设施，应及时更换、修复或补充。

6.4.3 临时消防车道、临时疏散通道、安全出口应保持畅通，不得遮挡、挪动疏散指示标识，不得挪用消防设施。

6.4.4 施工期间，不应拆除临时消防设施及临时疏散设施。

6.4.5 施工现场严禁吸烟。

第三章 土建工程监理

第一节 总 则

一、监理员的工作内容

1. 检查施工单位投入工程的人力、主要设备的使用及运行状况。

2. 进行见证取样。

3. 复核工程计量有关数据。

4. 检查工序施工结果。

5. 发现施工作业中的问题，及时指出并向专业监理工程师报告。

二、现场监理员质量监督检查的方法及内容

1. 现场监理员质量监督检查的方法

（1）目测法。即采用看、摸、敲等手段进行检查。"看"主要是根据质量标准要求进行外观检查，检查观感是否满足要求。"摸"就是通过抚摸手感进行检查、鉴别。"敲"就是运用敲击方法进行声音感觉检查。

（2）量测法。

（3）试验法。分为理化试验和无损测试或试验。

2. 质量检查的种类

（1）全数检查。

（2）抽样检查。

3. 现场监督检查的程序及主要内容

监理现场监督检查一般依据质量监理实施细则、设计图纸及国家施工验收规范、规程要求，由专业监理工程师制定现场监督检查计划，在施工单位完成自检程序后，指导现场监理员实施，重要工程部位专业监理工程师也应参与检查。现场监理员在检查完成后应及时将检查结果书面汇报专业监理工程师，重大质量问题或质量事故应由专业监理工程师或总监代表汇报总监后，按事故处理程序进行处理。

（1）开工前检查。主要检查开工前施工准备工作的质量，能否保证正常施工，材料备料是否充足，设备是否充足，运转是否良好，人员安排是否充足，施工人员资格

是否符合要求，周边环境和现场安全管理是否符合施工条件等。

（2）工序施工中的跟踪监督、检查与控制。主要检查在工序施工过程中，人员、施工设备、材料、施工方法和工艺或操作以及施工环境条件是否符合要求，若发现问题应及时加以控制并改正。

（3）隐蔽工程验收、工序交接检查、技术复核程序及内容

隐蔽工程验收是指某些将被其他后续工序施工所隐蔽或覆盖的分部分项工程，必须在被隐蔽或覆盖前，经过监理人员检查、验收，确认其质量合格后，才允许加以覆盖，主要内容有：

1）地基工程：槽底钎探，槽底土质情况；地槽尺寸和底标高，槽底坟、井和橡皮土等的处理情况，地下水的排除情况，排水暗沟、暗管的设管情况，土的更换情况，试桩、打桩记录。

2）钢筋混凝土工程：钢筋混凝土基础，结构中所配置的钢筋，装配式结构构件的接头处钢筋，钢材焊接，沉降缝、伸缩缝。

3）砌体工程：砌体基础，砌体中的配筋。

4）地面工程：地面下的地基，各种防护层，经过防腐处理的结构和配件。

5）保温、隔热工程：将被覆盖的保温层和隔热层。

6）防水工程：将被土、水、砌体或其他结构覆盖的防水部位及管道、设备穿过防水层处。

7）建筑采暖卫生与煤气工程：各种暗装、埋地和保温的管道、阀门、设备等。

8）建筑电气安装工程：①各种电气装置的接地；②敷设在地下、墙内、混凝土内、顶棚内的照明、动力、弱电信号、高低压电缆；③大（重）型灯具及吊扇的预埋件、吊钩、线路在经过建筑物的伸缩缝及沉降缝处的补偿装置等。

9）通风与空调工程：各种暗装和保温的管道、阀门、设备等。

10）电梯安装工程：曳引机、导轨支架、承重梁、电气盘柜基础等。电气装置部分隐蔽检查内容与建筑电气安装工程相同。

工序交接检查是指前道工序完工后，经施工单位自检且通过监理人员检查，认可其质量合格并签字确认后，方可移交下道工序继续施工。若各项检查与核查均已通过，则现场监理工程师即可签字确认。若发现其施工质量与施工图纸、技术交底或施工规范、操作规程不符，则以书面形式通知施工单位，指令其进行处理、改正或返工。

技术复核是指该工程尚未施工之前所进行的复核性的预先检查，这种预检主要是针对在该工程施工之前已进行的一些与之有密切关系的工作以及其正确性进行的复核。因为这些工作如果存在质量问题或一旦出现质量问题，将给整个工程质量带来难以补救的或全局性的危害。为确保工程质量，防止发生重大质量事故，通常对各分部分项工程的位置、轴线、标高、预留孔洞的位置和尺寸、管线的坡度等都要进行技术复核，

未经复核或复核不合格的，均不得进行下道工序施工。主要内容有：

1）建筑物龙门板的轴线位置和标高。

2）基础和灰线。

3）桩基的定位。

4）模板的轴线、断面尺寸和标高。

5）钢筋混凝土预制构件安装时，各类构件的型号、安放位置、搁置长度和标高。

6）砖砌体的轴线尺寸和皮数杆。

7）屋架、楼梯、钢结构的大样图。

8）主要管道、沟的尺寸、标高和坡度。

9）设备基础的位置、尺寸和标高。

工程隐检、工序交接、技术复核的程序见图 3-1。

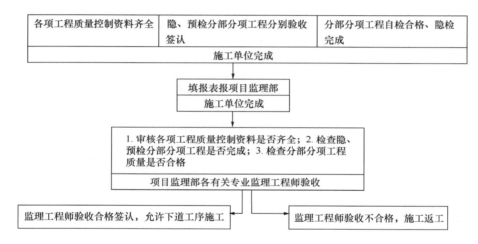

图 3-1　工程隐检、工序交接、技术复核的程序

4．复工前的检查

当工程因质量问题或其他原因，监理指令停工后，在复工前应经监理人员检查认可，由总监理工程师发布复工指令方可复工。复工前检查的主要内容应是引起停工的所有因素是否已完全消除或具备可行的处理方案。

5．分项工程验收程序及现场监理员的工作内容

分项工程验收的内容应按照《建筑工程施工质量验收统一标准》GB 50300—2013，通过资料检查、主控项目检验和一般项目检验，得出检验结果。分项工程验收在检验批的基础上进行，现场监理员应在专业监理工程师的指导下，对各个项目进行复验，以确定该分项工程的质量。

6．分部工程的验收

分部工程的验收在其所含各分项工程验收完成的基础上进行。承包单位在分部工

程完成后，应根据监理工程师的分项工程质量验收结果进行分部工程质量汇总验收，报项目工程监理部签认。

单位工程基础分部完成进入主体结构施工，或主体结构完成进入装修前应进行基础和主体工程中间结构验收，项目监理部应派专业监理工程师及现场监理员检查施工单位的分部工程质量控制资料。地基与基础、主体结构和设备安装等分部工程有关安全及功能的检验和抽样检测结果应符合有关规定（观感质量验收应符合要求）。分部工程应由总监理工程师（建设单位项目负责人）组织施工、勘察、设计单位进行验收。由各方协商验收意见，并在验收记录上签字，现场监理员除应协助专业监理工程师对施工技术资料和质量控制资料进行仔细核查外，还应对分部工程验收的质量评价进行汇总验收审查。

7. 单位工程质量验收及现场监理员的任务

单位工程质量验收也称质量竣工验收。在工程达到交验条件时，现场监理员应协助专业监理工程师对各专业工程的质量情况、使用功能进行全面检查，对发现影响竣工验收的问题应督促施工单位及时整改。

单位工程完工后，应由建设单位组织施工（含分包单位）、设计、监理单位进行工程验收。现场监理员应协助专业监理工程师汇总各分部工程质量控制、观感质量等资料。

三、旁站监理

旁站监理是指监理人员在房屋建筑工程施工阶段，对关键部位、关键工序的施工质量实施全过程现场跟踪的监督活动。

监理企业在编制监理规划时，应当制定旁站监理方案，明确旁站监理的范围、内容、程序和旁站监理人员职责等。旁站监理方案应当送建设单位和施工企业各一份。

施工企业根据监理企业制定的旁站监理方案，在需要实施旁站监理的关键部位、关键工序进入施工前24h，书面通知监理企业派驻工地的项目监理机构。

旁站监理人员应当认真履行职责，对需要实施旁站监理的关键部位、关键工序在施工现场进行跟踪监督，及时发现和处理旁站监理过程中出现的质量问题，如实准确地做好旁站监理记录。

旁站监理人员实施旁站监理时，发现施工企业有违反工程建设强制性标准行为的，有权责令其立即整改；发现其施工活动已经或者可能危及工程质量的，应当及时向监理工程师或者总监理工程师报告，由总监理工程师下达局部暂停施工指令或者采取其他应急措施。

房屋建筑工程的关键部位、关键工序，基础工程包括：土方回填，混凝土灌注桩浇筑，地下连续墙、土钉墙、后浇带及其他结构混凝土、防水混凝土浇筑，卷材防水层细部构造处理，钢结构安装；主体结构工程包括：梁柱节点钢筋隐蔽工程、混凝土浇筑、预应力张拉、装配式结构安装、钢结构安装、网架结构安装、索膜安装。

四、工程材料见证取样和送检工作

见证取样和送检是指在建设单位或工程监理企业人员的见证下，由施工企业的试验人员按照国家有关技术标准、规范的规定，在施工现场对涉及工程结构安全、节能环保和主要使用功能的试块、试件及材料进行随机取样，并送至具备相应检测资质的检测单位进行检测的活动。

（一）见证取样送样的范围及内容

涉及工程结构安全、节能环保和主要使用功能的试块、试件及材料，实施见证取样和送检的比例不得低于有关技术标准中规定应取样数量的30％。保障性住房工程应当按照100％的比例进行见证取样和送检。

下列试块、试件和材料必须实施见证取样和送检：

（1）用于承重结构的混凝土试块。

（2）用于承重墙体的砌筑砂浆试块。

（3）用于承重结构的钢筋及连接接头试件。

（4）用于承重墙的砖和混凝土小型砌块。

（5）用于拌制混凝土和砌筑砂浆的水泥、砂、碎石。

（6）用于承重结构的混凝土中使用的掺加剂。

（7）地下、屋面、厕浴间（有防水要求的阳台）以及防渗接头等使用的防水材料。

（8）预应力钢绞线、锚夹具。

（9）沥青、沥青混合料。

（10）道路工程用无机结合料稳定材料。

（11）建筑外窗、幕墙材料。

（12）建筑节能工程用保温、绝热、粘结材料和增强网等。

（13）钢结构工程用钢材、焊接材料及防腐防火材料等。

（14）装配式混凝土结构使用的连接套筒、灌浆料、座浆料、外墙密封材料等。

（15）国家及地方标准、规范规定的其他见证检验项目。

（二）见证人员的要求

见证人员应当由监理企业中具备初级以上工程技术职称、具备工程检测和试验知识、熟悉相关法律法规和标准规范的专业技术人员担任。未实行监理的工程由建设单位按照要求配备见证人员，履行相应监理职责。

预拌混凝土（预拌砂浆）、建筑构配件、部品部件以及主要建筑材料供应单位应当根据标准规范和合同要求选派符合上述条件的人员，共同参与与本单位有关材料、设备进入施工现场的见证取样和送检工作。

1. 取样、见证人员应当经过培训并由所在项目负责人书面授权后，方可开展工作。

取样、见证人员确定后，应当将人员身份信息、书面授权书、见证取样和送检计划汇总后，由建设单位或委托监理单位告知承担见证试验的工程质量检测单位和质量监督机构。取样、见证人员人员发生变更的，应履行变更程序并及时将变更信息告知有关单位。

2. 取样、见证人员必须按照相关标准规范要求进行现场取样和见证。取样后，要及时进行标识和封志。试样标识应当具有唯一性，按照取样时间顺序连续编号，不得空号、重号。标识和封志应至少标明制作日期、工程部位、设计要求和组号等信息，并由取样人员、见证人员签字盖章。

钢筋、混凝土、防水、保温、装配式建筑结构连接等影响工程结构安全、主要使用功能的重要材料、关键部位的见证取样，应当留存影像资料。

3. 取样、见证人员要确保样品从取样到送样全过程可控，一起将样品送至检测机构或采取有效的封样措施送样。送样过程中，不得发生样品损伤、变形、运送超时等影响正常检测的情况。

4. 见证取样和送检的台账、见证记录应当如实记录检测试验结果，真实、齐全、有效，由责任方纳入工程质量档案管理。

试样检测结果为不合格时，监理企业应当下发书面通知，及时通知建设单位、施工企业及有关单位，停止相关建材的加工、制作和使用，按照规范要求和处置预案进行处置并形成记录，记录应完整闭合，报监理企业审核归档。建设、施工单位拒不整改和处置的，监理企业应当及时向住房和城乡建设主管部门报告。

5. 取样、见证人员应当对试样的代表性和真实性负责，施工企业和建设、监理企业分别承担相应责任。在见证取样和送检过程中，玩忽职守或弄虚作假，未按规定履职的应对单位和个人进行不良行为记录。引发质量事故的，应当依法承担法律责任。

6. 试样送检应当送具有相应资质的工程质量检测单位进行检测。送检时，应由送检单位填写委托单，委托单应有见证人员和送检人员签字。未经检测或者检测不合格的，不得使用。

五、施工单位质量控制资料核查

质量控制资料反映了检验批从原材料到最终验收的各施工工序的操作依据、检查情况，以及保证质量所必需的管理制度等，对其完整性的检查，实际上是对过程进行控制的确认，是检验批合格的前提。质量控制资料文件必须完整，监理人员在监理过程中，应严格按照监理程序，要求施工单位提供有关质量保证的资料，特别对分项、分部工程质量验收表格，材料、构配件、设备的报验表格，要求申报及时，监理人员到现场复查、核验，以确保资料的准确。在具体实施过程中，为防止事后补做资料的情况发生，应杜绝上一道工序报验资料不全而进行下一道工序施工。对于施工单位的自检记录、施工复核记录、混凝土施工日志等，监理人员应进行阶段性检查，并做好监理检查记录。对于施工单位的报验资料，监理应做好归档工作。

第二节　工程材料、半成品、构配件质量控制要点

一、工程材料、半成品、构配件质量控制的基本程序（图3-2）

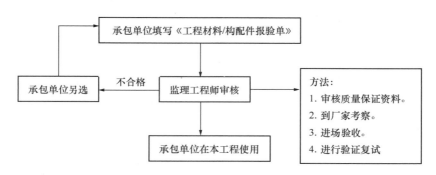

图 3-2　工程材料、半成品、构配件质量控制的基本程序

（一）工程材料质量控制要点

在施工阶段监理中，对材料质量控制的要点如下：

（1）主要装修材料及建筑配件订货前，施工单位应提供样品（或看样）和有关订货厂家情况以及单价等资料，向监理工程师申报，经监理工程师会同设计、建设单位研究同意后方可订货。

（2）主要设备订货前，施工单位应向监理部提出申报，由监理工程师进行核定是否符合设计要求。

（3）对用于工程的主要材料，进场时必须具备正式的出厂合格证和材质化验单。如资料不全或对检验有疑问时，应向施工单位说明原因，并要求施工单位补做检验。

（4）工程中所有构件必须具有厂家批号和出厂合格证。钢筋混凝土和预应力钢筋混凝土构件均应按规定方法进行抽检。由于运输、安装等原因出现阶段性的构件质量问题，应会同设计、建设单位进行分析研究，采取措施处理后经监理工程师同意方能使用。

（5）凡标志不清或怀疑有质量问题的材料，对质量保证资料有怀疑或与合同规定不符的一般材料，根据工程重要性决定应进行一定比例试验的材料，需要进行追踪检验以控制和保证其质量可靠性的材料等，均应进行抽检。对于进口的材料、设备和重

要工程或关键部位所用的材料，则应全部检验。

（6）材料质量抽样和检验的方法，要能反映该批材料的质量性能，对于重要的构件和非匀质材料，还应酌情增加采样的数量。

（7）在现场配制的材料，如混凝土、砂浆、防水材料、防腐蚀材料、绝缘材料、保温材料等的配合比，应先提出试配要求，经试验合格后才能使用，监理工程师均须参与试配和试验。

（8）监理工程师应检查工程上所采用的主要设备是否与设计文件或标书所规定的厂家、型号、规格和标准一致。

（9）对进口材料、设备应会同商检局检验，如核对凭证中发现问题，应取得供方和商检局人员签署的商务记录，按期提出索赔。

（10）高压电缆、电压绝缘材料要进行耐压试验。

（11）施工单位应在使用材料前的一定期限内向监理部报送有关材料试验报告，申请核定。凡有关质量证明、合格证、试验报告均应相应地符合国标、部标或企标规定，监理工程师如有疑问时，应及时向施工单位提出意见，施工单位应做出解释和处理。

（12）对材料的性能、质量标准、适用范围以及施工要求必须充分了解，慎重选择和使用材料。

（二）工程材料质量控制内容

工程材料质量控制的内容主要有材料的质量标准、材料质量的检（试）验等内容。

1. 材料的质量标准

材料质量标准是用以衡量材料质量的尺度，不同的材料有不同的质量标准，监理人员应了解常用材料的质量标准，这样有利于审查施工单位提供的材料质量保证资料、试验报告，并做出正确判断。

2. 材料质量的检（试）验

（1）材料质量检验的目的

材料质量检验的目的是通过一系列的检测手段，将所取得的材料质量数据与材料的质量标准相对照，以判断材料质量的可靠性，能否用于工程中，同时掌握材料的质量信息。

（2）材料质量检验的方法

材料质量检验的方法有书面检验、外观检验、理化检验和无损检验四种。

1）书面检验。由监理工程师对施工单位提供的质量保证资料、试验报告等进行审核，认可后方能使用。

2）外观检验。由监理工程师或材料专业监理人员对施工单位提供的样品，从品种、规格、标志、外形尺寸等进行直观检查。

3）理化检验。借助试验设备、仪器对材料样品的化学成分、机械性能等进行科学鉴定。

4）无损检验。在不破坏材料样品的前提下，利用超声波、X 射线、表面探伤等方式进行检测。

（3）材料质量检验的程度

根据材料质量信息和保证资料的具体情况，其质量检验程度分免检、抽检、全数检验三种。

1）免检。免去质量检验过程，对有足够质量保证的一般材料，经实践证明质量长期稳定，且质量保证资料齐全，可予免检。

2）抽检。按随机抽样的方法对材料进行抽样检验。当监理工程师对承包单位提供的材料或质量保证资料有所怀疑时，则应对成批生产的构配件按一定比例进行抽样检验。

3）全数检验。凡是进口的材料、设备和重要工程部位所用的材料，应进行全数检验，以确保设备、材料和工程的质量。

监理工程师对材料构件和工程的质量判断应慎重做出结论，并有充分的理由和足够的证据。

二、工程材料质量

工程材料主要有钢筋、水泥、混凝土、砂浆试块、混凝土外加剂、防水材料、混凝土用粗细骨料、预制构件、其他建筑材料等。

（一）钢筋

根据《混凝土结构工程施工质量验收规范》GB 50204—2015、《钢筋混凝土用钢 第 2 部分：热轧带肋钢筋》GB/T 1499.2—2018 等规定，钢筋进场时应抽取试件做力学性能检验，其质量必须符合有关标准的规定。

检验数量：按进场的批次和产品的抽样检验方案确定。

检验方法：检验产品合格证、出厂检验报告和进场复验报告。

钢材质量证明书应注明工程名称以及进场钢材的炉罐（批）号、钢号、规格、数量、化学成分检验和机械性能试验结果等。

钢筋通常需要做拉力试验和弯曲试验。

当发现钢筋脆断、焊接性能不良或力学性能显著不正常等现象时，应对该批钢筋进行化学成分检验或其他专项检验。

（二）水泥

水泥进场时应对其品种、级别、包装或散装仓号、出厂日期等进行检查，并应对其强度、安定性及其他必要的性能指标进行复验，质量必须符合《通用硅酸盐水泥》国家标准第 3 号修改单 GB 175—2007/XG3—2018 等的规定。

任何品种和强度等级的水泥，只有在取得出厂合格证或试验合格报告，并核对符合水泥标准要求后，方可在工程上使用。

当在使用中对水泥质量有怀疑或水泥出厂超过三个月（快硬硅酸盐水泥超过一个月）时，应进行复验，并按复验结果决定是否使用。

不同品种、不同强度等级的水泥严禁混用。钢筋混凝土结构、预应力混凝土结构中，严禁使用含氯化物的水泥。

检查数量：按同一生产厂家、同一等级、同一品种、同批号且连续进场的水泥，袋装不超过 200t 为一批，散装不超过 500t 为一批，每批抽样不少于一次。

检查方法：检查产品合格证、出厂检验报告和进场复验报告。

水泥试验项目有一般项目和其他项目两种。

（1）一般项目：标准稠度、凝结时间、抗压和抗折强度。

（2）其他项目：细度、体积安定性。

（三）混凝土

结构混凝土的强度等级必须符合设计要求。用于检查结构构件混凝土强度等级的试件，应在混凝土浇筑地点随机抽取。

混凝土掺用外加剂的质量及应用技术应符合《混凝土外加剂》GB 8076—2008、《混凝土外加剂应用技术规范》GB 50119—2013 等和有关环境保护的规定。

预应力混凝土结构中，严禁使用含氯化物的外加剂，当钢筋混凝土结构中使用含氯化物的外加剂时，混凝土中氯化物的总含量应符合《混凝土质量控制标准》GB 50164—2011 的规定。

拌制混凝土宜采用饮用水，当采用其他水源时，水质应符合国家现行标准。当有下列情况之一时，可按《回弹法检测混凝土抗压强度技术规程》JGJ/T 23—2011 评定混凝土的强度，并将检测结果作为评价混凝土质量的依据。

（1）缺乏同条件试块或标准试块数量不足。

（2）试块的质量缺乏代表性。

（3）试块的试压结果不符合现行标准、规范、规程的要求，并对该结果持有怀疑。

当混凝土试件强度不合格时，可采用非破损或局部破损的检测方法，按国家现行有关标准的规定对结构构件中的混凝土强度进行判定，并作为处理依据。

混凝土浇筑完毕后，应按施工技术方案及时采取有效的养护措施。

（四）砂浆试块

《砌体结构工程施工质量验收规范》GB 50203—2011 中规定：

（1）同一验收批砂浆试块强度平均值应大于或等于设计强度等级值的 1.1 倍；同一验收批砂浆试块抗压强度的最小一组平均值应大于或等于设计强度等级值的 85%。

（2）砌筑砂浆的验收批，同一类型、强度等级的砂浆试块不应少于 3 组；同一验收批砂浆只有 1 组或 2 组试块时，每组试块抗压强度平均值应大于或等于设计强度等级值的 1.1 倍；对于建筑结构的安全等级为一级或设计使用年限为 50 年及以上的建筑，同一验收批砂浆试块的数量不得少于 3 组。

（3）砂浆强度应以标准养护，28d 龄期的试块抗压强度为准。

（4）制作砂浆试块的砂浆稠度应与配合比设计一致。

（5）每一检验批且体积不超过 250m³ 砌体的各类、各强度等级的普通砌筑砂浆，每台搅拌机应至少抽检一次。验收批的预拌砂浆、蒸压加气混凝土砌块专用砂浆，抽检可为 3 组。

（6）做好的砂浆试块面上必须写好制作日期、强度等级、部位、砂浆种类。

（五）混凝土外加剂

混凝土外加剂是为改进水泥净浆、砂浆和混凝土的某些性能而掺入其中的物质，也称添加剂、改性剂。

掺外加剂所用的水泥，可以采用硅酸盐水泥、普通硅酸盐水泥、矿渣硅酸盐水泥、火山灰质硅酸盐水泥和粉煤灰硅酸盐水泥。

1. 外加剂的品种、适用范围及使用要求

（1）减水剂

减水剂可用于现浇混凝土或预制的混凝土构件、钢筋混凝土及预应力混凝土。普通减水剂宜用于日最低气温 5℃ 以上施工的混凝土，不宜单独用蒸气养护混凝土。高效减水剂可用于日最低气温 0℃ 以上施工的混凝土，并适用于制备大流动性混凝土、高强混凝土以及蒸气养护混凝土。在用硬石膏或工业废料石膏作调凝剂的水泥中，掺用木质素碳酸盐减水剂时，应先做水泥适应性试验，合格后方可使用。

（2）引气剂及引气型减水剂

引气剂及引气型减水剂可用于抗冻混凝土、抗渗混凝土、抗硫酸盐混凝土、泌水严重混凝土、贫混凝土、轻骨料混凝土以及对饰面有要求的混凝土。不宜用于蒸气养护混凝土及预应力混凝土。

（3）缓凝剂及缓凝减水剂

缓凝剂及缓凝减水剂可用于大体积混凝土、炎热气候条件下施工的混凝土以及需长时间停放及长距离运输的混凝土。缓凝剂及缓凝减水剂不宜用于日最低气温 5℃ 以下施工的混凝土，也不宜单独用于有早强要求的混凝土及蒸气养护混凝土。柠檬酸、酒石酸钾钠等缓凝剂不宜单独使用于水泥用量较低、水灰比较大的贫混凝土。在用硬石膏或工业废料石膏作调凝剂的水泥中，掺用糖类缓凝剂时，应先做水泥适应性试验，合格后方可使用。

（4）早强剂及早强减水剂

早强剂及早强减水剂可用于蒸气养护混凝土常温、低温和负温（最低气温不低于 -5℃）

条件下施工的有早强或防冻要求的混凝土工程。氯盐、含氯盐的复合早强剂及早强减水剂，含有电解质无机盐类的早强剂，硫酸盐等早强减水剂，使用时应慎重。对混凝土的耐久性或其他性能有特殊要求的混凝土工程，选择早强剂或早强减水剂的品种及掺量，应通过试验确定。

（5）膨胀剂

掺加硫铝酸钙类膨胀剂的膨胀混凝土（砂浆），不得用于长期处于环境温度为80℃以上的工程中；掺加铁屑膨胀剂的填充用膨胀砂浆，不得用于有杂散电流的工程和与铝镁材料有接触的部位。

2. 使用要求

使用外加剂时，必须有生产厂家的质量证明书，使用前应进行适应性能试验，符合后方可使用。预应力混凝土结构中，严禁使用含氯化物的外加剂。当钢筋混凝土结构中使用含氯化物的外加剂时，混凝土中氯化物含量应符合《混凝土质量控制标准》GB 50164—2011的规定。

3. 检查数量：按进场的批次和产品的抽样检验方案确定。

4. 检验方法：检查产品合格证、出厂检验报告和进场复验报告。

（六）防水材料

工程中常用的防水材料有防水卷材、防水涂料和刚性防水材料三类。每类材料有其特点、适用范围和施工要求。

地下防水工程所使用的防水材料，应有产品的合格证书和性能检测报告，材料的品种、规格、性能等应符合现行国家产品标准和设计要求。对进场的防水材料应按现行建筑防水工程材料标准的规定，抽样复验并提出试验报告；不合格的材料不得在工程中使用。

防水材料应现场抽样复验，检查其外观质量和物理性能。

（七）混凝土用粗细骨料

1. 砂子

最大粒径不大于5mm的细骨料，俗称砂子。一般规定：细度模数为3.1～3.7的称为粗砂；2.3～3.0为中砂；1.6～2.2为细砂；0.7～1.5则为特细砂。

（1）混凝土用砂的含泥量

当混凝土强度大于或等于C30时，不大于3%（按重量计）；低于C30时，不大于5%。

（2）取样数量方法

用大型工具（火车、轮船、汽车）运输的，以每400m³或600t为一验收批；用小型工具运输的，以每200m³为一批，不满200m³也作为一批次。

品质鉴定时，取砂子30～50kg，在砂堆的上、中、下三个部位抽取若干数量，拌和均匀，按四分法缩分提取。

（3）试验项目

试验项目包括级配及含泥量、比重、松散容量、空隙率、含水率。

对于细度模数为 1.6～3.7 的砂子，按 0.63mm 筛孔的累计筛余量（以重量百分率）分成 3 个级配区，如表 3-1 所示。砂子的颗粒级配应处于表中的级配区内。

砂子颗粒级配区表　　　　表 3-1

累计筛余（%）　　　级配区 筛孔尺寸（mm）	1 区	2 区	3 区
10.000	0	0	0
5.000	10～0	10～0	10～0
2.500	35～5	25～0	15～0
1.250	65～35	50～10	25～0
0.630	85～71	70～41	40～16
0.315	95～80	92～70	85～55
0.160	100～90	100～90	100～90

2. 石子

（1）石子的粒径

粒径大于 5mm 的粗骨料称为石子。

碎石或卵石的颗料级配一般应符合碎石或卵石的颗粒级配范围（表 3-2）的要求。

（2）取样方法及数量

用大型工具（火车、轮船、汽车）运输的，以每 400m³ 或 600t 为一验收批；用小型工具运输的，以每 200m³ 为一批，不满 200m³ 时也作为一批次。

品质鉴定时，取石子 30kg，在石堆的上、中、下三个部位抽取若干数量，拌和均匀，按四分法缩分提取。

（3）材料检验项目

碎石或卵石的颗粒级配应符合表 3-2 要求。

碎石或卵石颗粒级配范围表　　　　表 3-2

公称粒级 （mm）		累计筛余（%）											
		方孔筛（mm）											
		2.36	4.75	9.50	16.0	19.0	26.5	31.5	37.5	53.0	63.0	75.0	90
连续粒级	5～16	95～100	85～100	30～60	0～10	0							

续表

公称粒级（mm）	累计筛余（%）											
	方孔筛（mm）											
	2.36	4.75	9.50	16.0	19.0	26.5	31.5	37.5	53.0	63.0	75.0	90
连续粒级 5~20	95~100	90~100	40~80		0~10	0						
连续粒级 5~25	95~100	90~100		30~70		0~5	0					
连续粒级 5~31.5	95~100	90~100	70~90		15~45		0~5	0				
连续粒级 5~40		95~100	70~90		30~65			0~5	0			
单粒粒级 5~10	95~100	80~100	0~15	0								
单粒粒级 10~16		95~100	80~100	0~15								
单粒粒级 10~20		95~100	85~100		0~15	0						
单粒粒级 16~25			95~100	55~70	25~40	0~10						
单粒粒级 16~31.5		95~100		85~100			0~10	0				
单粒粒级 20~40			95~100		80~100			0~10	0			
单粒粒级 40~80					95~100			70~100		30~60	0~10	0

（八）预制构件

1. 预制构件的进场检查

（1）检查构件产品合格证。

（2）预制混凝土构件、钢结构构件、钢窗、铝合金门窗应由具有产品生产许可证的厂家生产，产品上应有合格标记。

（3）检查构件规格、尺寸、防腐等情况是否符合相应标准规定。

2. 混凝土预制构件检验标准

（1）混凝土构件的允许偏差应符合规范规定。

（2）合格构件应有产品合格证明，产品上应有合格标记。

3. 钢结构构件

构件制作完成后，监理单位应按施工图的要求和有关规范规定，对成品进行检查验收，外形和几何尺寸偏差应符合规范规定。

预制构件虽然取得了构件产品合格证，但经现场检验不合格时，监理单位应会同有关单位及时进行处理。

（九）其他建筑材料

其他常用建筑材料的试验项目和取样方法见表3-3。

其他常用建筑材料的试验项目和取样方法　　　　　　表 3-3

材料名称	试验项目		取样规定		
	一般项目	其他项目	取样单位	取样数量	取样方法
木材	含水率	顺纹抗压、抗拉、抗弯、抗剪	圆木以 100m³ 为一批，成材以 50m³ 为一批	均取 3 个含水率试样，强度试样由设计确定	当木材厚度大于 35mm 时，在距端头不小于 500mm 处取样；当小于 35mm 时，在距端头 250mm 处取样
石灰	产浆量、活性氧化钙和活性氧化镁含量	细度，未消化颗粒含量	不超过 60t 为一批	不少于 10kg	从石灰堆面的 20～30cm 处去除表层，抽取 25kg，混合均匀用四分法缩分提取试样
石膏	标准稠度、凝结时间、抗压、抗拉		同一生产厂家、同一批进场的为一取样单位	不少于 5kg	每批上、下两部位抽取 10 袋，每袋中取 1kg 混合均匀，用四分法缩分提取试样
天然石材	重度、孔隙率、抗压强度	抗冻	不超过 50m³ 为一批	取 5 块平均试样	从该批每种岩石中选取试样，然后按规定加两成试样
普通烧结砖	抗压、抗折	抗冻、外观检查	按 3.5 万～15 万为一批，但不得超过一条生产线的日产量	强度测定 15 块，10 块进行抗压强度检验，5 块备用	从该批砖不同垛面各抽一块
平瓦	抗折荷载、吸水率	抗冻	不超过 1 万块为一批	6 块	每捆或每堆一块
陶粒	松散容重、颗粒容重、孔隙率、容器强度、30mm 吸水度		不超过 300m³ 为一批		参照碎石、卵石取样方法

续表

材料名称		试验项目		取样规定		
		一般项目	其他项目	取样单位	取样数量	取样方法
保温材料		容重、含水率、导热系数	抗折、抗压强度		矿渣棉每批中取 4kg	从每批中选 5 包，每包取 80g
耐火材料		容重、耐火度、抗压强度	吸水率、重烧收缩、荷重软化程度等	耐火砖根据制品种类和品种、规格、砖批大小和取样数量		耐火砖按每批垛数、排数和外观实际情况取样，要均匀、全面
塑料	板材	马丁耐热性、低温对折		同一颜色、每批不大于 5t		从每批的 10% 中取样抽查
	薄膜	导热系数、透水性、抗拉强度及相对伸长率等		同一颜色、品种用一批树脂制得者为 1 批		从每批的 3 包中取样
	电缆料			同一牌号和颜色、数量不超过 10t 为一批		从每批 5% 的包件（不少于 3 包）中取样，每个包件取 1kg
水		总分兼并，硫酸根离子含量、氯离子含量、pH 值	油、糖含量	水样采集必须具有充分的代表性	分析水泥混凝土拌和用水，取 1～2kg	用玻璃瓶，并用水棉冲洗 3 次
水硬性耐热混凝土		耐热度、容重、热间强度、混凝土强度等级	荷重软化点、残余变形、线膨胀系数、耐冷性、耐热性	按每一工程取样	有工程即做一组（12 块）	从施工地点均匀取样
耐酸、碱石		耐酸度或耐碱度、容重、3d 和 28d 抗压强度		按每一工程取样	有工程即做一组（6 块）	从施工地点均匀取样
焦渣混凝土		坍落度或工作度、容重、抗压强度		每 50m³	一组（6 块）	从施工地点均匀取样
回填土		干容重、含水率、最佳含水率和最大含水率				每层不少于 1 点
灰土		含水率、干容重				每夯实层不少于 1 点

三、主要建筑材料试验取样方法

（一）混凝土试件的取样

取样与试件留置应符合下列规定：

（1）每拌制 100 盘且不超过 100m³ 的同配合比的混凝土取样不得少于一次。

（2）每一工作拌制的同配合比的混凝土不足 100 盘时，其取样次数不得少于一次。

（3）当一次连续浇筑超过 1000m³ 时，同一配合比的混凝土每 200m³ 取样不得少于一次。

（4）每一楼层、同一配合比的混凝土，取样不得少于一次。

（5）每次取样应至少于留置一组标准养护试件。同一条件养护试件的留置组数应根据实际需要确定。

（6）每一层（或检验批）建筑地面工程检验水泥混凝土和水泥砂浆强度试块的组数不应少于一组。当每层（或检验批）建筑地面工程面积大于 1000m² 时，每增加 1000m² 应增做一盘试块，小于 1000m² 按 1000m² 计算。当改变配合比时，也应相应地制作试块组数。

（7）预拌混凝土应在预拌混凝土厂内按上述规定取样，混凝土运到施工现场后，尚应按本条的规定抽样检验。

（8）每批混凝土试样应制作的试件总组数，除应考虑混凝土强度评定所必需的组数外，还应考虑为检验结构或构件施工阶段混凝土强度所必需的试件组数。

（二）水泥试件的取样

水泥出厂前应按同品种、同强度等级编号和取样。袋装水泥和散装水泥应分别进行编号和取样。每一编号为一取样单位。水泥出厂编号按水泥厂年生产能力确定。

（1）首先要确定所购买水泥的生产厂是否具有产品生产许可证。

（2）水泥委托检验样必须以每一个出厂水泥编号为一个取样单位，不得有两个以上的出厂编号混合取样。

（3）水泥试样必须在同一编号不同部位处等量采集，取样点至少在 20 点以上，混合均匀后用防潮容器包装，重量不少于 6kg。

（4）委托单位必须逐项填写检查委托单，如水泥生产厂名、商标、水泥品种强度等级、出厂编号或出厂日期、工程名称以及全套物理检验项目等。用于装饰的水泥应进行安定性检验。

（5）水泥出厂日期超过三个月应在使用前进行复验。

（6）进口水泥一律按上述要求进行取样。

（三）钢筋试件的取样

1. 原材料取样规则

（1）钢筋应按批进行检查和验收，每批质量不大于 60t。每批应由同一牌号、同一炉罐号、同一规格、同一交货状态的钢筋组成。

（2）冷拉钢筋应分批进行验收，每批由质量不大于 20t 的同级别、同直径的冷拉钢筋组成。钢筋的试样数量应根据其供货形式的不同而不同，具体如下：

1) 直条钢筋：每批直条钢筋应做 2 个拉伸试验、2 个弯曲试验。用《碳素结构钢》GB/T 700—2006 为依据验收的直条钢筋每批应做 1 个拉伸试验、1 个弯曲试验。

2) 盘条钢筋：每批盘条钢筋应做 1 个拉伸试验、2 个弯曲试验。

3) 冷拉钢筋：每批冷拉钢筋应做 2 个拉伸试验、2 个弯曲试验。

取样方法：拉伸和弯曲试验的试样可在每批材料中任选两根钢筋切取。

2. 钢筋焊接

（1）闪光对焊

1) 钢筋闪光对焊接头的机械性能试验包括拉伸试验和弯曲试验，应从每批成品中切取 6 个试件，3 个做拉伸试验，3 个做弯曲试验。

2) 在同一台班内，由同一焊工完成的 300 个同级别、同直径钢筋焊接接头应作为一批。同一台班内焊接的接头数量较少，可在一周之内累计计算；累计仍不足 300 个接头的，应按一批计算。

3) 接头处不得有横向裂纹。

4) 与电极接触处的钢筋表面，Ⅰ～Ⅲ级钢筋焊接时不得有明显烧伤；Ⅳ级钢筋焊接时不得有烧伤；闪光对焊时，对于Ⅱ～Ⅳ级钢筋，均不得有烧伤。

5) 接头处的弯折角不得大于 4°。

6) 接头处的钢筋轴线偏移，不得大于 0.1 倍钢筋直径，同时不得大于 2mm。

（2）电阻点焊

1) 凡钢筋级别、直径及尺寸均相同的焊接制品，即为同一类型制品，每 200 件为一批。

2) 热轧钢筋点焊应做抗剪试验，试件为 3 件；冷拔低碳钢丝焊点除做抗剪试验外，还应对较小钢丝做拉伸试验，试件各为 3 件。

（3）电弧焊

1) 在工厂焊接条件下，以 300 个同类型接头（同钢筋级别、同接头型式）为一批；在现场安装条件下，每一楼层中以 300 个同类型接头（同钢筋级别、同接头型式、同焊接位置）为一批；不足 300 个时，仍作为一批。

2) 从每批成品中切取 3 个接头做拉伸试验。

（4）电渣压力焊

1) 在一般构筑物中，每 300 个同类型接头（同钢筋级别、同接头型式）为一批；在现浇钢筋混凝土框架结构中，每一楼层中以 300 个同类型接头为一批。

2) 从每批成品中切取 3 个接头做拉伸试验。

3) 接头焊包应均匀，不得有裂纹，钢筋表面应无明显烧伤等缺陷。

4) 接头处的钢筋轴线偏移，不得大于 0.1 倍钢筋直径，同时不得大于 2mm。

5) 接头处的弯折角不得大于 4°。

（5）预埋件 T 形接头埋弧压力焊

1）强度检验时，以 300 件同类型成品作为一批。一周内累计不足 300 件成品时，也按一批计算。

2）从每批成品中切取 3 个接头做拉伸试验。

3）焊包应均匀。

4）钢筋咬边深度不得超过 0.5mm。

5）与钳口接触处的钢筋表面应无明显烧伤；钢板应无焊穿、凹陷现象。

6）钢筋相对钢板的直角偏差不大于 4°。

（6）钢筋气压焊

1）机械性能检查时，在一般构筑物中，以 200 个接头为一批；在现浇钢筋混凝土房屋结构中，在同一楼层中以 200 个接头为一批；不足 200 个接头仍为一批。

2）机械性能检查时，从每批接头中随机切取 3 个接头做拉伸试验。根据工程需要，也可另取 3 个接头做弯曲试验。

（四）室外民用建筑材料放射性检测

建筑材料和装修材料是在民用建筑工程中造成室内环境污染的重要污染源，常见有毒有害物质有 10 种以上。例如，人造木板及饰面人造板中的甲醛；涂料中挥发性有机化合物和游离甲醛；胶粘剂中挥发性有机物和游离甲醛以及苯等。

民用建筑工程所使用的无机非金属建筑材料，包括砂、石、砖、水泥、商品混凝土、预制构件和新型墙体材料等，其放射性指标限量应符合表 3-4 的规定。

无机非金属建筑材料放射性指标限量 表 3-4

测定项目	限量
内照射指数（I_{Ra}）	≤1.0
外照射指数（I_r）	≤1.0

民用建筑工程所使用的无机非金属装修材料，包括石材、建筑卫生陶瓷、石膏板、吊顶材料等，进行分类时，其放射性指标限量应符合表 3-5 的规定。

无机非金属装修材料放射性指标限量 表 3-5

测定项目	限量	
	A	B
内照射指数（I_{Ra}）	≤1.0	≤1.3
外照射指数（I_r）	≤1.3	≤1.9

第三节　基础及地下结构工程施工质量监理控制要点

一、施工测量的质量控制

建筑施工测量质量监理任务是监督承包方将建筑总平面图上所涉及的建（构）筑物的位置，按设计要求，测设到现场，正确地定到地面上。审核测量方案，确保方案合理、科学，以满足工程质量要求，并用不同方法实测校验施工方的测量结果。

（一）施工测量工艺流程

测量仪器检定、检校→校测起始依据→场地平整测量→场地控制网测设→建筑物的定位放线→基础放线→建筑物的竖向控制→建筑物的定期沉降观测，并做好记录。控制流程如图 3-3 所示。

（二）监理检查监督内容

（1）检查测量仪器。检查钢尺、经纬仪、水准仪等设备的状态，审核其标定证书，以保证其观测精度。

（2）校测水准点。一般建设单位应至少提供两个水准点，监理工程师应要求承包商用往返测法测定其高差。若使用 I 等水准仪所测高差平均值与已知高差值小于 $[\pm\sqrt{n}\ (\mathrm{mm})]$ 时（n 为站数），可认定所给水准点正确，准予使用。

（3）校测红线桩。由城市规划部门测定并批准的规划红线，是建筑物定位的依据，在法律上是建设用地四周边界。校测红线桩，首先要核算设计总图上各红线桩的坐标 X、Y 与其边长和左右夹角是否对应。

（4）场地控制网测设监理

场地控制网包括平面控制网和标高控制网，是整个场地内各建筑物和构筑物平面、标高定位及高层建筑竖向控制的基本依据。其设置原则要便于全面控制又能长期保留，必须有场地的定位起始点和起始边、建筑物的对称轴和主轴线、圆心点。量距精度：建筑物定位放线的测距相对误差为 $mg=1/20000\sim1/1000$，相对测角精度为 $5''\sim45''$。长度 $L\leqslant30\mathrm{m}$ 时，允许偏差为 $\pm5\mathrm{mm}$；$30\mathrm{m}<L\leqslant60\mathrm{m}$ 时，为 $\pm10\mathrm{mm}$；$60\mathrm{m}<L\leqslant90\mathrm{m}$ 时，为 $\pm15\mathrm{mm}$；$L>90\mathrm{m}$ 时，为 $\pm20\mathrm{mm}$。层间竖向测量偏差不应超过 $\pm3\mathrm{mm}$。建筑物全高不应超过 $3H/10000$，且不超过：$30\mathrm{m}<H\leqslant60\mathrm{m}$ 时，为 $\pm10\mathrm{mm}$，$60\mathrm{m}<H\leqslant90\mathrm{m}$ 时，为 $\pm15\mathrm{mm}$，$H>90\mathrm{m}$ 时，为 $\pm20\mathrm{mm}$。

（5）变形观测监理

为确保工程质量和建筑物的安全，根据规范要求，对大型公共建筑和高层建筑等重要建筑物，必须进行变形观测。根据设计要求和监测方案，监理工程师应督促施工单位进行沉降观测、位移观测、裂缝观测、倾斜观测中的一种或几种组合变形观测，

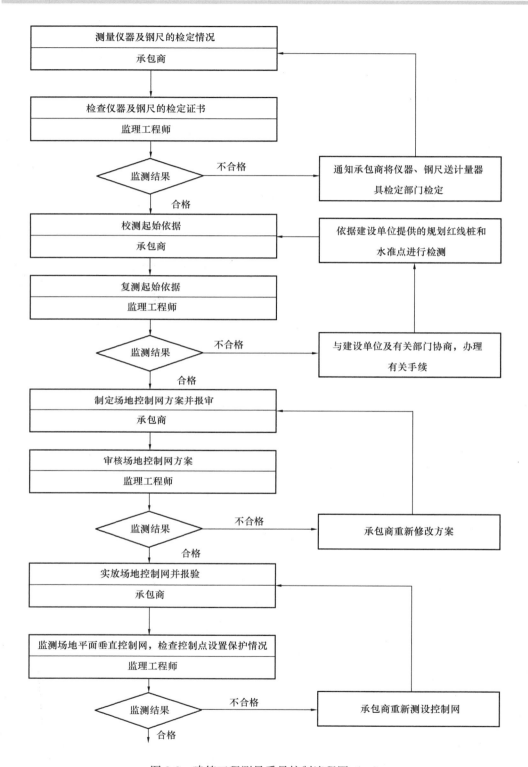

图 3-3 建筑工程测量质量控制流程图（一）

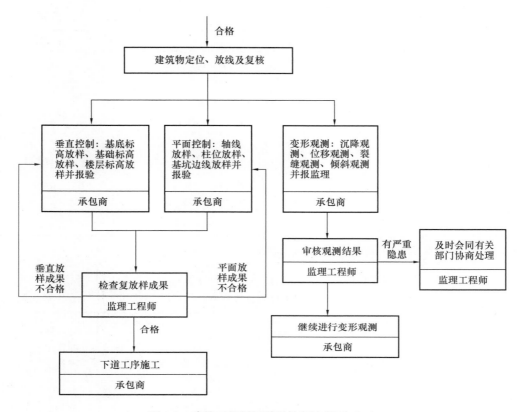

图 3-3 建筑工程测量质量控制流程图（二）

并审核观测结果。发现存在严重隐患的，应及时会同施工单位向建设单位、设计单位汇报，并协同商讨处理，建筑物桩基变形容许值见表3-6。

建筑物桩基变形容许值 表 3-6

变形特征	容许值
砌体承重结构基础的局部倾斜	0.002
工业与民用建筑相邻柱基的沉降差 （1）框架结构 （2）砖石墙填充的边排柱 （3）当基础不均匀沉降时不产生附加应力的结构	$0.002L_0$ $0.0007L_0$ $0.005L_0$
单层排架结构（柱距为6m）柱基的沉降量（mm）	120
桥式吊车轨面的倾斜（按不调整轨道考虑） （1）纵向 （2）横向	0.004 0.003

变形特征		容许值
多层和高层建筑基础的倾斜	$H_g \leqslant 24$	0.004
	$24 < H_g \leqslant 60$	0.003
	$60 < H_g \leqslant 100$	0.002
	$H_g > 100$	0.0015

变形特征		容许值
高耸结构基础的倾斜	$H_g \leqslant 20$	0.008
	$20 < H_g \leqslant 50$	0.006
	$50 < H_g \leqslant 100$	0.005
	$100 < H_g \leqslant 150$	0.004
	$150 < H_g \leqslant 200$	0.003
	$200 < H_g \leqslant 250$	0.002
高耸结构基础的沉降量（mm）	$H_g \leqslant 100$	350
	$100 < H_g \leqslant 200$	250
	$200 < H_g \leqslant 250$	150

注：L_0 为相邻柱基的中心距离（mm）；H_g 为自室外地面起算的建筑物高度（m）。

（6）测量监理质量控制表（表 3-7）

测量监理质量控制表   表 3-7

测量项目	监理内容	现场复核验收	测量仪器
建筑坐标、平面控制网、高程控制网	读图了解平面、高程控制网建立意图，掌握控制点位基本数据。现场踏勘，了解控制点位特征、标高位置及保护状况	分别与建设单位、施工单位办理控制点位书面交接手续，确认现场点位。监督施工单位进行测量复测和保护点位。进行测量复核，签署意见，必要时提出专题报告	全站仪水准仪
建筑物、构筑物测量定位	进行内业计算，掌握建（构）筑物外围测量数据。审批施工单位测量定位方案，分析、复算施工单位测量数据，当有疑问时及时沟通，要求澄清	检查施工单位现场测量工作，专业监理工程师进行测量复核和签署意见，督促施工单位保护测量点位	全站仪水准仪
施工放样一：建（构）筑物控制轴线、控制标高	审阅施工测量放线报验资料，合格后转现场复核	检查施工单位现场测量工作，专业监理工程师进行测量复核和签署意见，督促施工单位保护测量点位	经纬仪水准仪
施工放样二：桩位、基础、柱、梁、构件安装及附属构筑物安装、设备安装等轴线（中心线）、标高（基准点）	查验施工测量报验资料，合格后转现场复核	检查施工现场测量工作，专业监理工程师进场测量复核和签署意见，合格后进行下道工序施工	经纬仪水准仪
施工过程测量控制：模板工程、砖砌工程、安装工程等	在监理日记中记录	监理人员在巡视、旁站过程中随时检查施工时发生的测量偏差，向施工管理人员提出纠正意见，必要时发书面整改通知	卷尺，必要时用测量仪器

二、土方工程的质量控制

每一个工程都是通过地基坐落在基土上的，因此基坑开挖后，检查基底土是否符合设计和勘探资料要求，是保证建筑物安全、稳固、耐久的重要条件。作为监理人员，除了做好检查外，更重要的是审查承包方提供的挖土方案能否保证满足设计要求和勘探资料中土质的要求。控制流程如图 3-4 所示。

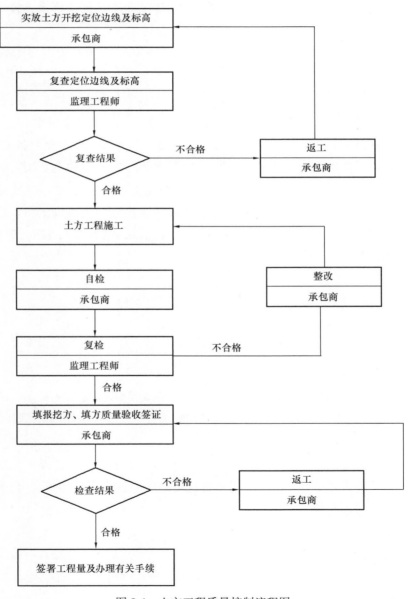

图 3-4 土方工程质量控制流程图

（一）土方工程监理一般原则

（1）土方工程施工前必须进行轴线引测控制，监理人员应督促承包商对现场使用的经纬仪、水准仪进行全面严格的检查，并根据城市规划部门提供的永久性测点，引至施工现场的龙门板桩上，一般进行三次复核。同时现场监理人员也必须对此项工作进行复测，确保绝对准确。

（2）严格审查挖土方案，重点是审查该挖土方案能否满足设计要求和勘探资料中的土质要求以及平衡计算中的挖、填方，并提出监理工作建议。

（3）审查挖土单位的企业资质及人员、设备情况和质量保证体系，督促承包方做好班组技术交底。

（4）检查进场人员与进场设备是否符合施工组织设计和专项施工方案中的相关内容。

（5）监督、检查挖土中的施工情况，严格按挖土方案施工，制止任何不按方案施工的作业行为；测量、校核土方工程的平面位置、水平标高和边坡坡度。

（6）对于深基坑，督促检测单位及时提供位移、沉降等资料，以便各方心中有数；必须督促承包商采取措施，防止基坑底部土的隆起并避免危害周边环境，督促承包商做好抢险物资的准备工作，在发生险情时，能及时抢救，把损失减少到最低程度。

（7）对于井点降水的开挖，督促承包方准备足够数量的柴油发电机，以保证停电时井点能正常运转，确保开挖顺利进行，避免产生涌砂、塌方和人身伤亡等事故。

（8）对于桩基工程，如进行机械挖土，应提醒承包商注意保护桩身，不得发生碰撞。

（9）对于机械挖土，在挖土完成后，必须进行人工修土。

（二）土方工程检查

现场监理人员对土方工程的质量检查和评定主要包括以下几个方面：

（1）基槽验收

1）对基底土质的类别及状态进行鉴别，判断其是否满足设计要求。

2）检查基底是否有不良土质存在，如淤泥、暗河、流沙、松土坑、洞穴等。

3）检查基底土质是否扰动。

基槽验收应由施工单位、设计单位、勘察单位、监理单位和建设单位五方代表共同参与进行，并请质量监督站监督。对土质有争议的可到法定检验部门进行检验鉴定，经检验符合要求后填写验收意见并签证。地基验槽尚应检查下列资料：

1）工程地质资料。

2）基础工程施工图及有关设计变更。

3）施工组织设计的土方施工部分。

4）地基不良土记录及处理方案和验收资料。

填方的基底处理必须符合设计要求和施工规范的规定。

当填方基底发现树木、草皮、河滨、池塘、水田、耕植土、淤泥、杂填土、洞穴、坟墓坑及地下障碍物时，必须进行适当处理，使其满足设计和施工规范要求。

（2）回填的土料必须符合设计和施工规范要求，回填前应消除基底的垃圾、树根等杂物，抽除坑穴积水、淤泥并验收基底标高。

1）碎石类土、砂土、含水量符合压实要求的黏性土可用作各层填料。

2）碎块草皮和有机质含量少于8％的土，可用于无压实要求的填方。

3）淤泥、淤泥质黏土、有机质含量大于8％的土，一般不能用作填料。

土方回填后，一般涉及地坪、道路、设备基础、散水坡等后续工程，回填的质量将直接影响这些工程的安全和使用，严重的可能会因为填土的不均匀沉降而引起断裂破坏。因此，凡有压实要求的填方，监理人员必须对填土工程的土料进行检验。

（3）基坑回填必须按规定分层夯压密实。

监理人员主要通过观察检查和随机抽样试验，保证回填施工分层夯实和夯实后土层合格率不低于90％，且不合格的干土质量密度的最低值和设计值的差不大于 $0.08g/cm^3$，且不集中。

（4）土方开挖、回填质量检验标准（表3-8～表3-10）。

土方开挖工程质量检验标准（mm）　　　　　　表3-8

项	序号	项目	允许偏差或允许值					检验方法
			柱基基坑、基槽	挖方场地平整		管沟	地（路）面基层	
				人工	机械			
主控项目	1	标高	−50	±30	±50	−50	−50	水准仪
	2	长度、宽度（由设计中心线向两边量）	+200 −50	+300 −100	+500 −150	+100	—	经纬仪，用钢尺量
	3	边坡	设计要求					观察或用坡度尺检查
一般项目	1	表面平整度	20	20	50	20	20	用2m靠尺和楔形塞尺检查
	2	基底土性	设计要求					要观察或进行土样分析

注：地（路）面基层的偏差只适用于直接在挖、填方上做地（路）面基层。

填土施工时的分层厚度及压实遍数　　　　　　表3-9

压实机具	分层厚度（mm）	每层压实遍数
平碾	250～300	6～8
振动压实机	250～350	3～4
柴油打夯机	200～250	3～4
人工打夯	＜200	3～4

填土工程质量检验标准（mm） 表 3-10

项	序号	项目	允许偏差或允许值					检验方法
			柱基基坑、基槽	场地平整		管沟	地（路）面基层	
				人工	机械			
主控项目	1	标高	−50	±30	±50	−50	−50	水准仪
	2	分层压实系数	设计要求					按规定方法
	3	边坡	设计要求					观察或用坡度尺检查
一般项目	1	回填土料	设计要求					取样检查或直观鉴别
	2	分层厚度及含水量	设计要求					水准仪及抽样检查
	3	表面平整度	20	20	30	20	20	用靠尺或水准仪

（5）土方工程常见质量问题

1）基坑土扰动。

2）填土使用含有机质垃圾土，基坑内有杂物或积水，有的在雨天施工。

3）采用机械或车辆直接将土料倾卸在基坑内，不辅以人工将土层铺平，每层虚铺厚度过厚或厚度不一。

4）填土夯实遍数不足，干土质量、密度达不到设计或施工规范要求。

5）填土后不分层夯实，而随意直接充水，致使土下降、填土含水率过高。

6）不按规定抽样试验，缺少资料。

三、桩基础

桩基础工程属地下隐蔽工程，因此在制定、实施施工方案时，必须把可能出现的质量问题考虑周全，提出切实、有效的防治措施。桩基施工中所发生的质量问题，常常是由多种原因造成的，因此执行施工关键工序的监理人员必须跟踪旁站。

当天然地基上的浅基础沉降量过大或地基稳定性不能满足要求时，可采用桩基础。

（一）桩基础的作用

（1）把上部荷载传递到软弱土层下面坚实而稳定的土层（如密实的砂、砾石层或岩层）中去，基础主要凭借端部的阻力来支承上部荷载，这类桩称为端承桩。

（2）把上部荷载传递到桩周及桩尖以下的地基中去，主要靠桩身的表面摩阻力来承担荷载，桩端阻力较小，这类桩称为摩擦桩。

（3）抵抗水平力和上拔力。

（4）提高地基和基础的刚度。

（5）提高建筑物的抗震能力。

（二）桩的类型

　　桩按所用的材料、构造形式和施工方法，可分为多种类型。概括来说，可分为两大类：

1. 预制桩

　　预制桩是指预先在工厂或工程现场用各种材料制成的具有一定型式和尺寸的桩（或桩节）。桩制成后用适当的机具将其打入、压入、振入或旋入土中。

　　预制桩包括木桩、钢筋混凝土预制方桩、钢筋混凝土预制管桩和钢桩等。其中最常见的为钢筋混凝土预制方桩，具有承载力高、耐久性好、制作方便等优点。

　　预制桩的沉桩方法一般有锤击法、振动法、压桩法三种，分述如下：

　　（1）锤击法

　　锤击法是指利用锤击的冲击能量克服土对桩的阻力而使桩沉到预定深度。

　　（2）振动法

　　振动法是指利用一个大功率电力振动器（振动锤），沉桩时，把振动锤安装在桩顶上，利用振动力减小土对桩的阻力，使桩能较快沉入土中。

　　（3）压桩法

　　压桩法是指借助于桩架自重及桩架上的压重，通过滑轮换向把桩压入土中。

2. 灌注桩

　　灌注桩是指先用机械方法在土中成孔，然后在孔内安装钢筋笼，再灌入混凝土而制成的桩。根据施工方法不同，灌注桩可分为：

　　（1）振入、压入式沉管灌注桩

　　它是指利用振动式打桩机或静压式打桩机（锤击式很少采用），先将带有钢筋混凝土桩头或带有活瓣式桩靴的钢管沉入土中至设计标高，然后在管内放置钢筋笼，再浇筑混凝土，边浇筑边振，同时将钢筒拔出即成。这是一种快速、简便、经济的方法，特别在持力层起伏较大的地区，更能显出其灵活性。

　　（2）钻（挖）孔灌注桩

　　它是指利用专门的成孔机具或人工挖土成孔，然后在孔内安放钢筋笼，灌注混凝土而成桩。

　　（3）扩头桩

　　它是指采用某种方法成孔并扩大端部的混凝土灌注桩，包括夯扩桩、平底大头桩和爆扩桩。目前常用的是夯扩桩和平底大头桩，而爆扩桩很少采用。

　　（三）桩基础应用

　　通常遇以下情况时可选用桩基础：

　　（1）对地基沉降要求严格，不允许有不均匀或过大沉降的建筑物。

　　（2）采用地基加固措施不合适的软弱地基或特殊土地基。

　　（3）当施工水位或地下水位很高或基础位于水中的建筑物。

（4）高耸建筑物等。

（5）建筑物受到大面积地面超载的影响，或软土上存在活荷载比较大的筒仓、油库等。

（6）承受大荷载、动荷载、大偏心荷载的建筑物。

（7）精密或大型设备的基础，对基础振动有较高要求的建筑。

（8）意义重大或须长期保存的建筑物。

四、钢筋混凝土预制桩的质量控制

钢筋混凝土预制桩包括实心桩、管桩和钢筋混凝土预制方桩等，其沉桩方法有锤击、振动和压入三种。控制流程如图 3-5 所示。

（一）钢筋混凝土预制桩的制作

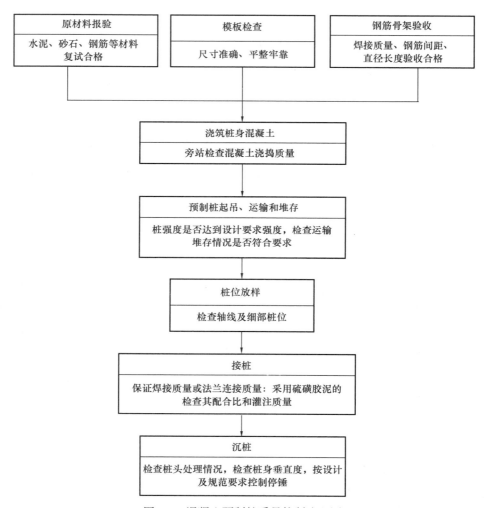

图 3-5　混凝土预制桩质量控制流程图

（1）混凝土预制桩可以在工厂或施工现场预制，但预制场地必须平整、坚实。

（2）制桩模板可用木模板或钢模板，必须保证平整牢靠、尺寸准确。

（3）钢筋骨架的主筋连接宜采用对焊或电弧焊，主筋接头配置在同一截面内的数量应符合下列规定：

1）当采用闪光对焊和电弧焊时，对于受拉钢筋，不得超过 50%。

2）相邻两根主筋接头截面的距离应大于 $35d$（d 为主筋直径），并不小于 500mm。

3）必须符合钢筋焊接及验收规程的规定。

4）预制桩钢筋骨架的质量检验标准应符合表 3-11 的规定。

预制桩钢筋骨架的质量检验标准　　　　表 3-11

项	序号	检查项目	允许偏差（mm）	检查方法
检查项目	1	主筋距桩顶距离	±5	用钢尺量
	2	多节桩锚固钢筋位置	5	用钢尺量
	3	多节桩预埋铁件	±3	用钢尺量
	4	主筋保护层厚度	±5	用钢尺量
一般项目	1	主筋间距	±5	用钢尺量
	2	桩尖中心线	10	用钢尺量
	3	箍筋间距	±20	用钢尺量
	4	桩顶钢筋网片	±10	用钢尺量
	5	多节桩锚固钢筋长度	±10	用钢尺量

（4）为防止桩顶击碎，浇筑预制桩的混凝土时，宜从桩顶开始浇筑，并应防止另一端的砂浆积聚过多。

（5）锤击预制桩，其粗骨料粒径为 5～40mm。

（6）锤击预制桩，应在强度与龄期均达到要求后，方可锤击。

（7）重叠法制作预制桩时，应符合下列规定：

1）桩与邻桩及底模之间的接角不得粘连。

2）上层桩或邻桩的浇筑必须在下层桩或邻桩的混凝土达到设计强度的 30% 以后方可进行。

3）桩的重叠层数视具体情况而定，不宜超过 4 层。

（8）桩的表面应平整、密实，制作偏差应符合钢筋混凝土预制桩的质量检验标准（表 3-12）。

钢筋混凝土预制桩的质量检验标准 表 3-12

项	序号	检查项目		允许值或允许偏差		检查方法
				单位	数值	
主控项目	1	承载力		不小于设计值		静载试验、高应变法等
	2	桩身完整性		—		低应变法
一般项目	1	成品桩质量		表面平整，颜色均匀，掉角深度小于 10mm，蜂窝面积小于总面积的 0.5%		查产品合格证
	2	桩位	带有基础梁的桩	垂直基础梁的中心线	≤100+0.01H	用全站仪或钢尺量
				沿基础梁的中心线	≤150+0.01H	
			承台桩	桩数为1～3根桩基中的桩	≤100+0.01H	
				桩数≥4根桩基中的桩	≤1/2桩径+0.01H 或 1/2边长+0.01H	
	3	电焊条质量		设计要求		查产品合格证
	4	接桩：焊缝质量	咬边深度	mm	≤0.5	焊缝检查仪
			加强层高度	mm	≤2	焊缝检查仪
			加强层宽度	mm	≤3	焊缝检查仪
		焊缝电焊质量外观		无气孔，无焊瘤，无裂缝		目测法
		焊缝探伤检验		设计要求		超声波或射线探伤
		电焊结束后停歇时间		min	≥8(3)	用表计时
		上下节平面偏差		mm	≤10	用钢尺量
		节点弯曲矢高		同桩体弯曲要求		用钢尺量
	5	收锤标准		设计要求		用钢尺量或查沉桩记录
	6	桩顶标高		mm	±50	水准测量
	7	垂直度		≤1/100		经纬仪测量

（9）混凝土拌和前，对各原材料都要进行检验，达到要求后方可使用。

（10）混凝土拌和时，各材料都要严格计量。

（二）混凝土预制桩的起吊、运输和堆存

（1）混凝土预制桩达到设计强度的 70% 方可起吊，达到 100% 时才能运输。

（2）桩起吊时应采取相应措施，保持平稳，保证桩身质量。

（3）水平运输时，应做到桩身平稳放置，无大的振动，严禁在场地上以直接拖拉桩体方式代替运输。

（4）桩的堆存应符合下列规定：

1）地面应平整、坚实。

2）垫木与吊点应保持在同一横断平面上，且各层垫木应上下对齐。

3）堆放层数不宜超过 4 层。

（三）混凝土预制桩的接桩

（1）桩的连接方法有焊接、法兰接及硫磺胶泥锚接三种。前两种可用于各类土层；硫磺胶泥锚接适用于软土层，但对于一级建筑物或承受拔力的桩应慎重选用。

（2）接桩材料应符合下列规定：

1）焊接桩：钢板宜用低碳钢，焊条宜用 E43。

2）法兰接桩：钢板和螺栓宜用低碳钢。

3）硫磺胶泥锚接桩：硫磺胶泥配合比应经试验确定，其物理、力学性能应符合表 3-13 的规定。

硫磺胶泥的配合比及物理化学性能 表 3-13

项次	项目	物理力学性能指标
1	物理性能	1. 热变性：60℃以内强度无明显变化；120℃变液态；140～145℃密度最大且和易性最好；170℃开始沸腾；超过180℃开始焦化，且遇明火即燃烧。 2. 密度：2.28～3.32t/m³。 3. 吸水率：0.12%～0.24%。 4. 弹性模量：5×10^5 kPa。 5. 耐酸性：常温下能耐盐酸、硫酸、磷酸、40%以下的硝酸、25%以下铬酸、中等浓度乳酸和醋酸
2	力学性能	1. 抗拉强度：4MPa。 2. 抗压强度：40MPa。 3. 握裹强度：与螺纹钢筋为11MPa；与螺纹孔混凝土为4MPa。 4. 疲劳强度：对照混凝土的试验方法，当疲劳应力比值 p 为 0.38 时，疲劳修正系数＞0.8

（3）采用焊接桩时，应先将四角点焊固定，然后对称焊接。

（4）为保证硫磺胶泥锚接桩质量，应做到：

1）锚筋应刷净并调直。

2）锚筋孔内应有完好螺纹，无积水、杂物和油污。

3）接桩时接点的平面和锚筋孔内应灌满胶泥。

4）灌注时间不得超过 2min。

5）灌注后停歇时间应符合表 3-14 的规定。

硫磺胶泥灌注后的停歇时间 表 3-14

项次	桩断面 (mm)	不同气温下的停歇时间（min）													
		0～10℃			11～20℃			21～30℃			31～40℃			41～50℃		
		锤击	振动	静压	锤击	振动	静压	锤击	振动	静压	锤击	振动	静压	锤击	振动	静压
1	400×400	6	4		8	5		10	7		13	9		17	12	
2	450×450	10	6		12	7		14	9		17	11		21	14	
3	500×500	13	—		15	—		18	—		21	—		24	—	

6) 胶泥试块每班不得少于一组。

（四）混凝土预制桩的沉桩

（1）沉桩前必须处理架空（高压线）和地下障碍物，场地应平整，排水应畅通，并满足打桩所需的地面承载力要求。

（2）桩打入时应符合下列规定：

1）桩帽或送桩帽与桩周围的间隙应为 5～10mm。

2）锤与桩帽、桩帽与桩之间应加设弹性衬垫，如硬木、麻袋、草垫等。

3）桩锤、桩帽或送桩应和桩身在同一中心线上。

4）桩插入时的垂直度偏差不得超过 0.5％。

（3）打桩顺序应按下列规定确定：

1）对于密集桩群，自中间向两个方向或四周对称施打。

2）当一侧毗邻建筑物时，由毗邻建筑物处向另一方向施打。

3）根据基础的设计标高，宜先深后浅。

4）根据桩的规格，宜先大后小、先长后短。

（4）桩停止锤击的控制原则如下：

1）桩端（指桩的全断面）位于一般土层时，以控制桩尖设计标高为主，贯入度可作为参考。

2）桩端达到坚硬、硬塑的黏性土、中密以上粉土、砂土、碎石类土、风化岩时，以贯入度控制为主，桩尖标高可作为参考。

3）贯入度已达到而桩尖标高未达到时，应继续锤击 3 阵，按每件 10 击的贯入度不大于设计规定的数值加以确认，必要时施工控制贯入度应通过试验并与有关单位会商确定。

（5）当遇贯入度剧变，桩身突然发生倾斜、移位或有严重回弹，桩顶或桩身出现严重裂缝、破碎等情况时，应暂停打桩，并分析原因，采取相应措施。

（6）为避免或减小沉桩挤土效应和对邻近建筑物、地下管线等的影响，施打大面积密集桩群时，可采取下列辅助措施：

1）预钻孔沉桩，孔径比桩径（或方桩对角线）小 50～100mm，深度视桩距和土的密实度、渗透性而定，一般为桩长 1/3～3/4，施工时应随钻随打；桩架宜具备钻孔和锤击双重性能。

2）设置袋装砂井或塑料排水板，以消除部分超孔隙水压力，减少挤土现象。袋装砂井直径一般为 70～80mm，间距 1.0～1.5m，深度 10～12m；塑料排水板的深度、间距与袋装砂井相同。

3）设置隔离板桩或地下连续墙。

4）开挖地面防震沟可消除部分地面震动，可与其他措施结合使用，沟宽 0.5～

0.8m，深度按土质情况以边坡能自立为准。

5）限制打桩速率。

6）沉桩过程应加强邻近建筑物、地下管线等的观测、监护。

（7）桩位允许偏差应符合钢筋混凝土预制桩的质量检验标准（表3-15）。

预制桩桩位的允许偏差（单位：mm）　　　　　　表 3-15

项次	项目	允许偏差
1	盖有基础的梁： （1）垂直基础梁的中心线。 （2）沿基础梁的中心线	$100-0.01H$ $150+0.01H$
2	桩数为 1～3 根桩基中的桩	100
3	桩数为 4～16 根桩基中的桩	1/2 桩径或边长
4	桩数大于 16 根桩基中的桩： （1）最外边的桩。 （2）中间桩	1/3 桩径或边长 1/2 桩径或边长

注：H 为施工现场地面标高与桩顶设计标高的距离。

（8）按标高控制的桩，桩顶标高的允许偏差为 $-50\sim+100$mm。

（9）斜桩倾斜度的偏差不得大于倾斜角正切值的 15%。倾斜角指纵向中心线与铅垂线间的夹角。

（10）静力压桩适用于软弱土层，当存在厚度大于 2m 的中密以上砂夹层时，不宜采用静力压桩。静力压桩应符合下列规定：

1）压桩机应根据土质情况配足额定重量。

2）桩帽、桩身和送桩的中心线应重合。

3）节点处理应符合规定。

4）压同一根（节）桩应缩短停顿时间。

（11）为减小静力压桩的挤土效应，可按（6）选择适用措施。

（五）混凝土预制桩施工常见质量问题

（1）桩身断裂。在沉桩过程中，当桩尖处土质条件没有特殊变化，而贯入度逐渐增大或突然增大，同时当桩锤跳起后，桩身随之出现回弹现象，可判断为断桩。

（2）桩顶碎裂。在沉桩过程中，桩顶出现混凝土掉角、碎裂、坍塌等现象，甚至桩顶钢筋全部外露打坏。

（3）沉桩达不到设计要求。

（4）桩身倾斜。

（5）接桩处松脱开裂。

（6）桩顶移位。

五、灌注桩的质量控制

灌注桩主要包括振入式或压入式沉管灌注桩、平底大头桩、夯扩桩、泥浆扩壁钻孔灌注桩、人工挖孔灌注桩等。灌注桩质量监理要点分为一般原则和专门要求两种。

（一）一般原则

（1）施工准备

灌注桩施工应具备下列资料：

1）桩基工程施工图（包括同一单位工程中所有的桩基础）及图纸会审纪要。

2）建筑场地和邻近区域内的地下管线（管道、电缆）、地下构筑物、危房及精密仪器车间等的调查资料。

3）主要施工机械及其配套设备的技术性能资料。

4）桩基工程的施工组织设计或施工方案。

5）水泥、砂、石、钢筋等原材料及其制品的质检报告。

6）有关荷载、施工工艺的试验参考资料。

（2）施工组织设计应结合工程特点，有针对性地制订相应质量管理措施，主要包括下列内容：

1）施工平面图：标明桩位、编号、施工顺序、水电线路和临时设施的位置，采用泥浆护壁时，标明泥浆制备设施及其循环系统。

2）确定成孔机械、配套设备以及合理施工工艺的有关资料，泥浆护壁灌注桩必须有泥浆处理措施。

3）施工作业计划和劳动力组织计划。

4）机械设备、备（配）件、工具（包括质量检查工具）、材料供应计划。

5）桩基施工时，安全、劳动保护、防火、防雨、防台风、爆破作业、文物和环境保护等方面应按有关规定执行。

6）保证工程质量、安全生产和季节性（冬、雨期）施工的技术措施。

（3）成桩机械必须经鉴定合格方可使用，不合格机械不得使用。

（4）施工前应组织图纸会审，会审纪要连同施工图等作为施工依据列入工程档案。

（5）桩基施工用的临时设施，如供水、供电、道路、排水、临设房屋等，必须在开工前准备就绪，施工场地应进行平整处理，以保证施工正常作业。

（6）基桩轴线的控制点和水准点应设在不受施工影响的地方。开工前，经复核后应妥善保护，施工中应经常复测。

（7）成孔深度控制

1）摩擦型桩：摩擦型桩以设计桩长控制成孔深度；必须保证设计桩长及桩端进入持力层深度；当采用锤击沉管法成孔时，桩管入土深度控制以标高为主，以贯入度控制为辅。

2）端承型桩：当采用钻（冲）、挖掘成孔时，必须保证桩孔进入设计持力层的深度；当采用锤击法成孔时，沉管深度控制以贯入度为主，以设计持力层标高对照为辅。

（8）灌注桩成孔施工的允许偏差应满足表 3-16 的要求。

灌注桩成孔施工的允许偏差　　　　　　　　　　　　表 3-16

序号	成孔方法		桩径允许偏差（mm）	垂直度允许偏差（%）	桩允许偏差（mm）	
					1～3 根、单排桩基垂直于中心线方向和群桩基础的边桩	条形桩基沿轴线方向和群桩基础的中间桩
1	泥浆护壁孔桩	$D \leqslant 1000$mm	±50	<1	$D/6$ 且 $\leqslant 100$	$D/4$ 且 $\leqslant 150$
		$D > 1000$mm	±50		$100 + 0.01H$	$150 + 0.01H$
2	套管成孔灌注桩	$D \leqslant 500$mm	−20	<1	70	150
		$D > 500$mm			100	150
3	干成孔灌注桩		−20	<1	70	150
4	人工挖孔桩	混凝土护壁	±50	<0.5	50	150
		钢套管护壁	±20	<1	100	200

注：1. 桩径允许偏差的负值是指个别断面。

　　2. 采用复打、反插法施工的桩，其桩径允许偏差不受上表限制。

　　3. H 为施工现场地面标高与桩顶设计标高的距离，D 为设计桩径。

（9）钢筋笼除符合设计要求外，尚应遵守下列规定：

1）钢筋笼的制作允许偏差见表 3-17。

钢筋笼制作允许偏差　　　　　　　　　　　　表 3-17

项	序号	检查项目	允许偏差（mm）	检查方法
主控项目	1	主筋间距	±10	用钢尺量
	2	长度	±100	用钢尺量
一般项目	1	钢筋材质检验	设计要求	抽样送检
	2	箍筋间距	±20	用钢尺量
	3	直径	±20	用钢尺量

2）分段制作的钢筋笼，其接头宜采用焊接并应符合《混凝土结构工程施工质量验收规范》GB 50204—2015 中的规定。

3）主筋净距必须大于混凝土粗骨料粒径 3 倍以上。

4）加劲箍宜设在主筋外侧，主筋一般不设弯钩，根据施工工艺要求所设弯钩不得向内圆伸露，以免妨碍导管工作。

5）钢筋笼的内径应比导管接头处外径大 10mm 以上。

6）搬运和吊装钢筋笼时，应防止发生变形，安放要对准孔位，避免碰撞孔壁，就位后应立即固定。

7）钢筋笼主筋的保护层允许偏差：水下浇筑混凝土桩为±20mm，非水下浇筑混凝土桩为±10mm。

（10）粗骨料可选用卵石或碎石，其最大粒径对于沉管灌注桩不宜大于50mm，并不得大于钢筋间最小净距的1/3；对于素混凝土桩，不得大于桩径的1/4，一般不宜大于70mm。

（11）检查成孔质量合格后应尽快浇筑混凝土。桩身混凝土必须留有试件，直径大于1m的桩，每根桩应有1组试块，且每个浇筑台班不得少于1组，每组3件。

（12）为核对地质资料、检验设备、工艺以及技术要求是否适宜，桩在施工前，应进行试成孔，并根据试桩结果和地质经验确定有关施工参数。

（二）振入式或压入式沉管灌注桩

（1）沉管灌注桩适用于黏性土、粉土、淤泥质土、砂土及填土，在厚度较大、灵敏度较高的淤泥和流塑状态的黏性土等软弱土层中采用时，应制订质量保证措施，并经工艺试验成功后方可实施。

（2）根据土质情况和荷载要求，沉管灌注桩施工可分别选用单打法、反插法、复打法等。单打法适用于含水量较少的土层，且一般采用预制桩尖；反插法及复打法适用于饱和土层。

（3）混凝土预制桩尖或钢桩尖的加工质量和埋设位置应与设计相符，桩管和桩尖的接触应有良好的密封性。对于穿越饱和黏性土的桩，可在预制桩尖与桩管接触面处设稻草绳；对于进入硬塑黏土层和中密粉细砂层的桩，在桩尖与桩管接触面处，可用环形铁圈。在沉管过程中如水或泥浆有可能进入桩管，应在桩管内先灌入高1.5m左右的封底混凝土后，方可开始沉管。

（4）沉管全过程必须有专职记录员做好施工记录。对于振动式：应包括贯入速率、电流、电压变化情况和最后2min的贯入速度；对于静压式：应包括贯入速率、压桩力变化情况、最后贯入度及抬架情况。两者的最后贯入度一般均按试成桩结果和地质经验确定。

（5）沉管至设计标高后，应立即灌注混凝土，尽量减少间隔时间，灌注混凝土之前，必须检查桩管内有无吞桩尖或进泥、进水。

（6）拔管速度要均匀。对于振动式，先振动5～10s再开始拔管，边振边拔，每拔0.5～1.0m，停拔振动5～20s，如此反复，直至桩管全部拔出。在一般土层中，拔管速度宜为1.2～1.5m/min，用活瓣桩尖时宜慢，用预制桩尖时可适当加快，在软弱土层中，宜控制在0.6～0.8m/min。

对于静压式，目前一般均采用振拔，其拔管要求可参见振动式。

（7）充盈系数：对于振动式和静压式（振拔），不得小于1.10。

（8）反插法施工应遵守下列规定：桩管灌满混凝土后，每次拔管高度为 0.5～1.0m，反插深度 0.3～0.5m。在拔管过程中，应分段添加混凝土，并保持管内混凝土面始终不低于地表面或高于地下水位 1.0～1.5m 以上，拔管速度应小于 0.5m/min。在桩尖处 1.5m 范围内可多次反插以扩大桩的端部断面，穿过淤泥夹层时，应当放慢拔管速度，并减少拔管高度和反插深度，在流动性淤泥中不宜采用反插法。

（9）复打法施工分为局部复打和全复打。对于可能有断桩和缩颈的桩，应采用局部复打，局部复打应超过断桩或缩颈后 1m 以上。

全复打应遵守下列规定：

1）第一次灌注混凝土应到达自然地面。

2）应随拔管随清除粘在管壁上和散落在地上的泥土。

3）前后两次的轴线应重合。

4）复打施工必须在第一次灌注的混凝土初凝之前完成。

（10）混凝土的坍落度宜采用 80～100cm。

（11）沉管灌注桩常见的质量问题及治理办法：

1）缩颈：成桩后的桩身局部直径小于设计要求，一般发生在地下水位以下、上层滞水层和饱和黏性土中。

治理办法：在淤泥质土层中出现缩颈时，可采用复打法解决；在其他土层中出现缩颈时，最好采用预制桩尖，在缩颈部位采用反插法施工。

2）断桩及桩身混凝土坍塌：桩身局部分离，甚至有一段没有混凝土；桩身的某一部位坍塌，在坍塌处没有混凝土。

治理办法：采用跳打法施工，跳打法必须等相邻成型的桩达到设计强度的 60% 以上方可进行；采用复打法或反插法施工。

3）套管内混凝土拒落：灌完混凝土后拔管时，混凝土不从管底流出，拔出一定高度后，混凝土才流出管外，导致桩的下部没有混凝土或混凝土不密实。

治理办法：在混凝土拒落部位采用反插法施工。

4）套管内有泥浆和水进入：套管沉入过程中，地下水和泥浆进入套管内。

治理办法：在套管沉至地下水位以上 0.5m 时，灌入 0.05～0.10m³ 的封底混凝土，把套管底部的裂缝用混凝土填住，使水和泥浆不能进入套管；采用预制桩尖时，在预制桩尖与套管接触处缠绕上麻绳或垫硬纸板块等材料，使桩头和套管接头处密封严密。

5）沉桩达不到最终控制要求：桩设计时以最终贯入度和最终标高作为施工的最终控制。一般情况下，以一种控制标准为主，以另一种控制标准为辅，但有时沉桩还是达不到最终控制要求。

治理办法：根据工程地质条件，选用合适的打桩机；对较厚的硬夹层，可先把硬夹层钻透，然后再把套管植入沉下，也可辅以射水法一起沉桩。

6) 钢筋笼下沉：桩顶钢筋或钢筋笼放入后，在相邻桩位下沉套管时，该桩顶的钢筋或钢筋笼下沉。

治理办法：钢筋或钢筋笼放入混凝土后，上部用木棍将钢筋或钢筋笼架起固定，这样相邻桩振动时钢筋或钢筋笼就不会下沉。

7) 桩身夹泥：桩身混凝土内有泥夹层。

治理办法：采用反插法施工时，反插深度不宜过大，采用复打法时，在复打前应把套管上的泥清理干净；混凝土要拌和均匀，和易性要好，坍落度要符合规范要求，在饱和软黏土中，要控制好拔管速度；拔管时经常观察桩身混凝土灌入量，发现灌注桩径小于设计桩径时，应立即采取措施。

8) 混凝土用量过大：灌注混凝土时，混凝土的用量比正常情况多 1 倍以上。

治理办法：施工前详细了解施工现场内洞穴情况，预先开挖，进行清理，然后用素土填死；在饱和淤泥和淤泥质软土中采用套管护壁灌注桩时，试桩时如发现混凝土用量过大，可共同研究，分析原因，改用其他桩型。

(三) 平底大头桩

(1) 平底大头桩采用底部平而截面比桩管大的预制桩尖，在沉管过程中，使桩端产生压密效果，适用于桩端土层属于可塑性土，施工时不产生液化的黏土或砂土，且埋深不大于 15m、厚度不小于 3.5m 的土质条件。

(2) 平底大头桩的桩管外径，当桩长小于或等于 10m 时，一般采用 $\phi325mm$；当桩长为 10~15m 时，一般采用 $\phi377mm$。

(3) 平底大头桩施工一般采用锤击式或振动式。

(4) 平底大头桩属于沉管灌注桩范畴，施工要求、监理要点可依据沉管灌注桩部分的相关规定。

(四) 夯扩桩

(1) 夯扩桩适用于桩端持力层为中、低质缩性的黏性土、粉土、砂土、碎石类土，且其埋深不超过 17m 的情况。

(2) 夯扩桩施工一般采用锤击式。

(3) 夯扩桩也属于沉管灌注桩范畴，施工要求、监理要点可依据沉管灌注桩部分的相关规定，但还须遵守下列规定：

1) 沉管过程：外管封底采用干硬性混凝土、无水混凝土，经夯击形成阻水、阻泥管塞，其高度一般为 100mm。当不出现由内、外管间隙涌水、涌泥时，也可不采取上述封底措施。

2) 桩的长度较大或内配置钢筋笼时，桩身混凝土宜分段灌注，拔管时内夯管和桩锤应施放于外管中的混凝土顶面，边压边拔。

3) 工程桩施工前的试成桩，必须详细记录混凝土的分次灌入量、外管上拔高度、内管夯击次数、双管同步沉入深度，并检查外管的封底情况，有无进水、涌泥等，经核定后作为施工控制依据。

（五）泥浆护壁钻孔灌注桩

（1）泥浆护壁钻孔灌注桩适用于黏性土、黏土、砂填土、碎（砾）石土及风化岩层，以及地质情况复杂、夹层多、风化不均、软硬变化较大的岩层。钻孔灌注桩除适用于上述地质情况外，还能穿透旧基础、大弧石等障碍物，但在岩溶洞发达地区应慎重使用。

（2）泥浆护壁钻孔灌注桩质量控制流程如图 3-6 所示。

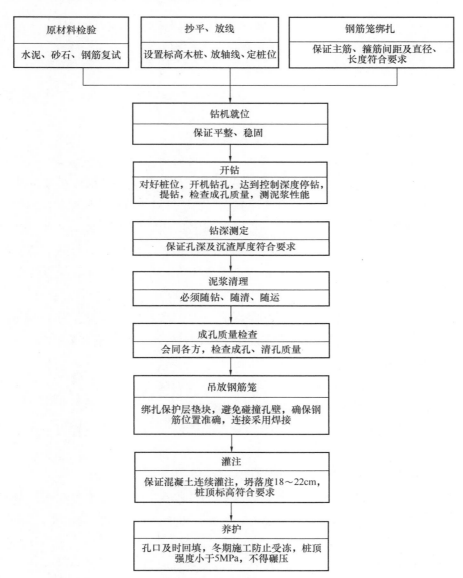

图 3-6　泥浆护壁钻孔灌注桩质量控制流程图

（3）钻孔灌注桩成孔机具有潜水钻、回转钻（正反循环）、冲抓钻、冲击钻等，其适用范围参照表 3-18。

成孔机具适用范围表　　　　　　　　　　　　　　表 3-18

成孔机具	适 用 范 围
潜水钻	黏性土、粉土、淤泥质土、砂土、强风化岩、软质岩
回转钻（正反循环）	碎石类土、砂土、黏性土、粉土、强风化岩、软质与硬质石
冲抓钻	碎石类土、砂土、砂卵石、黏性土、粉土、强风化岩
冲击钻	适用于各类土层及风化岩、软质岩

（4）钻孔时应符合下列规定：

1）钻杆应保持垂直稳固、位置正确，防止因钻杆晃动引起孔径扩大。

2）钻进速度应根据电流值变化及时调整。

3）钻进过程中，遇塌孔、缩孔等异常情况时，应及时处理。

4）钻进过程中，应根据具体情况，定时测定护壁泥浆的密度、含砂率、黏度及 pH 值。

（5）成孔至设计深度，应由专人负责验收。

（6）钢筋笼在制作、运输、安装过程中，应采取适当措施，防止发生不可恢复的扭转、弯曲。起吊钢筋笼时，钢筋笼应保持垂直，对准孔位，吊稳后缓缓下沉，避免碰撞孔壁。钢筋笼周边必须设置同主筋混凝土保护层厚度一样的砂浆垫块。

（7）清孔结束，灌注桩混凝土前，必须仔细测量孔底沉渣厚度，其值不得大于规范或设计要求；并必须在清孔结束后半小时内灌注第一斗混凝土，否则，必须重新测定孔底沉渣厚度，根据测定结果确定是否需重新清孔。初灌混凝土应使导管埋入混凝土面以下 0.8m 以上。

（8）灌注过程中，应由专人负责测量混凝土面标高，导管埋深宜为 2～6m。初灌结束后，混凝土面标高必须符合规范或设计要求，充盈系数一般不得小于 1.0。

（9）混凝土的坍落度宜采用 180～220mm。

（10）泥浆护壁钻孔灌注桩常见质量问题及治理办法

1）坍孔：在成孔过程中或成孔后，孔壁塌落。

治理办法：如发生孔口坍塌，将砂和黏土混合物回填到坍孔位置以上 1～2m 处，如坍孔严重，应全部回填，等回填物沉积密实后再进行钻孔。

2）钻孔漏浆：在成孔过程中，泥浆向孔外漏失。

治理办法：加稠泥浆或倒入黏土，慢速转动，或在回填土内掺膨润土、卵石，反复冲击，增强护壁；在有护筒防护范围内，接缝处可由潜水工用棉絮堵塞，封闭接缝，稳住水头。

3）桩孔倾斜：成孔后孔洞不垂直，出现较大垂直偏差。

治理办法：在倾斜处吊住钻头，上下反复扫孔，使孔校直；在偏斜处回填砂和黏土，待沉淀密实后再钻。

4）缩孔：桩径小于设计孔径。

治理办法：采用上下反复扫孔的办法，以扩大孔径。

5）钢筋笼放置与设计要求不符：钢筋笼变形，保护层不够，深度位置不符合要求。

治理办法：分段制作，增设加强筋。安装保护层垫块，小心轻放，防止碰撞，对在运输堆放和吊装过程中出现的钢筋笼变形，及时修复。

（六）人工挖孔灌注桩

（1）人工挖孔灌注桩适用于地下水位以上的黏性土、粉土、填土、中密以上的砂土、风化岩层。在地下水位较高，特别是有承压水的砂土层、滞水层、厚度较大的高压缩性淤泥层和流塑淤泥质土层中施工时，必须有可靠的技术措施和安全措施。

（2）人工挖孔灌注桩质量控制流程如图3-7所示。

（3）人工挖孔灌注桩孔径（不含孔壁）不得小于0.8m，当桩净距小于2倍桩径且小于2.5m时，应采用间隔开挖。排桩跳挖的最小施工净距不得小于4.5m，孔深不宜大于40m。

（4）开孔前，桩位定位放样必须准确，在桩位外设置定位龙门桩，安装护壁模板必须用桩心点校正模板位置，并由专人负责。

（5）护壁厚度不宜小于100mm，混凝土强度等级不得低于C15。

（6）第一节井圈护壁应符合下列规定：

1）井圈中心线与设计轴线的偏差不得大于20mm。

2）井圈顶面应比场地高出150～200mm，壁厚比下面井壁厚度增加100～150mm。

（7）修筑井圈护壁应遵守下列规定：

1）护壁厚度、拉结钢筋、配筋、混凝土强度均应符合设计要求。

2）上、下护壁搭接长度不得小于50mm。

3）每节护壁均应在当日连续施工完毕。

4）护壁混凝土必须保证密实，根据土层渗水情况使用速凝剂。

5）护壁模板的拆除一般应在24h之后进行。

6）发现护壁有蜂窝、漏水现象时，应及时补强以防造成事故。

7）同一水平面上的井圈任意直径的级差不得大于5mm。

（8）有局部或厚度不大于1.5m的流动性淤泥和可能出现涌土、涌砂时，护壁施工可按下列方法进行：

1）每节护壁的高度可减少到300～500mm，并随挖、随验、随浇筑混凝土。

2）采用钢护筒或有效的降水措施。

（9）挖至设计标高时，孔底不应有积水，终孔后应清理好护壁上的淤泥和孔底残渣、积水，然后进行隐蔽工程验收。验收合格后，应立即封底和浇筑桩身混凝土。

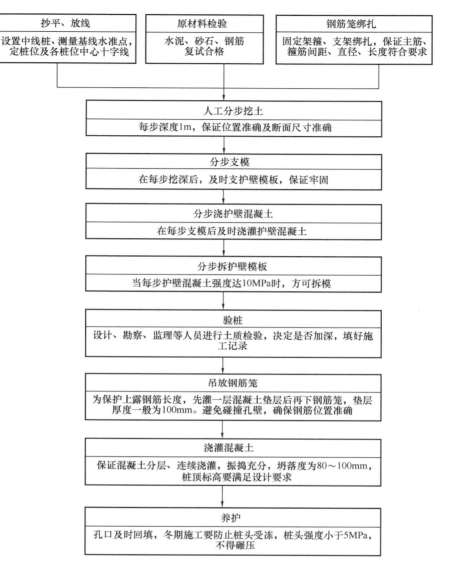

图 3-7 人工挖孔灌注桩质量控制流程

（10）浇筑桩身混凝土时必须使用溜槽，当高度超过 3m 时，应用串筒，串筒末端离孔底高度不宜大于 2m，混凝土宜采用插入式振捣器振实。

（11）当渗水量过大（影响混凝土浇筑质量）时，应采取有效措施，保证成桩质量。

（12）施工现场所有设备、设施、安全装置、工具配件以及个人劳保用品必须经常检查，确保完好和使用安全。

（13）人工挖孔桩施工必须采取下列有效的安全措施：

1）孔内必须设置应急软爬梯，以及供人员上、下井使用的电葫芦、吊笼等，应安全、可靠，并配有自动卡紧保险装置，不得使用麻绳和尼龙绳挂或脚踏井壁凸缘上下。

电葫芦宜采用按钮式开关，使用前必须检查其安全起吊能力。

2）每日开工前必须检测井下是否存在有毒有害气体，并应有足够的安全防护措施。桩孔开挖深度超过 10m 时，应有专门向井下送风的设备，风量不宜少于 25L/s。

3）孔口四周必须设置护栏，一般加 0.8m 高围栏围护。

4）挖出的土方应及时运离孔口，不得堆放在孔口四周 1m 范围内，机动车辆的通行不得对井壁的安全造成影响。

5）施工现场一切电源、电路的安装和拆除必须由持证电工操作，电器必须严格接地、接零和使用漏电保护器。各孔内用电必须分闸，严禁一闸多用。孔上电缆必须架空 2.0m 以上，严禁拖地和埋压土中，孔内电缆、电线必须有防磨损、防潮、防断等保护措施。照明应采用安全矿灯或 12V 以下的安全灯，并严格遵守《建筑施工安全检查标准》JGJ 59—2011 的规定。

（14）人工挖孔灌注桩常见质量问题及治理办法

1）孔底虚土多：成孔后，孔底虚土超过规定标准。

治理办法：施工中严格执行施工操作规程，重新清理，直至符合要求为止。当孔底虚土为砂或砂卵石时，可采用孔底灌浆拌和，然后再浇筑混凝土，也可人工局部采用压力灌注方法。

2）坍孔：成孔后，孔壁局部塌落。

治理办法：严格按规定要求支护、拆模。如确实是地质原因引起，应会同有关部门共同分析原因，找出处理办法。

3）挖进困难：挖进时很困难，甚至挖不下去。

治理办法：如遇石头、混凝土等障碍物，可清理出障碍物后，重新挖进；当无法清除时，应会同设计，提出处理方法。如由流砂引起，应立即停止挖进，在采取必要措施后，方可继续进行。

4）挖孔倾斜：桩孔垂直度偏差超过规范或设计要求。

治理办法：边挖边测（每步 1m 测一次）桩孔垂直度。当发现成孔后桩位严重倾斜时，用砂和黏土填实重挖。

5）安全事故：工地发生危及人身安全及工程安全的事故，甚至发生伤亡事故。

治理办法：严格执行安全生产规章制度，落实安全责任制。一切安全劳保用品必须齐全、良好，定期进行安全检查。

六、地下结构工程钢筋混凝土的质量控制

地下结构工程主要涉及钢筋、模板、混凝土三个分项工程。地下结构工程一般具有混凝土结构厚、体形大、数量多、钢筋密、工程条件复杂和施工技术要求高等特点。它除了必须满足强度、刚度、整体性和耐久性要求外，还存在着如何控制温度变形和裂缝开展等问题。此外，整个地下室施工期间，敞开的基坑是工程现场的质量安全隐患，而任何地下室施工质量问题的处理，都将影响基坑的回填时间和进度。地下结构工程质量控制流程如图 3-8 所示。

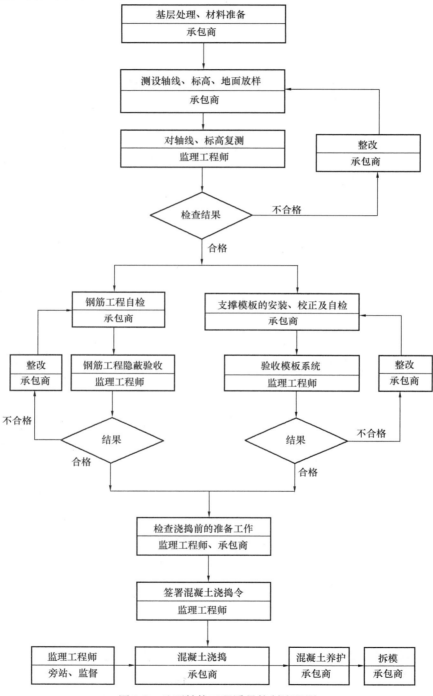

图 3-8　地下结构工程质量控制流程图

（一）模板工程（略）

（二）钢筋工程（略）

（三）混凝土工程

要防止大体积混凝土硬化期间由于水泥水化过程释放水化热所产生的温度变化和混凝土收缩的共同作用而造成的裂缝开展和地下室渗漏水。

大体积混凝土的质量控制措施如下：

1. 审查施工组织是否合理，混凝土供应能力、物料储备能力是否满足工程需要。

2. 合理选择混凝土的配合比

大体积混凝土配合比设计，除应符合现行行业标准《普通混凝土配合比设计规程》JGJ 55—2011 的有关规定外，尚应符合下列规定：

① 当采用混凝土 60d 或 90d 强度验收指标时，应将其作为混凝土配合比的设计依据。

② 混凝土拌合物的坍落度不宜大于 180mm。

③ 拌合水用量不宜大于 170kg/m³。

④ 粉煤灰掺量不宜大于胶凝材料用量的 50%，矿渣粉掺量不宜大于胶凝材料用量的 40%；粉煤灰和矿渣粉掺量总和不宜大于胶凝材料用量的 50%。

⑤ 水胶比不宜大于 0.45。

⑥ 砂率宜为 38%～45%。

（1）水泥的选择

大体积钢筋混凝土结构引起裂缝的主要原因为水泥的水化热大量积聚，使混凝土出现早期温升和后期降温现象，故在施工中应注意对水泥品种进行选择，其原则为：

1）应选用水化热低的通用硅酸盐水泥，3d 水化热不宜大于 250kJ/kg，7d 水化热不宜大于 280kJ/kg；当选用 52.5 强度等级水泥时，7d 水化热宜小于 300kJ/kg。

2）水泥在搅拌站的入机温度不宜高于 60℃。

3）用于大体积混凝土的水泥进场时应检查水泥品种、代号、强度等级、包装或散装编号、出厂日期等，并应对水泥的强度、安定性、凝结时间、水化热进行检验，检验结果应符合现行国家标准《通用硅酸盐水泥》GB 175—2007 的相关规定。

（2）骨料选择，除应符合现行行业标准《普通混凝土用砂、石质量及检验方法标准（附条文说明）》JGJ 52—2006 的有关规定外，尚应符合下列规定：

1）细骨料宜采用中砂，细度模数宜大于 2.3，含泥量不应大于 3%。

2）粗骨料粒径宜为 5.0～31.5mm，并应连续级配，含泥量不应大于 1%。

3）应选用非碱活性的粗骨料。

4）当采用非泵送施工时，粗骨料的粒径可适当增大。

（3）外加剂质量及应用技术，应符合现行国家标准《混凝土外加剂》GB 8076—2008 和《混凝土外加剂应用技术规范》GB 50119—2013 的有关规定。

1）外加剂的品种、掺量应根据材料试验确定。

2）宜提供外加剂对硬化混凝土收缩等性能的影响系数。

3）耐久性要求较高或寒冷地区的大体积混凝土，宜采用引气剂或引气减水剂。

3. 控制混凝土的出机温度和浇捣温度

为了控制混凝土的出机温度和浇捣温度，夏季可选用冰水搅拌，降低原材料入拌和机的初始温度，尤其是石子的初始温度。在现场可采用保温、降温措施，如覆盖管路等。现场测试混凝土表面及内部之间的温升情况，一般两者之温差应控制在25℃以下。

4. 混凝土的浇捣

在夏季，气温高不利于混凝土的浇捣，但昼夜温差小、空气湿度大，有利于混凝土的养护。因此在施工时，应重点减少温升。如在整个混凝土水平输送管线上覆盖草包等隔热材料，并经常浇洒冷水，采用"一个坡度、薄层浇筑、循序渐进、一次到顶"的浇筑方法来缩小混凝土暴露面，以及加大浇筑强度以缩短浇筑时间等措施。

在冬期施工时，应注意以下事项：

（1）防止混凝土早期受冻的措施：采用保温措施，如覆盖草包、塑料薄膜等，或在其配合比中掺加防冻外加剂。

（2）混凝土裂缝的控制措施：控制内外表面温差值，合理安排混凝土的浇捣顺序，控制原材料的温度，合理安排拆模时间及采取保温措施，当自然环境不适宜混凝土的养护时，必要时可采用蒸气养护等。

按规范或设计要求留置抗渗、抗压混凝土试块。

5. 混凝土的养护

应采用有效措施，以减少混凝土表面的热扩散，减小温度梯度，以防止裂缝出现。因此，在混凝土浇捣后，一方面应加强对混凝土的养护，另一方面应派专人对其温度发展情况予以检测，以便于进一步改善养护条件。

6. 控制混凝土裂缝的办法

（1）设置缓冲层

在底板的地梁、坑内水沟等建槽部分，可用厚30～50mm的聚苯乙烯泡沫塑料进行垂直隔离，以缓和地基对基础收缩时的侧向压力。

（2）避免应力集中

1）在孔洞的四周增配斜向钢筋、钢筋网片或者护边角铁框。

2）应尽量避免结构物的断面突变而产生的应力集中，当确实不能避免时，设计将断面做成逐渐变化的过渡形式，同时增配抗裂钢筋。

3）选择合理的配筋。

① 当混凝土底板或墙板的厚度为20～40cm时，可采取增配构造钢筋，使构造钢筋起到温度筋的作用，可有效提高混凝土的抗裂性能。

② 选择合理的配筋率，全截面含筋率宜控制在 0.3%～0.5%。

③ 沿混凝土表面配置钢筋，可提高面层抗表面降温和干缩的自约束应力。

第四节 主体结构工程施工监理质量控制要点

一、模板工程的质量控制

（一）模板工程质量控制流程（图 3-9）

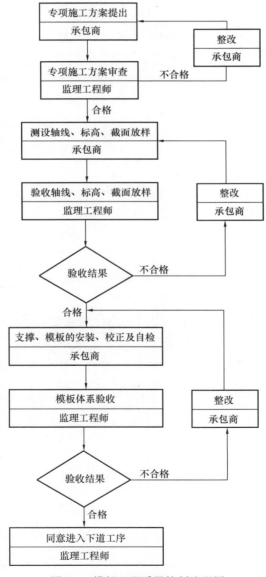

图 3-9 模板工程质量控制流程图

（二）监理工作流程和内容

（1）模板安装

1）检查上道工序（主轴线、标高的技术复核）验收通过情况。

2）检查本道工序是否具备经审批的手续齐全的专项施工方案（如模板支设专项施工方案，尤其是模板及其支架的设计方案、外架和爬架方案等）。

3）抽查模板、钢管、扣件等材料是否符合经审定的施工方案要求。

4）检查架子工等专业工种施工作业人员的上岗证。

5）抽查现场模板工程搭设的位置、轴线、标高、尺寸、平整度、垂直度和拼缝（表3-19～表3-21），木模板应浇水湿润，但模板内不应有积水。

预埋件和预留孔洞的允许偏差　　　　　　　　表 3-19

项目		允许偏差（mm）
预埋钢板中心线位置		3
预埋管、预留孔中心线位置		3
插筋	中心线位置	5
	外露长度	＋10，0
预埋螺栓	中心线位置	2
	外露长度	＋10，0
预留洞	中心线位置	10
	尺寸	＋10，0

注：检查中心线位置时，应沿纵、横两个方向量测，并取其中的较大值。

现浇结构模板安装的允许偏差及检验方法　　　　　　　　表 3-20

项目		允许偏差（mm）	检验方法
轴线位置		5	钢尺检查
底模上表面标高		±5	水准仪或拉线、钢尺检查
截面内部尺寸	基础	±10	钢尺检查
	柱、墙、梁	＋4，－5	钢尺检查
层高垂直度	不大于5m	6	经纬仪或吊线、钢尺检查
	大于5m	8	经纬仪或吊线、钢尺检查
相邻两板表面高低差		2	钢尺检查
表面平整度		5	2m靠尺和塞尺检查

注：检查轴线位置时，应沿纵、横两个方向量测，并取其中的较大值。

预制构件模板安装的允许偏差及检验方法 表 3-21

项目		允许偏差（mm）	检验方法
长度	板、梁	±5	钢尺量两角边，取其中较大值
	薄腹梁、桁架	±10	
	柱	0，−10	
	墙板	0，−5	
宽度	板、墙板	0，−5	钢尺量一端及中部，取其中较大值
	梁、薄腹梁、桁架、柱	+2，−5	
高（厚）度	板	+2，−3	钢尺量一端及中部，取其中较大值
	墙板	0，−5	
	梁、薄腹梁、桁架、柱	+2，−5	
侧向弯曲	梁、板、柱	$L/1000$ 且 ≤15	拉线、钢尺量最大弯曲处
	墙板、薄腹梁、桁架	$L/1500$ 且 ≤15	
板的表面平整度		3	2m 靠尺和塞尺检查
相邻两板表面高低差		1	钢尺检查
对角线差	板	7	钢尺量两个对角线
	墙板	5	
翘曲	板、墙板	$L/1500$	调平尺在两端量测
设计起拱	薄腹梁、桁架、梁	±3	拉线、钢尺量跨中

6）检查模板隔离剂的涂刷情况。

7）检查模板内的杂物清理情况。

8）对 4m 以上跨度的现浇钢筋混凝土梁、板的模板抽查起拱情况。

9）抽查预埋件、预留孔和预留洞的安装和固定情况。

10）在检查完"模板安装检验批质量验收记录"相应内容后向专业监理工程师提出验收结论的建议。

（2）模板拆除

1）熟悉规范主控项目有关模板拆除的基本规定。

底模及其支架拆除时的混凝土强度应符合设计要求；当设计无具体要求时，混凝土强度应符合表 3-22 的规定。

底模拆除时的混凝土强度要求 表 3-22

构件类型	构件跨度（mm）	达到设计要求的混凝土立方体抗压强度标准值的百分率（%）
板	≤2	≥50
	>2，≤8	≥75
	>8	≥100

构件类型	构件跨度（mm）	达到设计要求的混凝土立方体抗压强度标准值的百分率（%）
梁、拱、壳	≤8	≥75
	>8	≥100
悬臂构件	—	≥100

检查数量：全数检查。

检验方法：检查同条件养护试件强度试验报告。

2）掌握并监督执行经审批通过的后浇带模板的拆除和支顶施工技术方案。

3）巡视并及时制止未到混凝土强度要求的拆模行为和野蛮拆模行为。

（三）模板工程质量

1. 模板工程的质量控制

（1）组合钢模板的技术特点

组合钢模板是定型模板中的一种，为工具式模板，由少数具有一定模数的几种类型的平面模板、角模、支承件和连接件等组成，可用以组成各种形状和尺寸的适合建筑施工用的模板。

组合钢模板的拼装主要是通过模板肋上的孔，用U形卡和L形插销进行拼装。拼成大块模板后，为了增加其刚度和承载能力，在模板背面可按计算要求用矩形钢管、圆钢管、内卷边槽钢、槽钢和钢桁架等予以加强，并用钩头螺栓和扣件加以连接并构成整体模板。混凝土结构和构件的转角部位则用角模拼接，角模可按要求做成不同的角度。

由于结构施工的需要，组合钢模板也可以拼装成各种空间模板体系。因此还要有支撑系统，支撑系统可以是钢管架、钢管脚手支架或门式脚手架等。钢模板和支撑系统用连接件连接。

钢模板中的平面模板主要规格有：长450mm、600mm、750mm、900mm、1200mm、1500mm，宽100mm、150mm、200mm、250mm、300mm等。阴、阳角模及连接角模宽可小至50mm，因此钢模板以50mm为模数。

钢模板中尚有一些如倒模模板、梁腋模板等异形模板。

组合模板的板块平面模板和配件轻便灵活、拆装方便，适宜人工操作。模板板块质量轻、体积小、刚度大，不但广泛用于一般工业与民用建筑中，而且也适用于高层建筑的现浇混凝土工程中。

（2）竹、木胶合模板的技术特点

竹、木胶合模板主要是指竹胶合板和九夹板，但其本身并非制作用于模板。竹胶合板和九夹板制作工艺成熟、市场供应充足、拼装方便，通过简单加工切割即可用以组成各种形状和尺寸的适合建筑施工用的模板。

竹、木胶合模板的拼装相对组合钢模板容易，由于其相邻胶合板之间并没有合适的连接件，组合钢模板中的连接件和支撑件的功能在此均由支撑件独立完成。竹、木胶合模板拼接成型后，为了增加其刚度和承载能力，在模板背面可按计算要求用矩形钢管、圆钢管、内卷边槽钢、槽钢和钢桁架等予以加强。在组成柱、墙、梁等侧向模板时，还应使用对拉螺栓予以固定。

竹、木胶合模板同样可以拼装成各种空间模板体系。其组成空间侧向模板体系时，由支撑系统予以固定；其组成平板体系时，使用可调升降式钢管架、钢管脚手支架或门式脚手架等支撑系统，竹、木胶合模板是搁置在支撑系统上的，支撑系统顶部垫以枕木作肋。竹、木胶合模板拼装速度较组合钢模板更快捷，甚至可以固定横肋后组成大模板就位，使支撑系统牢固，表面平整度较钢模板好。由于没有规定模数，其可以切割加工，转折节点处拼接质量也较好，但是小构件类型多，加工拼接较复杂，损耗也大。

竹、木胶合模板周转次数较钢模板略多，但损坏后无法像钢模板一样可以修复后重新投入使用。

实际施工中，单独使用组合钢模板或单独使用竹、木胶合模板的工程均有，也有将组合钢模板和竹、木胶合模板配合使用的。具体来说，梁、柱、墙板以组合钢模板为主，楼板则使用竹、木胶合模板。

（3）一般模板工程的质量控制

1）施工准备阶段

监理人员应要求施工单位首先对柱、梁、墙板或基础的模板进行配板（或木工翻样），组合钢模板配板的原则如下：

① 配板宜主要选用大规格通用的钢模，其他规格作补充用。一般应优先选用长度为 1500mm、1200mm、900mm、750mm 和宽度为 300mm、200mm、150mm 和 100mm 等 16 种规格，用上述 16 种规格纵横拼接，基本上可以配出以 50mm 为模数的各种模板面积。不足 50mm 的空缺，可用木板补齐。在配板图上，应标出钢模板的位置、型号和数量。

② 应根据所配模板的形状、几何尺寸和支撑形式进行模板配板。钢模板的长向应沿结构的长向和柱子高度方向排列，以扩大模板的支撑距离。

③ 钢模板的长向接缝宜错开布置，以增加模板的整体刚度和平整度。直接支撑钢模板的钢楞或桁架，间距可不受接缝位置的限制。

④ 预埋件和预留孔的位置应用虚线在配板图上标明，并注明其固定方法。为设置对拉螺栓或其他拉筋，须在钢模板上钻孔时，考虑孔洞周围情况。

⑤ 转角模板的使用若构造上无特殊要求，可不用阳角模板，而用连接角模代替。阴角模板宜用于两侧长度大的转角处，转角部位短的可用木方代替。

至于钢模板本身的承载能力，要符合现浇混凝土结构承载能力的要求。

2）施工中的质量控制

模板工程施工的起步工作是弹线与找平。弹线即在基层上弹出现浇混凝土结构构件外轮廓线形状。找平有两个作用，首先是为了防止浇筑混凝土的底部漏浆，同时也是为了解决楼面高低不平的问题。监理人员应同施工单位质量检查部门对所弹墨线与找平情况进行复核。墨线复核应根据校核过的轴线进行，主要是为了保证构件在建筑物中所处空间或平面位置正确。找平情况可以在立模前复核，也可以推迟到立模后，重点是要进行标高与模板模数检查，以及检查模板下部是否封堵严密。

在组合钢模板的安装中，监理应及时检查钢模板原材料的质量，要求不使用缺边、掉肋、翘曲、严重沾污或粘有水泥浆而未清理的钢模板。

监理人员应对施工单位提出建立钢模板堆场与整理修复场地的要求。施工单位应派专人对模板进行清洁、整理与涂刷隔离剂的工作，清整好的模板应分类整齐堆放。模板质量是模板工程质量好坏的基础，监理人员应向施工单位严格要求。

钢模板可以预先组合成大片，也可以在构件位置上直接拼装。安装时应符合配板（翻样）图要求，施工员和翻样人员应在现场监督并指导施工。监理人员在施工单位拼装构件成型后，应会同有关质量检查、施工人员对模板工程进行技术复核。模板工程技术复核的详细内容应包括表 3-23 所列条目。

模板工程技术复核详细内容 表 3-23

	项目	允许偏差（mm）
钢模板	板面局部不平度	≤2.0
	板面挠曲矢高	≤2.0
	板侧凸棱面挠曲矢高	≤10
	板肋平直度	≤2.0（不得外胀）
配件	U 形卡卡口残余变形	≤1.2
	钢楞及支柱长度方向弯曲度	≤$L/1000$

（4）拆模

拆除模板时的混凝土强度应符合《混凝土结构工程施工质量验收规范》GB 50204—2015 的规定。承重部分模板拆除前，尤其是悬挑结构，监理人员应验看施工单位提交的拆模试块强度报告，达到规定的强度等级方可拆模。

拆模的顺序应为先侧模后底模。一般来说，侧模在浇混凝土后 24h 即可拆除，但有时混凝土强度增长缓慢，过早拆模会产生"粘皮"现象，一定程度上造成混凝土外观缺陷，因此不提倡过早拆模。

拆模时，禁止先拆除楼层大面积模板的支撑件，再拆钢模板。

拆除后的钢模板必须进行清理，铲除灰浆及混凝土残渣，进行模板整形，补焊脱焊部分，钢模板面上不用的孔洞可用与板厚相同的小圆钢片补焊平整，并用砂轮磨平。

其他部分用钢丝刷或细砂轮打光。经过清理和修整的模板应涂刷隔离剂及防锈油以备用。钢模板的配件使用后同样应进行清理和整修，不能修复的做报废处理，清理完毕后，上油或涂隔离剂分类备用。

（5）模板工程常见质量问题及处理办法（表 3-24）

模板工程常见质量问题及处理办法 表 3-24

常见的质量问题		错误原因与处理办法
轴线单侧或双侧偏差		返工至轴线位置正确
梁平面位置（中心线）偏差		拆除模板返工至梁位置正确
构件厚度与宽度偏差	高度不足	加模板或垫木补齐
	高度超过	在浇混凝土面画标志线
	宽度及厚度超大	钢模板本身超差则调换钢模板，收紧对拉螺栓或卡紧支撑
	宽度及厚度过小	加木条垫宽或在构件厚度上加设限柱
模板拼缝过大（漏浆）		钢模板边肋外有水泥浆等黏结物，钢模板本身边缝翘曲，U形卡较少。处理办法：对钢模加强清理，调换好的模板，U形卡加密（一般大面隔一只孔加一只，角模每只孔均加）
梁板下弯		模板未起拱或支撑不够；钢管支撑间距以 1.2m 为宜；在大梁下中央尚应另设一排辅助顶撑；钢筋支撑系统应上顶到位，宜加设剪力撑
纵向构件"凸肚"或"炸模"		支撑系统不牢固；不能单纯依靠对拉螺栓加固，侧面支撑应与大支撑系统相连，应设置落地的斜撑

（6）预留孔洞与预埋件

监理人员进行模板工程技术复核的同时，应对预埋件和预留孔洞进行检查。对图纸的审查中，监理人员应对预留孔洞和预埋件的结构位置、大小、形状等进行确认。施工单位也应仔细检查其是否符合设计图纸要求，预留孔洞的木箱还要检查其牢固程度。预留孔洞与预埋件如位置等有偏差，事后补救往往相当费工费时，因此要求施工单位对此引起足够的重视。

2. 几种特殊模板

建筑物形式的多样化使现浇混凝土结构构件的形状也日趋多样，为了适合使用需要，出现了一些特殊的模板。

（1）圆柱模板

现场制作圆柱模板一般采用薄钢板弯成与圆柱吻合的半圆，用纵横木方作衬肋，根据圆柱高度分成一段或数段不等，几片拼合而成。横向木方应定出中心点，切出槽口以便复核。工程中圆柱数目较多，可预制玻璃钢圆柱模板或定型钢模板，能更好地保证工程质量。

（2）提升模板（滑模、爬模）

滑动模板工艺（滑模）是用专门的液压千斤顶，使建筑物的垂直构件（墙、柱）

模板不断向上滑动提升，在模板运动状态下，连续浇筑混凝土，使成型的结构构件符合设计要求。爬模结合了大模板和滑模的某些特点，在大模板形成轮廓的范围内，混凝土浇筑完毕后，再采用机械进行提升。

这两种模板对保证建筑物的垂直度、上下构件的一致性与连续性以及提高效率有着积极的意义，可以使建筑工程的机械化程度大大提高。

在实际应用中，如何保证使用滑模时混凝土的质量、如何保持千斤顶或机械提升时模板系统的同步上升等仍然存在问题，初步推广阶段的费用较高也在一定程度上影响了使用面的扩大。

（3）艺术混凝土模板

艺术混凝土模板所使用的模板根据不同设计要求，可以是经过处理的大模板，也可以是纹理清晰、美观的木材或特制的铸铝模板，其可使混凝土结构在脱模后，表面呈现出设计要求的线型、纹理、花饰。

装饰混凝土所使用的模板要求较高。为了达到装饰效果，必须要有挺拔的线型和精致的外形，必须严格保证各部位外形尺寸准确、大面平整、线条规矩，支撑系统具有足够的刚度和稳定性。模板拼接应是企口缝要密封，不得有轻微漏浆。对拉螺栓应有规律排列，并使其具有艺术效果。

二、钢筋工程的质量控制

（一）钢筋工程质量控制流程（图 3-10）

（二）监理员工作流程和工作内容

（1）原材料

1）检查钢筋原材料产品合格证、出厂检验报告。

2）根据进场的钢筋批号、炉号和规格、用途，按《钢筋混凝土用钢　第 2 部分：热轧带肋钢筋》GB 1499.2—2018 等的规定见证取样。

3）检查有资质试验室出具的力学性能检验进场复验报告。

4）发现进场复验报告中钢筋力学性能不合格现象，应及时报告专业监理工程师或总监理工程师处理。

（2）钢筋加工

现场抽查钢筋加工的允许偏差（表 3-25）。

钢筋加工的允许偏差 表 3-25

项目	允许偏差（mm）
受力钢筋顺长度方向全长的净尺寸	±10
弯起钢筋的弯折位置	±20
箍筋内净尺寸	±5

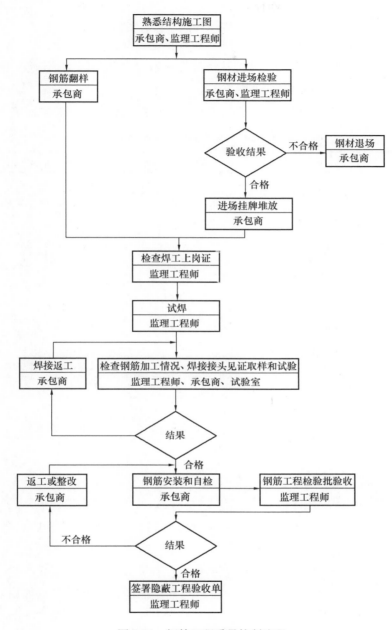

图 3-10　钢筋工程质量控制流程

（3）钢筋连接

1）检查焊工等专业工种上岗证。

2）检查钢筋连接质量。

3）见证取样钢筋机械连接接头、焊接接头力学性能试件。

4）检查有资质试验室出具的力学性能检验报告，发现不合格现象，应及时报告专业监理工程师或总监理工程师，要求所代表检验批复检或停止使用。

（4）钢筋安装

1）检查受力钢筋的品种、级别、规格和数量是否符合设计要求。

2）检查同一连接区段钢筋焊接绑扎搭接接头数量、锚固长度、钢筋间距、箍筋设置情况等是否满足设计和新规范要求。

3）协助专业监理工程师进行钢筋安装分项检验批验收并督促整改（表3-26）。

钢筋安装位置的允许偏差和检验方法 表3-26

项目			允许偏差（mm）	检验方法
绑扎钢筋网	长、宽		±10	钢尺检查
	网眼尺寸		±20	钢尺量连续三档，取最大值
绑扎钢筋骨架	长		±10	钢尺检查
	宽、高		±5	钢尺检查
受力钢筋	间距		±10	钢尺量两端、中间各一点，取最大值
	排距		±5	
	保护层厚度	基础	±10	钢尺检查
		柱、梁	±5	钢尺检查
		板、墙、壳	±3	钢尺检查
绑扎箍筋、横向钢筋间距			±20	钢尺量连续三档，取最大值
钢筋弯起点位置			20	钢尺检查
预埋件	中心线位置		5	钢尺检查
	水平高差		+3，0	钢尺和塞尺检查

（三）钢筋工程质量通病

（1）钢筋加工与安装

1）钢筋表面出现黄色浮锈，严重的转为红色，日久后变成暗褐色，甚至发生鱼鳞片剥落现象。出现上述情况的原因大多是保管不良，受到雨、雪侵蚀，存放期过长，仓库环境潮湿、通风不良所致。

淡黄色轻微浮锈不必处理；红褐色锈斑可采用手工（用钢丝刷或麻袋布擦）或机械方法清除；对发生锈皮剥落、麻坑、斑点损伤截面的，应经重新抽样检验后，确定使用等级。

2）混料。原材料仓库管理不当、制度不严；钢筋出厂未按规定轧制螺纹或涂色；直径大小相近的，目测有时分不清，致使钢筋品种、等级混杂不清，直径大小不同的钢筋堆放在一起，造成混乱，影响使用。

发现这种情况，要用卡尺检查，确认钢筋直径，对钢筋品种、等级有怀疑的，应立即通知抽样送检。

3）钢筋弯折。钢筋弯折将导致构件个别截面抗裂度下降，严重的影响截面承载力，必须利用矫直台将弯折处矫直，对于曲折处圆弧半径较小的"硬弯"，矫直后应检查有无局部细裂纹。局部矫正不直或产生裂纹的，不得用作受力筋。对Ⅱ级和Ⅲ级钢筋的曲折后果应特别注意。

4）钢筋成型后弯曲处裂缝。材料冷弯性能不良或冬季气温较低，均可能出现弯曲处有横裂缝，应取样复查冷弯性能，分析化学成分，检查磷的含量是否超过规定值。

5）截面扁圆。因钢厂轧制缺陷，导致钢筋外形不圆，略呈椭圆形。要用卡尺抽测钢筋直径多点，并与技术标准对照。如误差在规定范围内，可照常使用；如椭圆度较大，直径误差超过规定范围，要考虑降级使用，应通过面积计算，或拉伸试验确定强度级别。

6）钢筋纵向裂缝。因轧制钢筋工艺缺陷导致钢筋纵向裂缝，发现这种钢筋原则上做报废处理。

7）柱子外伸钢筋错位。由于固定钢筋措施不可靠，或浇捣混凝土时被振动器或其他操作机具碰歪撞斜，没有及时校正，使下柱外伸钢筋（如混凝土斗）位置偏离过大，与上柱钢筋搭接不上。故在下柱浇混凝土前，柱顶外伸部分最好加一道临时箍筋，固定柱筋，并检查柱筋周边是否加设保护层垫块。浇捣过程中应有专人监督检查，及时校正。

8）同截面接头过多。检查发现同一截面接头数量超过规范要求时，一般情况下应返工，如果返工影响工期太大，则可采用加焊帮条的方法予以解决，或将绑扎搭接改为电弧焊搭接。

9）绑扎搭接接头松脱。因没有扎牢，或搬运时碰撞、压弯接头，致使绑扎搭接接头松脱。发现这种情况时，要求再用铁丝绑紧，如条件允许，可用电弧焊焊上一两点。

10）柱箍筋接头位置同向。因绑扎柱钢筋骨架时疏忽，致使柱箍筋接头位置方向相同，重复交搭于一根或两根纵筋上。发现这种情况时，应立即通知施工单位在封模前重新绑扎箍筋，力求上下接头互相错开。

11）双层网片移位。因撑脚太少或固定不当，致使在混凝土浇捣过程中出现上层网片下沉，或上、下网片叠合。首先检查撑脚数量是否按设计放置，如设计没有规定，则基础底板的钢筋撑脚按主筋规格，每平方米放一只；墙、板的撑脚，按主筋规格每 $0.25m^2$ 放一只。对上层钢筋网不能承受施工荷载的，要求搭设临时施工作业道。

12）钢筋遗漏。有些施工企业因施工管理不当，没有事先熟悉图纸和研究各号钢筋安装顺序，造成钢筋遗漏。对尚未浇混凝土已发现有钢筋遗漏的，要立即通知施工单位无条件全部补上；对浇筑混凝土后发现有钢筋遗漏的，要会同设计单位，通过结构性能分析来确定处理方案。

13）钢筋网主、副筋位置放反。由于操作人员疏忽，使用时对主、副筋位置在上或在下不加区别就放进模板，造成主、副筋位置放反。如在混凝土浇捣前发现，则立即通知施工单位调正主、副筋位置；如在混凝土浇捣后发现，则应会同设计部门研究解决。

14）柱子主筋位移。柱子主筋位移也是钢筋工程中常见的问题之一，位移严重者则会影响结构受力性能。造成主筋位移的主要原因有三点：一是梁、柱节点钢筋较密，柱主筋被梁筋挤压，造成柱上端外伸主筋位移；二是柱箍筋绑扎不牢固，模板上口刚度差，浇筑柱子混凝土时使主筋位移；三是插筋位置不正确。因此，在浇筑混凝土前应严格检查柱插筋或外伸钢筋是否正确；插筋要有足够的箍筋，保持钢筋骨架本身不变形，底端定位应牢固，必要时可焊在底筋上；为保证主筋保护层厚度，主筋外侧应加设混凝土垫块。

15）梁柱交接处核心部位箍筋遗漏。梁柱节点是框架结构极为重要的部位，该部位的箍筋对于保证框架有足够的强度至关重要，但该处因钢筋纵、横、竖三个方向主筋交集在一起，钢筋较密集，箍筋放置相对较麻烦，往往被有意、无意地漏放，故该处是监理隐蔽检查的重点部位。

16）钢筋锚固长度不足。施工中锚固长度稍微差一些是允许的。尤其是混凝土受压构件，受力筋的锚固长度很多都比规范要求的小。但是受剪和受拉的混凝土构件，钢筋锚固长度必须够，而且一级钢还要做弯钩。如果是悬挑构件，上部受拉钢筋必须满足锚固长度。

17）保护层厚度不足。钢筋被誉为钢筋混凝土工程中的筋骨，对结构的安全起着至关重要的作用，其对钢筋保护层的控制是直接影响到结构安全的重要因素，其对构件受力的有效高度，钢筋与混凝土的粘结、锚固，钢筋的耐久性都有着直接影响，否则会降低结构的耐久性，关系到建筑物的安全和使用寿命。现浇混凝土楼板负弯矩钢筋易被其他工种施工过程踩踏下陷破坏，特别是混凝土浇筑过程中扰动较大，造成其混凝土保护层厚度很难控制，从而大大地影响了混凝土保护层厚度。

（2）钢筋焊接（闪光对焊）

1）未焊透。由于对焊工艺、方法应用不当，焊接参数选择不合适，造成焊口局部区域未能相互结晶，焊合不良，接头镦粗变形量很小，挤出的金属毛刺极不均匀，多集中于上口，并产生严重的胀开现象，从断口上可看到如同有氧化膜的粘合面存在。

2）氧化。一种现象是焊口局部区域为氧化膜所覆盖，呈光滑面状态；另一种现象是焊口四周或大片区域遭受强烈氧化，失去金属光泽，呈发黑状态。

3）过热。从焊缝或近缝区断口上可看到粗晶状态。

4）烧伤。烧伤是指钢筋与电极接触处，在焊接时产生的熔化状态。对于淬硬倾向较敏感的钢筋来说，这是一种不可忽视的危险缺陷，因为它会引起局部区域的强烈淬硬，导致同一截面上的硬度很不均匀。这种接头抗拉时，应力集中现象特别突出，导致接头的承载能力明显降低，并发生脆性断裂，其断口齐平，呈放射性条纹状态。

监理人员发现上述情况时，应及时通知施工人员处理，有必要时，就地取样送检。

5）接头弯折或偏心。接头处产生弯折，折角超过规定或接头外偏心，轴线偏移大于 0.1d（d 为钢筋直径）且大于 2mm 时，应考虑重新焊接或加固。

（3）钢筋电阻点焊

1）焊点脱焊。钢筋点焊制品焊点周界熔化铁浆挤压不饱满，如用钢筋轻微撬打，或将钢筋点焊制品举至离地面 1m 处，使其自然落地，即可产生焊点分离现象。

2）焊点过烧。钢筋焊接区的上下电极与钢筋表面接触处均有烧伤，焊点周界熔化铁浆外溢过大，而且毛刺较多、外观不美，焊点处钢筋呈现蓝黑色。

3）焊点钢筋表面烧伤、压坑大、火花飞溅严重。在点焊过程中有爆炸声，并产生强烈的火花飞溅。上部较小直径钢筋表面与上电极接触处有过烧的粘连金属物，下部较大直径钢筋表面与下电极接触处有压坑和过烧的粘连金属物。

4）焊点压陷深度过大或过小。焊点实际压陷深度大于或小于焊接规范规定的上、下限时，均称为焊点压陷深度过大或过小，并认定为不合格的焊接产品。

（4）钢筋电弧焊

1）尺寸偏差。绑条及搭接接头焊缝长度不足；绑条沿接头中心线纵向偏移；接头处钢筋轴线弯折和偏移；焊缝尺寸不足或过大。

2）焊缝成形不良。焊缝表面凹凸不平、宽度不匀。这种缺陷虽然对静载强度影响不大，但容易产生应力集中，对承受动载不利。

3）焊瘤。指正常焊缝之外多余的焊着金属，焊瘤使焊缝的实际尺寸发生偏差，并在接头中形成应力集中区。

4）咬边。焊缝与钢筋交界处烧成缺口，没有得到熔化金属的补充，特别是直径较小钢筋的焊接及坡口立焊中，上部钢筋很容易发生这种缺陷。

5）电弧烧伤钢筋表面。钢筋表面局部有缺肉或凹坑，电弧烧伤钢筋表面对钢筋有严重的脆化作用，往往是发生脆性破坏的起源点。

6）弧坑过大。收弧时弧坑未填满，在焊缝上有明显的缺肉，甚至产生龟裂，在接头受力时成为薄弱环节。

7）裂纹。按其产生的部位不同，可分为纵向裂纹、横向裂纹、熔合线裂纹、焊缝根部裂纹、弧坑裂纹及热影响区裂纹等；按其产生的温度和时间的不同，可分为热裂纹和冷裂纹两种。

8）未焊透。焊缝金属与钢筋之间有局部未熔合，便会形成没有焊透的现象，根据未焊透产生的部位不同，可分为根部未焊透、边缘未焊透和层间未焊透等几种情况。

9）夹渣。焊缝金属中存在块状或弥散状非金属夹渣物。

10）气孔。焊接熔池中的气体来不及逸出而停留在焊缝中所形成的孔眼，大部分呈球状。根据其分布情况，可分为疏散气孔、密集气孔和连续气孔等。

（5）钢筋电渣压力焊

1）接头偏心和倾斜。焊接接头轴线偏移大于 $0.1d$（d 为钢筋直径）或超过 2mm、接头弯折角度大于 40°时均为不合格。

2）咬边。主要发生于上部钢筋，原因是焊接时电流太大，钢筋熔化过快；上部钢筋端头没有压入熔池中，或压入深度不够；停机太晚，通电时间过长。

3）未熔合。上、下钢筋在接合面处没有很好地熔合在一起。

4）焊包不匀。焊包不匀包括两种情况：一种是被挤出的熔化金属在接头四周分布不均，大的一面熔化金属很多，小的一面高度不足 2mm；另一种是钢筋端面形成的焊缝厚薄不匀。

5）气孔。在焊包外部或焊缝内部由于气体作用形成的小孔眼。

6）钢筋表面烧伤。钢筋夹持处产生许多烧伤斑点或小弧坑，Ⅱ、Ⅲ级钢筋表面烧伤后在受力时容易发生脆断。

7）夹渣。焊缝中有非金属夹渣物。

8）成形不良。接头成形不良有两种：一种是焊包上翻，另一种是焊包下流。

（6）预埋件钢筋埋弧压力焊

1）未焊合。钢筋与钢板未完全焊合，挤出的焊缝金属与钢筋呈分离状态。

2）咬边。钢筋与焊缝金属接触处产生类似缩颈的症状。

3）夹渣。钢筋与焊缝金属接触处存在着非金属夹杂物。

4）气孔。气孔一般都以球状存在于焊缝金属内部。

5）钢筋焊穿。钢板背面有熔化金属凸出。

6）焊偏。熔池金属分布严重不均。

7）歪斜。钢筋和钢板不垂直度大于 4°。

（7）钢筋机械连接的常见缺陷

1）带肋钢筋套筒挤压：①钢筋插入钢套筒的长度不够；②压痕明显不均；③被连接的钢筋的轴线与套筒的轴线不在同一轴线上，接头处弯折大于 4°；④钢筋不能进入配套套筒；⑤钢套筒压痕深度不够或超深并产生裂纹。

2）钢筋锥螺纹：①钢筋端部 $45d$ 范围内混有焊接接头，或端头被气割切断；②钢筋下料时，钢筋端面不垂直于钢筋轴线，端头出现挠曲或马蹄的现象；③钢筋的牙形与牙形规不吻合，其小端直径在卡规的允许误差范围之外；④套丝丝扣有损坏；⑤连接套规格与钢筋不一致或套丝误差大；⑥接头强度达不到要求；⑦漏拧；⑧接头露丝。

3）钢筋滚压直螺纹连接：①丝头直径不符合要求；②丝头长度不符合要求；③丝头螺纹饱满度不符合要求；④未拧紧或漏拧。

（四）钢筋工程质量标准及检验方法

（1）钢筋质量标准及检验方法

1）钢筋应平直、无损伤，表面不得有裂纹、油污、颗粒状或片状老锈。

检查数量：全数检查。

检验方法：观察。

2）成型钢筋的外观质量和尺寸偏差应符合国家现行相关标准的规定。

检查数量：同一厂家、同一类型的成型钢筋，不超过 30t 为一批，每批随机抽取 3 个成型钢筋。

检验方法：观察，尺量。

3）钢筋机械连接套筒、钢筋锚固板以及预埋件等的外观质量应符合国家现行相关标准的规定。

检查数量：按国家现行相关标准的规定确定。

检验方法：检查产品质量证明文件；观察，尺量。

（2）钢筋闪光对焊接头质量标准及检验方法（表 3-27）。

钢筋闪光对焊接头质量标准及检验方法　　　　　　表 3-27

项次	项目		质量要求	检验方法
1	外观检查		（1）接头处应密闭完好，并有适当而均匀的镦粗变形和金属毛刺。 （2）接头处钢筋表面应没有横向裂纹。 （3）与电极接触处的钢筋表面，对于Ⅰ～Ⅲ级钢筋应无明显烧伤，对于Ⅳ级钢筋应没有烧伤；负温闪光对焊时，对于Ⅱ～Ⅳ级钢筋，均不得有烧伤。 （4）接头处如发生弯折，其角度不得大于 4°。 （5）接头处如发生偏心，其轴线偏移不得大于 $0.1d$（d 为钢筋直径），并不得大于 2mm	检验人员从焊工自认为合格的成品中分批抽查 10% 的接头，且不得少于 10 个。 当外观检查发现有 1 个接头不符合要求时，应逐个检查，剔除不合格品，切除热影响区后重焊
2	力学性能试验	抗拉试验	（1）3 个试件的抗拉强度均不得低于该钢筋级别的规定数值，余热处理Ⅰ级钢筋接头试件的抗拉强度不得小于热轧Ⅱ级钢筋抗拉强度 570MPa。 （2）至少有两个试件应断于焊缝以外，并呈延性断裂特征。 当检验结果有 1 个试件的抗拉强度低于规定指标，或有两个试件在焊缝或热影响区发生脆性断裂时，应取双倍数量的试件进行复验。复验结果若仍有 1 个试件的抗拉强度低于规定指标，或有 3 个试件断于焊缝或热影响区，呈脆性断裂，则该批接头即为不合格品	试件应从成品中切取（当焊接定长钢筋时，可按生产条件制作模拟试件）。 当试验结果不能满足规定要求时，该批接头应切除重焊；试件的切取方法与数量与抗拉试验时相同
		冷弯试验	（1）在弯心直径为 2 倍（Ⅰ级钢）、4 倍（Ⅱ级钢）、5 倍（Ⅲ级钢）及 7 倍（Ⅳ级钢）钢筋直径的情况下，冷弯至 90°时，接头处或热影响区外侧不得出现大于 0.15mm 的横向裂纹（直径大于 25mm 的钢筋对焊接头，弯曲试验时弯心直径增加一倍钢筋直径）。 （2）弯曲试验结果如有两个试件未达到上述要求，应取双倍数量的试件进行复验，复验结果当仍有 3 个不符合要求，该批接头即为不合格品	冷弯试件的内侧（即受压面）应将金属毛刺和镦粗部分去除，外侧保持原状。 冷弯试验在万能试验机上进行；若因条件所限，并在检验人员的参与下，也可在成型机上进行；若不合格，该批接头应切除重焊

（3）电弧焊接头质量标准及检验方法

1）在正式焊接前，采用相同的钢筋、焊条以及相同的焊接条件和接头形式制作3个抗拉试件，试验合格后，才允许正式生产。

2）电弧焊接头的质量验收包括外观和强度检查检验。

① 强度检验时，每批切取三个接头进行抗拉试验，每个试件的抗拉强度均不得低于该级别钢筋的规定数值，并有两个试件必须呈塑性断裂。

② 应逐一对接头进行外观检查，要求焊缝表面平顺，没有裂纹和较大金属焊瘤。焊接缺陷及接头尺寸偏差不得超过规定数值。

（4）电弧焊接头尺寸及缺陷的允许偏差（表3-28）

电弧焊接头尺寸及缺陷的允许偏差　　　　　　　　表3-28

名称		单位	接头形式		
			帮条焊	搭接焊 （钢筋与钢板搭接焊）	坡口焊、窄间隙焊、 熔槽帮条焊
帮条沿接头中心线的纵向偏移		mm	0.3d	—	—
接头处弯折角度		°	2	2	2
接头处钢筋轴线的偏移		mm	0.1d	0.1d	0.1d
			1	1	1
焊缝宽度		mm	＋0.1d	＋0.1d	—
焊缝长度		mm	−0.3d	−0.3d	—
咬边深度		mm	0.5	0.5	0.5
在长2d焊缝表面上的气孔及夹渣	数量	个	2	2	—
	面积	mm²	6	6	—
在全部焊缝表面上的气孔及夹渣	数量	个	—	—	2
	面积	mm²	—	—	6

注：d 为钢筋直径（mm）。

（5）电渣压力焊质量标准及检验方法

1）在正式焊接前，采用相同的钢筋和焊剂，制作三个抗拉试件，试验合格后，才允许正式生产。

2）电渣压力焊接头的质量验收，包括外观和强度检查检验。

① 外观检查首先由焊工自己负责进行，之后由质检人员抽查10％的接头进行检验。

② 强度检验时，每批切取三个接头进行抗拉试验，每个试件的抗拉强度均不得低于该级别钢筋的规定数值。

当发现有裂纹或者咬边、未焊透、焊包偏心、轴线偏移和倾斜超过规定的现象时，应割去重新焊接。

（6）预埋件钢筋埋弧压力焊接头质量标准及检验方法（表 3-29）

预埋件钢筋埋弧压力焊接头质量标准及检验方法　　　　　表 3-29

项次	项目	质量要求	检验方法
1	外观检查	（1）钢筋应有一定的压入深度。 （2）接头四周的焊缝应均匀饱满。 （3）钢筋的导电部位应无明显的烧伤。 （4）钢筋应无焊穿现象	（1）全部接头焊工应进行自检。 （2）检验人员应分批抽查 10%，且不小于 5 件。 （3）如有接头不符合要求，则应逐根检查，剔出不合格品
2	抗拉试验	强度应达到该钢筋级别的规定数值	（1）每批切取三个试件。 （2）试验结果中如有一个试件不符合要求，应切取两倍数量的试件复试，如仍有一个试件达不到要求，该批预埋件须用电弧焊补强

三、预应力工程的质量控制

监理工作流程和工作内容

1）掌握并执行经审批的预应力专项施工技术方案。

2）检查现场进场原材料。

3）对下列材料应按规定进行见证取样检验：

① 预应力筋的力学性能、油脂用量和护套厚度。

② 预应力筋用锚具、夹具和连接器。

③ 孔道灌浆用水泥和外加剂。

④ 预应力混凝土用金属螺旋管。

4）检查现场预应力筋安装的品种、级别、规格、数量是否符合设计要求。

5）检查模板是否选用了非油质类隔离剂。

6）检查有粘结预应力孔道的规格、数量、位置、形状、定位、密封等（表 3-30）。

7）检查无粘结预应力筋铺设的规格、数量、形状（矢高）、固定等。

预应力筋束形控制点的竖向位置允许偏差　　　　　表 3-30

截面高（厚）度（mm）	$h \leqslant 300$	$300 < h \leqslant 1500$	$h > 1500$
允许偏差（mm）	±5	±10	±15

8）检查预应力筋张拉前，混凝土强度是否符合设计要求。

9）抽查设计规定的预应力筋的张拉力、张拉或放张顺序。

10）抽查最终建立的预应力值与工程设计规定检验值的相对允许偏差，应不超±5%。

11）检查预应力筋断裂或滑脱数量。张拉过程中应避免预应力筋断裂或滑脱，当发生断裂或滑脱时，必须符合下列规定：

① 对后张法预应力结构构件，断裂或滑脱的数量严禁超过同一截面预应力筋总根数的 3％，且每束钢丝不得超过一根；对多跨双向连续板，其同一截面应按每跨计算。

② 对先张法预应力结构构件，在浇筑混凝土前发生断裂或滑脱的预应力筋必须予以更换。

检查数量：全数检查。

检验方法：观察、检查张拉记录。

12）检查灌孔水泥浆水灰比和抗压强度。

13）检查锚具的封闭保护情况。

四、混凝土工程的质量控制

（一）混凝土工程质量控制流程图（图 3-11）

（二）监理工作流程和工作内容

1. 现浇混凝土构件

（1）检查原材料的产品合格证、出厂检验报告和进场复验报告。

（2）检查混凝土配合比设计。

（3）混凝土浇捣前检查上道工序（钢筋、模板工程等）的验收情况，包括验收文件（如浇捣令）的签署情况。

（4）旁站检查混凝土原材料的每盘称量偏差或商品混凝土料单（表 3-31）。

原材料每盘称量的允许偏差　　　　　表 3-31

材料名称	允许偏差
水泥、掺合料	±2％
粗、细骨料	±3％
水、外加剂	±2％

（5）旁站监理现浇混凝土浇捣全过程，在旁站过程应做好以下工作：

1）抽查混凝土坍落度。

2）见证现场结构构件、混凝土强度标养试件和同养试块的制作。

3）监督现场混凝土浇捣顺序，施工缝留置、养护措施、后浇带留置、连续浇筑等应按施工技术方案执行。

4）出现任何异常情况应及时与施工方或专业监理工程师取得联系，以便及时解决。

（6）监督养护措施的有效实施。

1）应在浇筑完毕后的 12h 之内对混凝土加以覆盖并进行保温养护。

2）混凝土浇水养护的时间：对采用硅酸盐水泥、普通硅酸盐水泥或矿渣硅酸盐水泥拌制的混凝土，不得少于 7d；对掺用缓凝型外加剂或有抗渗要求的混凝土，不得少

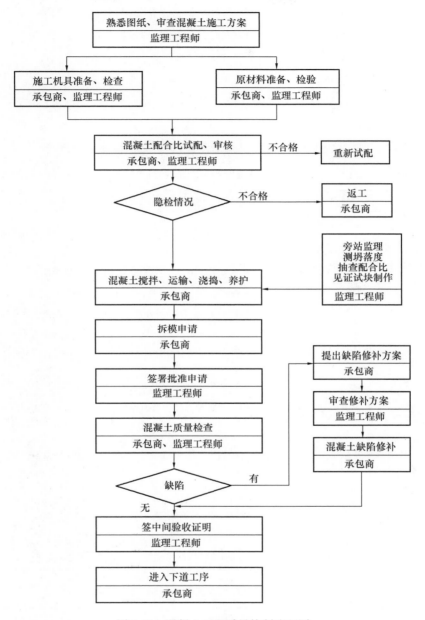

图 3-11　混凝土工程质量控制流程图

于 14d。

3）浇水次数应能保持混凝土处于湿润状态；混凝土养护用水应与拌制用水相同。

4）采用塑料布覆盖养护的混凝土，其敞露的全部表面应覆盖严密，并应保持塑料布内有凝结水。

5）混凝土强度达到 1.2N/mm^2 前，不得在其上踩踏或安装模板及支架。

注：① 当日平均气温低于 5℃时，不得浇水。

② 当采用其他品种水泥时，混凝土的养护时间应根据所采用水泥的技术性能确定。

③ 混凝土表面不便浇水或使用塑料布覆盖时，宜涂刷养护剂。

④ 对大体积混凝土的养护，应根据气候条件按施工技术方案采取控温措施。

检查数量：全数检查。

检验方法：观察、检查施工记录（表 3-32～表 3-34）。

（7）拆模的控制。

（8）拆模后应对混凝土外观质量和混凝土构件的尺寸偏差进行检查。

现浇结构外观质量缺陷 表 3-32

名称	现象	严重缺陷	一般缺陷
露筋	构件内钢筋未被混凝土包裹而外露	纵向受力钢筋有露筋	其他钢筋有少量露筋
蜂窝	混凝土表面缺少水泥砂浆而形成石子外露	构件主要受力部位有蜂窝	其他钢筋有少量蜂窝
孔洞	混凝土中孔穴深度和长度均超过保护层厚度	构件主要受力部位有孔洞	其他钢筋有少量孔洞
夹渣	混凝土中夹有杂物且深度超过保护厚度	构件主要受力部位有夹渣	其他部位有少量夹渣
疏松	混凝土中局部不密实	构件主要受力部位疏松	其他部位有少量疏松
裂缝	缝隙从混凝土表面延伸至混凝土内部	构件主要受力部位有影响结构性能或使用功能的裂缝	其他部位有少量不影响结构性能或使用功能的裂缝
连接部位缺陷	构件连接处混凝土有缺陷及连接钢筋、连接件松动	连接部位有影响结构传力性能的缺陷	连接部位有基本不影响结构性能的缺陷
外形缺陷	缺棱掉角、棱角不直、翘曲不平、飞边凸肋等	清水混凝土构件有影响使用功能或装饰效果的外形缺陷	其他混凝土构件有不影响使用功能的外形缺陷
外表缺陷	构件表面麻面、掉皮、起砂、沾污等	具有重要装饰效果的清水混凝土构件有外表缺陷	其他混凝土构件有不影响使用功能的外表缺陷

现浇结构尺寸允许偏差和检验方法 表 3-33

项目		允许偏差（mm）	检验方法
轴线位置	基础	15	钢尺检查
	独立基础	10	
	墙、柱、梁	8	
	剪力墙	5	
垂直度	层高 ≤5m	8	经纬仪或吊线、钢尺检查
	层高 >5m	10	经纬仪或吊线、钢尺检查
	全高（H）	$H/1000$ 且 ≤30	经纬仪、钢尺检查

续表

项目		允许偏差（mm）	检验方法
标高	层高	±10	水准仪或拉线、钢尺检查
	全高	±30	
截面尺寸		+8，−5	钢尺检查
电梯井	井筒长、宽对定位中心线	+25，0	钢尺检查
	井筒全高（H）垂直度	$H/1000$ 且≤30	经纬仪、钢尺检查
表面平整度		8	2m靠尺和塞尺检查
预埋设施中心线位置	预埋件	10	钢尺检查
	预埋螺栓	5	
	预埋管	5	
预留洞中心线位置		15	钢尺检查

注：检查轴线、中心线位置时，应沿纵、横两个方向量测，并取其中的较大值。

混凝土设备基础尺寸允许偏差和检验方法　　　　　　表 3-34

项目		允许偏差（mm）	检验方法
坐标位置		20	钢尺检查
不同平面的标高		0，−20	水准仪或拉线、钢尺检查
平面外形尺寸		±20	钢尺检查
凸台上平面外形尺寸		+，−20	钢尺检查
凹穴尺寸		+20，0	钢尺检查
平面水平度	每米	5	水平尺、塞尺检查
	全长	10	水准仪或拉线、钢尺检查
垂直度	每米	5	经纬仪或吊线、钢尺检查
	全长	10	
预埋地脚螺栓	标高（顶部）	+20，0	水准仪或拉线、钢尺检查
	中心距	±2	钢尺检查
预埋地脚螺栓孔	中心线位置	10	钢尺检查
	深度	+20，0	钢尺检查
	孔垂直度	10	吊线、钢尺检查
预埋活动地脚螺栓锚板	标高	+20，0	水准仪或拉线
	中心线位置	5	钢尺检查
	带槽锚板平整度	5	钢尺、塞尺检查
	带螺纹孔锚板平整度	2	钢尺、塞尺检查

注：检查坐标、中心线位置时，应沿纵、横两个方向量测，并取其中的较大值。

（9）监督施工单位按施工技术方案处理一般缺陷，按经监理工程师认可的技术处理方案处理严重缺陷和影响结构性能与安装使用功能的尺寸偏差，并重新检查验收。

（10）检查标养试块和同条件养护试块的试压强度报告。

2.装配式混凝土结构构件

（1）检查进场预制构件结构性能检验报告，包括承载力、挠度、裂缝宽度等。

（2）检查进场预制构件标识、外观质量和尺寸允许偏差（表 3-35）。

预制构件尺寸的允许偏差及检验方法　　　　　　　　　　　表 3-35

项目			允许偏差 （mm）	检验方法
长度	楼板、 梁、柱、 桁架	＜12m	±5	尺量
		≥12m 且＜18m	±10	
		≥18m	±20	
	墙板		±4	
宽度、高（厚）度	楼板、梁、柱、桁架		±5	尺量一端及中部，取 其中偏差绝对值较大处
	墙板		±4	
表面平整度	楼板、梁、柱、墙板内表面		5	2m 靠尺和塞尺量测
	墙板外表面		3	
侧向弯曲	楼板、梁、柱		$L/750$ 且≤20	拉线、直尺量测最大侧向弯曲处
	墙板、桁架		$L/1000$ 且≤20	
翘曲	楼板		$L/750$	调平尺在两端量测
	墙板		$L/1000$	
对角线	楼板		10	尺量两个对角线
	墙板		5	
预留孔	中心线位置		5	尺量
	孔尺寸		±5	
预留洞	中心线位置		10	尺量
	洞口尺寸、深度		±10	
预埋件	预埋板中心线位置		5	尺量
	预埋板与混凝土面平面高差		0，−5	
	预埋螺栓		2	
	预埋螺栓外露长度		+10，−5	
	预埋套筒、螺母中心线位置		2	
	预埋套筒、螺母与混凝土 面平面高差		±5	
预留插筋	中心线位置		5	尺量
	外露长度		+10，−5	

续表

项目		允许偏差（mm）	检验方法
键槽	中心线位置	5	尺量
	长度、宽度	±5	
	深度	±10	

注：① L 为构件长度，单位为 mm；

② 检查中心线、螺栓和孔道位置偏差时，沿纵、横两个方向量测，并取其中偏差较大值。

（3）检查现场装配施工质量，重点是检查连接、施工程序、吊装、就位情况等。

3. 混凝土结构实体检验

（1）对涉及混凝土结构安全的重要部位，应聘请有资质的试验室进行结构实体检验，监理见证员应对该行为实行见证。

（2）结构实体检验的内容应包括混凝土强度、钢筋保护层厚度及工程合同约定的其他项目。

（3）对混凝土强度的检验，原则上应以在混凝土浇筑地点制备并与结构实体同条件养护的试件强度为依据，也可按国家有关标准规定进行非破损或破损试验。

（三）混凝土工程质量通病

1. 水泥质量问题

问题主要体现为水泥的强度等级、品种、安定性等不符合规范要求。不同品种水泥不能混用，久置的水泥（超过 3 个月）应做强度等级鉴定，水泥安定性不良会造成严重的质量事故。

2. 拌合物和易性不好

由于水泥强度等级选用不当（过高或过低），砂、石级配质量差，施工坍落度过大，计量工具不精确，搅拌时间短等原因都可导致混凝土拌合物和易性不好。表现在：拌合物松散不易黏结；拌合物黏聚力大、成团，不易浇筑；拌合物中水泥砂浆填不满石子间的孔隙；拌合物在运输、浇筑过程中分层离析。用和易性不好的拌合物浇捣的混凝土密实性差、强度低。

3. 外加剂使用不当

外加剂使用不当会引起混凝土浇筑后局部或大部分长时间不凝结硬化；已浇筑完的混凝土结构物表面起鼓包，俗称"表面开花"。前者是由于缓凝型减水剂（如木钙粉等）掺入量过多；后者往往是以干粉状掺入混凝土中的外加剂，含有未碾成粉状的颗粒（如硫酸钠颗粒等），遇水膨胀，造成混凝土"表面开花"。

4. 麻面

麻面是指混凝土表面局部缺浆粗糙，或有许多小凹坑，但无钢筋外露。造成麻面现象产生的主要原因是：

（1）模板表面粗糙或清理不干净，粘有干硬水泥砂浆等杂物，拆模时混凝土表面被粘损，出现麻面。

（2）木模板在浇筑混凝土前没有浇水湿润或湿润不够，浇筑混凝土时，与模板接触部分的混凝土水分被模板吸去，导致混凝土表面失水过多，出现麻面。

（3）钢模板脱模剂涂刷不均匀或局部漏刷，拆模时混凝土表面粘结模板，引起麻面。

（4）模板接缝拼装不严密，浇筑混凝土时缝隙漏浆，混凝土表面沿模板缝位置出现麻面。

（5）混凝土振捣不密实，混凝土中气泡未排出，一部分气泡停留在模板表面，形成麻点。

（6）拆模过早，造成混凝土面缺棱少角。

预防麻面的措施主要针对以上原因进行，麻面主要影响混凝土外观，对于表面不再装饰的部位应加以修补。

5. 露筋

露筋是指钢筋混凝土结构内的主筋、副筋或箍筋等没有被混凝土包裹而外露。造成露筋的主要原因是：

（1）混凝土浇筑振捣时，钢筋垫块移位或垫块太少甚至漏放，钢筋紧贴模板，致使拆模后露筋。

（2）钢筋混凝土结构断面较小、钢筋过密，如遇大石子卡在钢筋上，混凝土水泥浆不能充满钢筋周围，使钢筋密集处产生露筋的现象。

（3）因配合比不当使混凝土产生离析，浇捣部位缺浆或模板严重漏浆，造成露筋。

（4）混凝土振捣时，振捣棒撞击钢筋，使钢筋移位，造成露筋。

（5）混凝土保护层振捣不密实，或木模板湿润不够，混凝土表面失水过多，或拆模过早等，拆模时混凝土缺棱掉角，造成露筋。

（6）混凝土振捣不匀、混凝土太干及振捣时间不足也会使钢筋露筋。发现露筋时，应要求施工单位将外露钢筋上的混凝土残渣和铁锈清理干净，用水冲洗湿润，再用1：2或1：2.5水泥砂浆抹压平整。如露筋较深，应将薄弱混凝土剔除，冲刷干净湿润，用高一级强度等级的豆石混凝土捣实，认真养护。对影响混凝土结构性能的露筋，必须会同设计等有关单位研究处理。

6. 蜂窝

蜂窝是指混凝土局部疏松、砂浆少、石子多、石子之间出现空隙，形成蜂窝状的孔洞。造成混凝土蜂窝现象产生的重要原因是：

（1）混凝土配合比不准确，或砂、石、水泥材料计量错误，或加水量不准，造成砂浆少、石子多。

（2）混凝土搅拌时间短，没有拌和均匀，混凝土和易性差，振捣不密实。

（3）未按操作规程浇筑混凝土，下料不当，使石子集中，振不出水泥浆，造成混凝土离析。

（4）混凝土一次下料过多，没有分段分层浇筑，振捣不实或下料与振捣配合不好，未及时振捣又下料，因漏振而造成蜂窝。

（5）模板孔隙未堵好，或模板支设不牢固，振捣混凝土时模板移位，造成严重漏浆或墙体烂根，形成蜂窝。

（6）混凝土浇筑高度过高，造成混凝土离析。

发现蜂窝时，应要求施工单位对小蜂窝先用水冲洗干净，然后用 1 : 2 或 1 : 2.5 水泥砂浆修补；如果是大蜂窝，则先将松动的石子和凸出的颗粒剔除，尽量剔成喇叭口，外边大些，然后用清水冲洗干净并湿透，再用高一级标号的豆石混凝土捣实，同时加强养护。对影响混凝土结构性能的蜂窝，必须会同设计等有关单位研究处理。

7. 孔洞

孔洞是指混凝土结构内有空腔，局部没有混凝土，或蜂窝特别大的现象。造成孔洞现象产生的主要原因是：

（1）在钢筋密实处或预留孔洞和埋件处，混凝土浇筑不畅通，不能充满模板而形成孔洞。

（2）未按顺序振捣混凝土，产生漏振。

（3）混凝土离析，砂浆分离，石子成堆，或严重跑浆，形成特大蜂窝。

（4）混凝土工程的施工组织不好，未按施工顺序和施工工艺认真操作而造成孔洞。

（5）混凝土中有泥块和杂物掺入，或将木块等大件料具打入混凝土中。

（6）不按照规定下料，吊斗直接将混凝土卸入模板内，一次下料过多，下部因振捣器振动作用半径达不到，形成松散状态，以致出现特大蜂窝和孔洞。

对于混凝土孔洞的处理，一般由于面积较大，对结构的影响要比露筋、蜂窝更严重，故通常要经有关单位，特别是设计单位共同研究，制定补强方案，经批准后方可处理。

8. 缝隙夹层

缝隙夹层是指施工缝处混凝土结合不好，有缝隙或夹有杂物，造成结构整体性不良的现象。造成缝隙夹层现象产生的主要原因是：

（1）在浇筑混凝土前没有认真处理施工缝表面，浇筑时捣实不够。

（2）浇筑大面积钢筋混凝土结构时，往往分层分段施工，在施工停歇期间常有木块、锯末等杂物（在冬季还有雪、冰块）积存在混凝土表面，未认真检查清理，再次浇筑混凝土时混入混凝土内，在施工缝处造成杂物夹层。

9. 缺棱掉角

缺棱掉角是指梁、柱、板墙和洞口直角边处混凝土局部脱落，不规整，棱角有缺陷。造成缺棱掉角现象产生的主要原因是：

（1）木模板在浇筑混凝土前未湿润和湿润不够，浇筑后混凝土养护不好，棱角处混凝土的水分被模板大量吸收，致使混凝土水化不好，强度降低，拆模时棱角被粘掉。

（2）常温施工时，过早拆除侧面非承重模板。

（3）拆模时受外力作用或重物撞击，或保护不好，棱角被碰掉，造成缺棱掉角。

10. 板面不平整

板面不平整是指混凝土板厚薄不一致、表面不平整，造成板面不平整现象产生的主要原因是：

（1）混凝土梁、板同时浇筑，有时只采用插入式振动器振捣，用铁锹拍平，使混凝土板厚控制不准，表面有锹印，粗糙不平。

（2）混凝土未达到一定强度就上人操作或运料，使板面出现凹坑和印迹。

（3）模板支柱没有支承在坚硬的地基上，垫板支承面不足，以致在浇筑混凝土时或混凝土早期养护时发生下沉。

（4）未设板厚控制点，造成混凝土板厚薄不匀。

11. 位移

位移是指基础中心线对定位轴线的位移，墙、梁、柱轴线的位移，以及预埋件等的位移超过允许偏差值。造成位移现象产生的主要原因是：

（1）模板支设不牢固，混凝土振捣时产生位移，如杯形基础杯口采用悬挂吊模法，产生了较大的水平位移。

（2）放线误差大，没有认真校正和核对，或没有及时调整，积累误差过大。

（3）门洞口模板及预埋件固定不牢靠，混凝土浇筑、振捣方法不当，导致门洞口和预埋件产生较大位移。

12. 歪斜凹凸

歪斜凹凸是指柱、墙、梁等混凝土外形竖向偏差、表面平整超过允许偏差值。造成歪斜凹凸现象产生的主要原因是：

（1）模板支架支承在松软地基上，不牢固或刚度不够，变形超过允许偏差值。

（2）放线误差过大，模板就位调整时没有认真吊线找直，穿墙螺栓没有锁紧，致使结构超过厚度或发生歪斜。

（3）混凝土浇筑不按操作规程分层进行，一次下料过多，或用塔式起重机料斗直接往模板内倾倒混凝土，导致产生跑模或较大变形。

（4）组合柱浇筑混凝土时利用外墙作模板，因该处砖墙较薄，容易发生鼓胀，影响外墙平整。

13. 强度偏低、匀质性差

其主要表现为：

（1）不满足强度评定统计方法。

（2）不满足强度评定非统计方法。

（3）同批混凝土中个别试块强度值过高或过低，出现异常。

出现上述情况的主要原因是：

1）混凝土原材料不符合要求，如水泥过期或受潮结块，水泥未经试验就使用，水泥用量不足；砂、石骨料级配不好，空隙率大，含泥量高，杂物多；外加剂使用不当，掺量不准确等。

2）混凝土配合比不准确，如不用试验室规定的申请配合比，随便套用经验配合比；计量工具陈旧或维修管理不好，精度不合格；砂、石、水泥不认真过磅，计量不准确；混凝土加水不准，随便加水，使混凝土水灰比和坍落度增大，影响强度。

3）搅拌混凝土时颠倒加料顺序，搅拌时间不够，拌合物不均匀。

4）混凝土冬期施工时，拆模过早或早期受冻。

5）混凝土试块没有代表性，如试模变形、试块尺寸不准；不按规定制作试块，试块没有振捣密实；试块标准养护管理不善或养护条件不符合要求。

14. 保护性能不良

其主要表现为：当钢筋混凝土结构的保护层混凝土遭破坏，或混凝土保护性能不良时，钢筋会发生锈蚀，铁锈膨胀引起混凝土开裂。出现上述情况的主要原因是：

（1）钢筋混凝土在施工时形成的表面缺陷如掉角、露筋、蜂窝、孔洞和裂缝等没有处理或处理不良，在外界条件作用下使钢筋锈蚀。

（2）混凝土内掺入过量氯盐外加剂，或在禁用氯盐的环境，使用了含有氯盐成分的外加剂，造成钢筋锈蚀，致使混凝土沿着钢筋位置产生裂缝，锈蚀的发展使混凝土剥落而露筋。

（3）保护层混凝土没有振实，导致疏松、碳化加快，使钢筋失去碱性保护，钢筋锈蚀膨胀，混凝土剥落。

（四）混凝土强度评定标准及检验方法

1. 结构构件的混凝土强度应按《混凝土强度检验评定标准》GB/T 50107—2010 的规定分批检验评定。

对采用蒸气法养护的混凝土结构构件，其混凝土试件应先随同结构构件同条件蒸气养护，再转入标准条件养护，共 28d。

当混凝土中掺用矿物掺合料时，确定混凝土强度时的龄期可按《粉煤灰混凝土应用技术规范》GB/T 50146—2014 中的规定取值。

2. 检验评定混凝土强度用的混凝土试件尺寸及强度的尺寸换算系数应按表 3-36 取

用；其标准成型方法、标准养护条件及强度试验方法应符合普通混凝土力学性能试验方法标准的规定。

混凝土试件尺寸及强度的尺寸换算系数　　　　　　　　表 3-36

骨料最大粒径（mm）	试件尺寸（mm×mm×mm）	强度的尺寸换算系数
≤31.5	100×100×100	0.95
≤40	150×150×150	1.00
≤63	200×200×200	1.05

注：对强度等级为 C60 及以上的混凝土试件，其强度的尺寸换算系数可通过试验确定。

3. 结构构件拆模、出池、出厂、吊装、张拉、放张及施工期间临时负荷时的混凝土强度，应根据同条件养护的标准尺寸试件的混凝土强度确定。

4. 当混凝土试件强度评定不合格时，可采用非破损或局部破损的检测方法，按国家现行有关标准的规定对结构构件中的混凝土强度进行推定，并作为处理的依据。

5. 混凝土强度验收的评定标准

（1）原材料和配合比基本一致的混凝土才能组成同一验收批。同一验收批的混凝土强度，应以同批内全部标准试块的强度代表值来评定。

（2）重要结构的混凝土，应用数理统计方法按下述条件评定：

① 一个检验批的样本容量应为连续的 3 组试件，其强度应同时符合式 3-1 规定：

$$m_{f_{cu}} \geqslant f_{cu,k} + 0.7\sigma_0$$
$$f_{cu,\min} \geqslant f_{cu,k} - 0.7\sigma_0 \tag{3-1}$$

当混凝土强度等级不高于 C20 时，其强度的最小值尚应满足式 3-2 要求：

$$f_{cu,\min} \geqslant 0.85 f_{cu,k} \tag{3-2}$$

当混凝土强度等级高于 C20 时，其强度的最小值尚应满足式 3-3 要求：

$$f_{cu,\min} \geqslant 0.90 f_{cu,k} \tag{3-3}$$

式中　　$m_{f_{cu}}$——同一检验批混凝土立方体抗压强度的平均值（N/mm²），精确到 0.1（N/mm²）；

　　　　$f_{cu,k}$——混凝土立方体抗压强度标准值（N/mm²），精确到 0.1（N/mm²）；

　　　　σ_0——检验批混凝土立方体抗压强度的标准差（N/mm²），精确到 0.1（N/mm²）；当检验批混凝土强度标准差 σ_0 计算值小于 2.5N/mm² 时，应取 2.5N/mm²；

　　　　$f_{cu,k}$——前一个检验期内同一品种、同一强度等级的第 i 组混凝土试件的立方体抗压强度代表值（N/mm²），精确到 0.1（N/mm²）；该检验期不应少于 60d，也不应大于 90d；

　　　　$f_{cu,\min}$——同一检验批混凝土立方体抗压强度的最小值（N/mm²），精确到 0.1（N/mm²）。

② 当样本容量不少于 10 组时，其强度应同时满足式 3-4 要求：

$$m_{f_{cu}} \geqslant f_{cu,k} + \lambda_1 \cdot S_{f_{cu}}$$

$$f_{cu,min} \geqslant \lambda_2 \cdot f_{cu,k}$$

$$(3-4)$$

式中　$S_{f_{cu}}$——同一检验批混凝土立方体抗压强度的标准差（N/mm²），精确到 0.01 (N/mm²)；当检验批混凝土强度标准差 S 计算值小于 2.5N/mm² 时，应取 2.5N/mm²；

λ_1，λ_2——合格评定系数，如表 3-37 所示。

合格判定系数　　　　　　　　　　　　　　　　　　　表 3-37

合格判定系数	试块组数		
	10～14	15～24	≥25
λ_1	1.70	1.65	1.60
λ_2	0.90	0.85	0.85

（3）每组（3 块）试块应在同盘混凝土中取样制作，其强度代表值按下述规定确定：

1）取 3 个试块试验结果的平均值，作为该组试块强度的代表值，单位为 N/mm²。

2）当 3 个试块中的过大或过小的强度值，与中间值相比超过 15% 时，以中间值代表该组混凝土试块的强度。

3）试块外形或试验方法不符合标准要求者，其试验结果不应采用。

（五）混凝土养护

混凝土养护的目的是使混凝土有适宜的硬化条件，保证混凝土在规定龄期内达到设计要求的强度，并防止混凝土产生收缩裂缝。

混凝土养护方法一般有覆盖与浇水养护、蓄水养护、塑料布覆盖养护、喷洒塑料薄膜养护及蒸气养护等。

开始养护时间为：在自然气温条件下（>5℃），对于一般塑性混凝土，应在混凝土浇灌 12h（炎夏可缩短到 2～3h）内开始养护。浇水养护的次数以能保持混凝土有足够的湿润状态为度。混凝土的养护日期为：对硅酸盐水泥、普通硅酸盐水泥和矿渣硅酸盐水泥拌制的混凝土，一般不少于 7d；对掺用缓凝型外加剂或有抗渗性要求的混凝土，一般不少于 14d。对大体积混凝土的养护，应根据气候条件采取控温措施，并按需要测定浇筑后的混凝土表面和内部温度，将温差控制在设计要求内，当设计无要求时，温差一般不宜超过 25℃。对已浇筑混凝土强度尚未达到 1.2MPa 以前，不得在其上踩踏或安装模板及支架。

五、砌体工程的质量控制

砌体工程包括砖砌体工程、混凝土小型空心砌块砌体工程、配筋砌体工程和填充墙砌体工程。

（一）砌体工程质量控制流程（图 3-12）

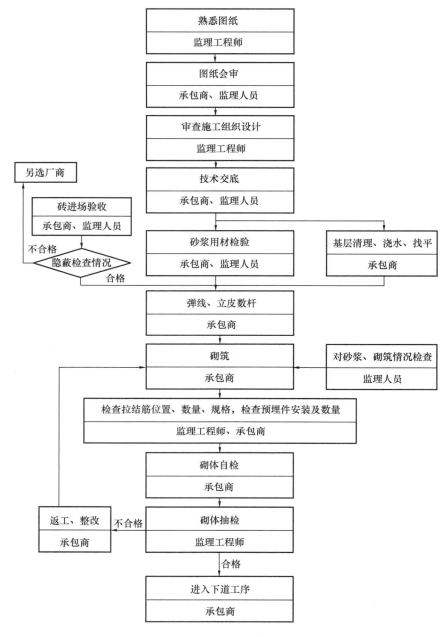

图 3-12　砌体工程质量控制流程图

（二）监理工作流程和工作内容

（1）检查原材料的产品合格证书、产品性能检测报告，以及块材、水泥、钢筋、外加剂等材料的进场复验报告。

（2）校核放线尺寸（表 3-38）。

放线尺寸的允许偏差 表 3-38

长度 L、宽度 B（m）	允许偏差（mm）	长度 L、宽度 B（m）	允许偏差（mm）
L（或 B）≤30	±5	60＜L（或 B）≤90	±15
30＜L（或 B）≤60	±10	L（或 B）＞90	±20

（3）巡视施工现场砌筑质量，如组砌方法，灰缝，接槎，拉接筋，垂直、平整的控制等。

（4）检查砌筑砂浆的拌制和使用情况。

（5）抽检砌体的观感质量和允许偏差。

（6）就检查批验收记录的验收结论提供检查依据和建议。

（三）砌体主要质量控制点

（1）准备工作

1）熟悉有关图纸、技术资料、操作规程和质量标准。

2）根据设计要求选购砖材，并按规范进行抽样复检。

3）审核质保书、砂浆配合比。

4）预先将基础、防潮层、楼板等表面的砂浆和杂物清除干净，并浇水湿润。

（2）砌砖

1）砌筑砂浆应随拌随用，一般要求在拌成后 3～4h 内用完，当温度大于 30℃时应在 2～3h 内用完。经常抽查砂浆的配合比与稠度确定其是否满足设计要求。

2）砌筑砖砌体前，对砖应浇水湿润：普通砖、空心砖的含水率宜为 10%～15%，灰砂砖、粉煤灰砖含水率宜为 5%～8%。

3）砖砌体的灰缝应横平竖直，水平灰缝厚度和竖向灰缝厚度一般为 10mm 左右，且在 8～12mm 之内。水平灰缝的砂浆应饱满，实心砖砌体水平灰缝的砂浆饱满度不得低于 80%。竖向灰缝宜采用挤浆或加浆方法，使其砂浆饱满，严禁用水冲灌浆。

4）砌体的伸缩缝、沉降缝、防震缝中，不得夹有砂浆、碎砖和杂物等。

5）砌体中的预埋件应做防腐处理，预埋木砖的木纹应与钉子垂直，木砖的数量视门窗的高度确定：1.2m 以内，每边为 2 块；2m 以内，每边为 3 块；高于 2m，每边为 4 块。

6）砌体应上、下错缝，内、外搭砌。组砌方法应符合有关规定。

7）转角处和交接处应同时砌筑。对不能同时砌筑而又必须留置的临时间断处，应砌成斜槎。当临时间断处留斜槎确有困难时，除转角处外，也可留直槎，但必须做成阳槎，并加放拉结筋。每 12cm 墙厚放置 1 根 φ6 的拉结筋，沿墙高的间距不得超过 50cm，外露部分施工中不得任意弯折。

8）接槎时，必须将接槎处的表面清理干净，浇水湿润，并应填实砂浆，保持灰缝平直。

9）框架结构房屋的填充墙应与框架中预埋的拉结筋连接。

10）隔墙和填充墙的预留与上部结构接角处宜用侧砖或立砖斜砌挤紧。每层承重墙的最上一皮砖，应用丁砖砌筑。

11）砌筑钢筋砖过梁时，底面应铺设厚为3cm的1∶3水泥砂浆，钢筋应伸入砂浆层中，两端伸入支座砌体内的长度不应小于24cm，并有90°弯钩埋入墙的竖缝内。

12）砌筑空心砖砌体时，砖的孔洞应垂直于受压面。

13）砌体的轴向位移、墙面垂直度、表面平整度、水平灰缝平直度、灰缝厚度及砂浆饱满度等，均应按规范规定值随时检查并校正。

14）在空斗墙的下列部位，应砌成实体墙（平砌或侧砌）：墙的转角处和交接处；室内地坪以下的全部砌体，室内地坪和楼梯板面上3皮砖部分；3层房屋墙底层窗台标高以下部分；楼板、圈梁搁栅和檩条等支承面下2～4皮砖的通长部分（砂浆强度应不低于M2.5）；梁和屋架支承处按设计要求的部分；壁柱和洞口两侧24cm范围内屋檐和山墙压顶下的2皮砖部分；楼梯间的墙、防火墙、挑檐及烟道和管道较多的山墙；作填充墙时，与框架拉结筋的连接处；预埋件处。

15）砌体尺寸和位置的允许偏差，不应超过表3-39的规定。

砌体尺寸和位置的允许偏差   表3-39

项目			允许偏差（mm）			检验方法
			基础	墙	柱	
轴线位置			10	10	10	用经纬仪检查或检查施工记录
基础预留或楼面标高			±15	±15	±15	用水平仪复查或检查施工记录
墙面垂直度	每层		—	5	5	用2m托线板检查
	全高	≤10m	—	10	10	用经纬仪或吊线和尺检查
		>10m	—	20	20	
表面平整度	清水墙、柱		—	5	5	用2m直尺或楔形塞尺检查
	混水墙、柱		—8	8		
水平灰缝平直度	清水墙		—	7	—	用10m线和尺检查
	混水墙		—	10		
水平灰缝厚度（10皮砖累计数）			—	±8	—	与皮数杆比较，用尺检查
清水墙游丁走缝			—	20	—	用吊线和尺检查，以每层第一皮砖为准
外墙、上下窗口偏移			—	20	—	用经纬仪或吊线检查，以底窗口为准
门窗洞口宽度（后塞口）			—	±5	—	用尺检查

六、钢结构工程的质量控制

（一）钢结构工程质量控制流程（图3-13）

（二）监理的工作流程和工作内容

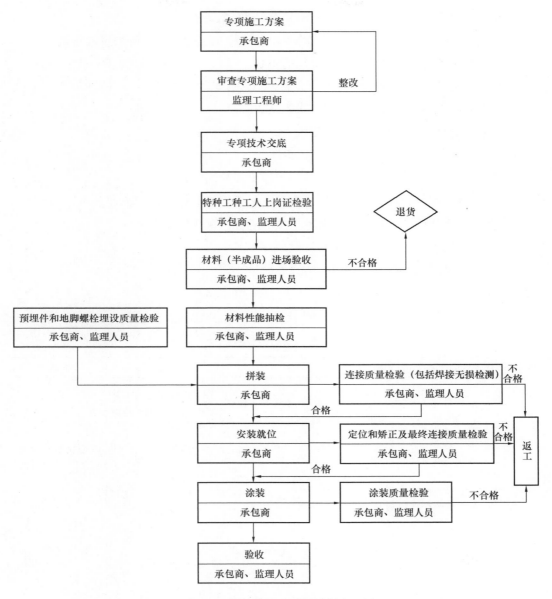

图 3-13 钢结构工程质量控制流程图

（1）检查和熟悉经审批的钢结构专项施工技术方案和焊接工艺评定报告等施工指导性文件，审查特殊工种工人（如焊工、起重工等）上岗证。

（2）检查进场原材料的质量合格证明文件、中文标志及检验报告和其他允许偏差项目。

（3）材料对以下内容做进场抽样复验：

1）国外进口钢材。

2）钢材混批。

3）板厚等于或大于 40mm，且设计有正向性能要求的厚板。

4）建筑结构安全等级为一级，大跨度钢结构中主要受力构件所采用的钢材。

5）设计有复验要求和对质量有疑问的钢材。

6）重要钢结构采用的焊接材料。

7）高强度大六角头螺栓连接副的扭矩系数。

8）扭剪型高强度螺栓连接副的预拉力。

9）高强度螺栓连接摩擦面的抗滑移系数。

（4）检查焊缝质量和一、二级焊缝的焊缝无损检测报告。

（5）检查预埋件和地脚螺栓的埋设质量，包括规格、偏差、修正方案等。

（6）检查钢构件的连接质量，包括焊接和螺栓、铆钉连接质量。

（7）检查钢构件的预拼装和吊装质量。

（8）检查钢结构的涂装（防腐、防火）质量。

（9）见证阀架节点承载力试验。

（三）钢结构质量控制要点（表 3-40）

钢结构质量控制要点 表 3-40

类别	项目	质量标准	检验方法	检查数量
钢结构工程制作	1. 钢材品种、规格型号及质量	应符合设计要求和国家现行有关标准的规定	检查钢材质量证明书或复验报告，规格用钢尺或卡尺检查	按规格和批号检查
	2. 钢材切割面或剪切面	应无裂纹、夹渣、分层和大于1mm的缺棱	观察或用放大镜、钢尺、焊缝量规检查	
	3. 高强度螺栓连接摩擦面	应做抗滑移系数试验，其最小值应符合设计要求	检查试验报告	
	4. 连接摩擦面的表面	应平整，不得有飞边、毛刺、焊接飞溅物、焊疤、氧化皮、污垢及无用涂料等	观察检查	按构件数抽查10%，但不应小于3件
钢结构工程预拼装	1. 进行预拼装钢构件的质量	其质量应符合设计要求和规范规定	检查质量检验评定表、验收记录，或用钢尺检查	参加预拼装全部钢构件
	2. 预拼装支承凳或平台	测量找平、预拼装时不得用大锤锤击，检查前应全部拆除临时固定和拉紧装置	观察检查	全数检查
	3. 钢构件外观	表面不应有明显的凹面、损伤和划痕，焊疤、飞溅物、毛刺应清理干净	观察检查	

类别	项目	质量标准	检验方法	检查数量
钢结构工程预拼装	4. 钢构件顶紧面	顶紧面接触不应少于80％紧贴，且边缘最大间隙不应大于0.8mm	用钢尺和0.3mm及0.8mm厚度塞尺检查	检查每个顶紧面
	5. 板叠螺栓孔	每组孔的通过率为100％	用Ⅰ、Ⅱ型试孔器检查	除临时螺栓孔及冲针孔外，全数检查
钢构件焊接工程	1. 焊条、焊丝、焊剂、电渣熔嘴和保护气体等	应符合设计要求和国家现行有关标准的规定	观察和检查质量证明书及烘焙记录	按批号检查
	2. 焊工	焊工应经考试合格，并取得相应的合格证书	检查焊工合格证和考核日期	所有焊工
	3. 焊接工艺评定	对本单位首次采用的钢材或焊接材料应进行焊接工艺评定	检查工艺评定报告	按单位工程（制作项目）
	4. 焊缝探伤检验	一级、二级焊缝应按设计要求和国家现行有关标准的规定进行探伤检验	检查焊缝探伤报告	全检
	5. 焊缝表面	所有焊缝表面不得有裂纹、焊瘤、烧穿、弧坑等缺陷。一级、二级焊缝表面不得有气孔、夹渣、弧坑、裂纹、电弧擦伤等缺陷，且一级焊缝不得有咬边、未焊满等缺陷	观察和用焊缝量规及钢尺检查，必要时用渗透探伤或磁粉探伤检查	
钢结构高强大六角头螺栓连接	1. 规格和技术条件	螺栓的规格和技术条件应符合设计要求和规范规定	检查出厂合格证	逐箱或批检查
	2. 螺栓连接副的扭矩系数复（试）验	其结果应符合规范规定	检查出厂合格证	逐批抽查
	3. 摩擦面抗滑移系数	应符合设计要求和规范规定	检查制作单位及现场试验报告	逐批抽查
	4. 螺栓连接摩擦面	表面平整，不得有飞边、毛刺、氧化铁皮、焊接飞溅物、焊疤、污垢和油漆等	观察检查	逐件检查
	5. 螺栓紧固	分初、复、终拧三次紧固，扭矩扳手定期标定，初拧值符合规定规定后进行终拧	检查扳手标定记录和螺栓施工记录，观察检查	逐件检查
	6. 螺栓安装	螺栓能自由穿入构件孔，不得强行打入	观察检查	逐件检查

续表

类别	项目	质量标准	检验方法	检查数量
钢结构扭剪型高强度螺栓连接	1. 规格和技术条件	螺栓的规格和技术条件应符合设计要求和规范规定	检查出厂合格证	逐箱或批检查
	2. 连接副预拉力复验	其结果应符合规范规定	检查预拉力复验报告	逐批抽查
	3. 摩擦面抗滑移系数	应符合设计要求和规范规定	检查制作单位的试验报告和现场复验报告	逐批抽查
	4. 螺栓连接摩擦面	表面平整,不得有飞边、毛刺、氧化铁皮、焊接飞溅物、焊疤、污垢和油漆等	观察检查	逐件检查
	5. 螺栓紧固	分初拧、终拧两次紧固,扭矩扳手定期标定,初拧值符合规范规定后进行终拧	检查扳手标定记录和螺栓施工记录	逐件检查
	6. 螺栓安装	螺栓能自由穿入构件孔,不得强行打入	观察检查	逐件检查
钢结构涂装工程	1. 涂料、稀释剂和固化剂的品种、型号和质量	应符合设计要求和现行有关标准规定	检查质量证明书或复验报告	逐批检查
	2. 涂装前钢材表面除锈等级和外观质量	应符合设计要求和现行有关标准规定,表面应无焊渣、焊疤、灰尘、油污、水和毛刺等,经化学除锈的钢材表面应露出金属色泽	用铲刀检查,与现行国家标准规定的图片对照,观察检查	按每类构件数抽查 10%,但均不应少于 3 件
	3. 涂层操作	不得误涂、漏涂,涂层应无脱皮和返锈	观察检查	
钢结构防火涂料涂装	1. 钢结构防火涂料的品种和技术性能	应符合设计要求,经国家检测机构检测符合国家现行有关标准规定	检查生产许可证、质量证明书和检测报告	逐批检查
	2. 防火涂料的强度	每使用 100t 薄型防火涂料,抽检一次粘结强度;每使用 500t 厚型防火涂料,抽检一次粘结强度和抗压强度,结果应符合国家标准规定	检查抽检报告	
	3. 防火涂料涂装工程的施工单位	应由经批准的单位负责施工	检查批准文件	
	4. 涂装防火涂料的基层	应无油污、灰尘和泥沙等污垢	观察检查	
	5. 涂层操作	不得误涂、漏涂,涂层应无脱层和空鼓	观察检查	
	6. 薄型防火涂料的涂层厚度	应符合设计要求	用涂层厚度测量仪检查	

第五节　建筑装饰装修工程施工监理质量控制要点

一、总则

建筑装饰装修涵盖了目前使用的"建筑装饰""建筑装修"和"建筑装潢"等名词术语的含义。新编的《建筑装饰装修工程质量验收标准》GB 50210—2018 适用于新建、扩建、改建和既有建筑的装饰装修工程的质量验收，适用范围包括住宅，不包括古建筑和保护性建筑，是装饰装修工程施工质量验收的最低标准，与此前发布的《建筑工程施工质量验收统一标准》GB 50300—2013 配套使用。

新编的《建筑装饰装修工程质量验收标准》GB 50210—2018 是实施建筑装饰装修工程监理检查的主要依据，监理员应熟练掌握，该标准主要存在如下特点：

（1）突出设计的重要性。建筑装饰装修工程必须由相应资质的设计单位设计，并出具完整施工图纸文件。首次明确了设计主体必须进入建筑装饰装修工程的活动中，这为今后验收甚至是落实质量责任提供了依据。

（2）充分考虑了建筑装饰装修工程与主体结构的相互关系，同时强调要保证建筑安全和主要使用功能。

（3）提出了消防、节能、环保、建筑物内人体健康指标等综合性验收要素。

（4）由于建筑装饰装修工程中材料品种繁多，相近材料观感相似，材料功能变化较多，而装成后的效果难以用数据、语言文字准确完整地表述出来，因此监理单位应要求施工单位在施工前制作样板房或样板间（件），经各方确认后作为日后施工质量验评的一个比较直观的判定依据。

（5）验收条文按项目重要程度分为了主控项目和一般项目。

二、装饰装修工程监理员的工作内容

（1）在专业装饰装修监理工程师的指导下开展现场监理工作。

（2）负责检查承包单位投入工程项目的人力、装饰材料、主要设备及其使用、运行状况，并做好检查记录。

（3）复核或从施工现场直接获取工程计量的有关数据，并签署原始凭证。

（4）按设计图及有关标准，对承包单位的工艺过程或施工工序进行检查记录，对加工制作及工序施工质量检查结果进行记录。

（5）担任重要装修部位旁站工作，发现问题及时指出并向总监理工程师（专业监理工程师）报告。

（6）做好监理日记和有关的监理记录。

三、装饰装修工程质量控制流程（图 3-14）

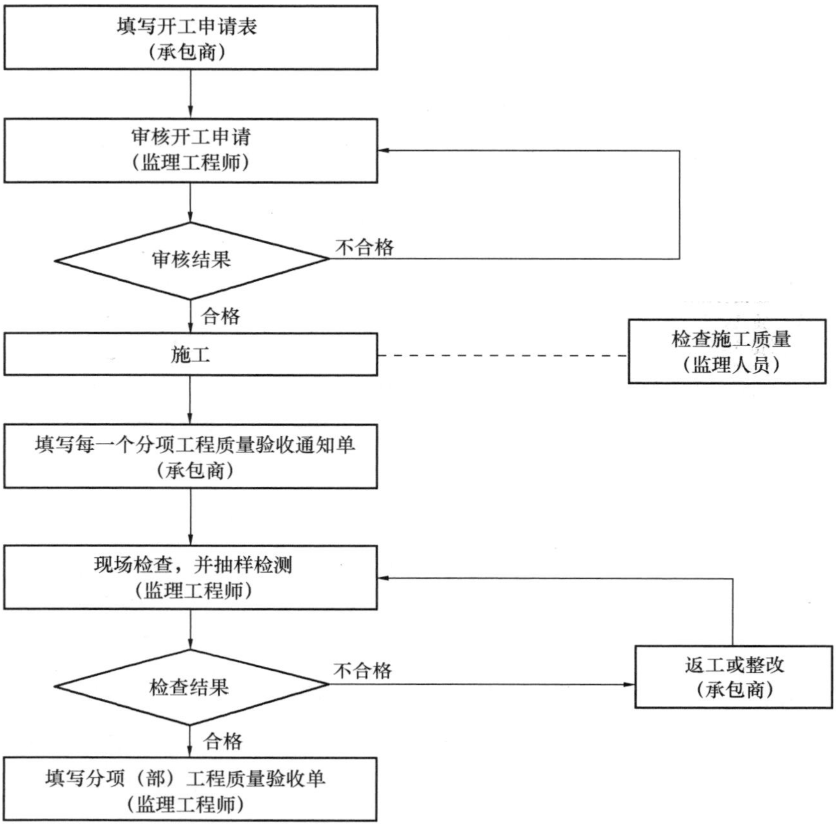

图 3-14　装饰装修工程质量控制流程图

四、地面子分部工程质量控制及验收要点

地面工程根据材料类型及地面性质可大致分为整体面层、板块面层、木竹面层三类。地面工程的质量控制应注意以下几个方面：

（一）材料

（1）建筑地面工程采用的材料应符合设计要求，进场材料应有中文质量合格证明文件、规格、型号及性能检测报告，对重要材料应有复验报告。

（2）建筑地面采用的大理石、花岗岩等天然石材必须符合《建筑材料放射性核素限量》GB 6566—2010 中有关材料有害物质的限量规定，进场应有检测报告。

（3）粘结剂、沥青胶结料和涂料等材料应按设计要求选用，并符合《民用建筑工程室内环境污染控制标准》GB 50325—2020 的规定。

（二）施工质量检验的有关规定

（1）基层（各构造层）和各类面层的分项工程施工质量验收应按每一层或每层施工段（或变形缝）作为检验批，高层建筑的标准层可按每三层（不足三层按三层计）作为一个检验批。

（2）每检验批应以各子分部工程的基层（各构造层）和各类面层所划分的分项工程按自然间（或标准间）检验，抽查数量应随机且不应小于 3 间；不足 3 间的，应全数检查。其中走廊（过道）应以 10 延长米为一间，工业厂房（按单跨计）、礼堂、门厅应以两个轴线为一间计算。

（3）有防水要求的建筑地面子分部工程的分项工程施工质量每检验批抽查数量应按其房间总数随机抽查检验不小于 4 间，不足 4 间的，应全数检查。

（三）允许偏差及检验方法

（1）检查允许偏差应采用钢尺、2m 靠尺、楔形塞尺、坡度尺和水准仪等工具。

（2）检查空鼓应采用敲击的方法。

（3）检查有防水要求的建筑地面基层（各构造层）和面层，应采用泼水或蓄水方法，蓄水时间不得小于 24h。

（4）检查各类面层（含不需铺设部分或局部面层）表面的裂纹、脱皮、麻面和起砂等缺陷，应采用钢尺检查的方法（表 3-41～表 3-43）。

基层表面的允许偏差和检验方法（mm）　　　　表 3-41

项次	项目	允许偏差										检验方法
		基土	垫层			找平层			填充层	隔离层		
		土	砂、砂土、碎石、碎砖	灰土、三合土、炉渣、水泥混凝土	木搁栅	毛地板		用沥青玛瑞脂作结合层铺设拼花木板、板块面层	用水泥砂浆作结合层铺设板块面层	用胶粘剂作结合层铺设拼花木板、塑料板、强化复合地板、竹地板面层	松散材料	板、块材料	防水、防潮、防油渗	
						拼花实木地板、拼花实木复合地板	其他种类面层							
1	表面平整度	15	15	10	3	3	5	3	5	2	7	5	3	用 2m 靠尺和楔形塞尺检查
2	标高	0～50	±20	±10	±5	±5	±8	±5	±8	±4		±4	±4	用水准仪检查
3	坡度	不大于房间相应尺寸的 2/1000，且不大于 30												用坡度尺检查
4	厚度	在个别地方不大于设计厚度的 1/10												用钢尺检查

整体面层的允许偏差和检验方法（mm）　　　　表 3-42

项次	项目	允许偏差						检验方法
		水泥混凝土面层	水泥砂浆面层	普通水磨石面层	高级水磨石面层	水泥钢（铁）屑面层	防油渗混凝土和不发火（防爆）面层	
1	表面平整度	5	4	3	2	4	5	用2m靠尺和楔形塞尺检查
2	踢脚线上口平直度	4	4	3	3	4	4	拉5m线和用钢尺检查
3	缝格平直度	3	3	3	2	3	3	

板、块面层的允许偏差和检验方法（mm）　　　　表 3-43

项次	项目	允许偏差											检验方法
		陶瓷锦砖面层、高级水磨石、板、陶瓷地砖面层	缸砖面层	水泥花砖面层	水磨石板块面层	大理石面层和花岗石面层	塑料板面层	水泥混凝土板块面层	碎拼大理石、碎拼花岗石面层	活动地板面层	条石面层	块石面层	
1	表面平整度	2.0	4.0	3.0	3.0	1.0	2.0	4.0	3.0	2.0	10.0	10.0	用2m靠尺和楔形塞尺检查
2	缝格平直度	3.0	3.0	3.0	3.0	2.0	3.0	3.0	—	2.5	8.0	8.0	拉5m线和用钢尺检查
3	接缝高低差	0.5	1.5	0.5	1.0	0.5	0.5	1.0	—	0.4	2.0	—	用钢尺和楔形塞尺检查
4	踢脚线上口平直度	3.0	4.0	—	4.0	1.0	2.0	4.0	1.0	—	—	—	拉5m线和用钢尺检查
5	板块间隙宽度	2.0	2.0	2.0	2.0	1.0	—	6.0	—	0.3	5.0	—	用钢尺检查

（四）验收资料核查

建筑地面工程子分部工程质量验收时应检查下列工程质量文件及记录：

（1）建筑地面工程设计图纸和变更文件等。

（2）原材料的出厂检验报告和质量合格保证文件、材料进场检（试）验报告（含抽样报告）。

（3）各层的强度等级、密实度等试验报告和测定记录。

（4）各类建筑地面工程施工质量控制文件。

（5）各构造层的隐蔽验收及其他相关验收文件。

五、抹灰子分部工程质量控制及验收要点

抹灰工程分为一般抹灰、装饰抹灰和清水砌体勾缝三个分项。一般抹灰分为普通抹灰和高级抹灰两级。抹灰工程的质量基础是：

（1）材料

抹灰材料的进场验收主要遵循一般规范规定，品种和性能应符合设计要求，具有产品合格证书、性能检测报告。对水泥的凝结时间和安定性应进行复验并提供复验报告。

（2）基层处理

基层处理是抹灰工程的主控项目。抹灰前基层表面的尘土、污垢、油渍等应清除干净，并应洒水润湿。

检验方法：检查施工记录。基层处理的检查情况应记入施工记录。

抹灰工程应分层进行。当抹灰总厚度大于或等于 35mm 时，应采取加强措施。不同材料基体交接处表面的抹灰，应采取防止开裂的加强措施，当采用钢板网时与各基体的搭接宽度不应小于 10mm。

检验方法：检查隐蔽工程验收记录和施工记录。

抹灰层的总厚度应符合设计要求；水泥砂浆不得抹在石灰砂浆层上；罩面石膏灰不得抹在水泥砂浆层上。

检查方法：检查施工记录。

抹灰工程应根据设计要求同时设置分格缝和滴水线（槽）。

抹灰子分部工程质量最终表现为表面质量、耐久性和安全。表面质量的验收首先是观感质量验收，可以通过观察和手摸检查来完成；其次是验收允许偏差检验项目中列出的立面垂直度、平整度、分格条直线度等。耐久性和安全是相关联的两条抹灰工程的质量验收标准。外墙和顶棚的抹灰层与基层之间及各抹灰层之间必须粘结牢固。"粘结牢固"的含义为无开裂、空鼓与脱落。

六、门窗子分部工程质量控制及验收要点

门窗工程按门窗材质划分为木门窗制作与安装、金属门窗制作与安装、塑料门窗安装、特种门安装和门窗玻璃安装五个分项工程。分项工程按工程验收需要分为若干检验批。

（一）施工准备

（1）门窗安装前，应对门窗洞口尺寸进行检验。

（2）材料检查：门窗可以在现场制作，也可以外加工。按目前的工艺情况，木门窗有部分现场加工；金属门窗和塑料门窗几乎均为专业厂家提供；特种门由于有特殊

用途和特殊验收要求，更是需要全部外加工。故在木门窗的材料检验中尚有原材料的检验要求，其余种类门窗的材料检查主要是查验成品门窗的产品合格证书、特种门的生产许可证和性能检测报告，按设计要求量测门窗的规格、尺寸。

（3）材料复验

门窗工程应对下列材料及其性能指标进行复验：

1）人造木板的甲醛含量。

2）建筑外墙金属窗、塑料窗的抗风压性能、空气渗透性能和雨水渗漏性能。

（二）门窗制作安装

门窗制作安装工程的工艺检查项目相对比较复杂，四个门窗分项的共有检查项目可归纳为：

（1）门窗的品种、类型、规格、尺寸、开启方向、安装位置及防腐处理应符合设计要求。

（2）框、扇安装必须牢固，连接件数量、位置及连接方式必须符合设计要求。

（3）配件的型号、规格、数量应符合设计要求。

除此以外，由于材质不同，检查方法也各有特点：

1）木门窗除做防腐处理外，还应视设计要求进行防火和防虫处理；连接处应预埋经防腐处理的木砖，结合处不得有木节。

2）金属外门窗应设排水孔。

3）塑料门窗固定点间距不应大于 600mm。

4）建筑外门窗的安装必须牢固，在砌体上安装门窗严禁用射钉固定。

5）特种门的安装应根据特种门厂家提供的说明书或者由专业人员进行安装。

（三）门窗安装完成后的质量检验

门窗安装完成后的检查包含观察、手动和量测三种方法。

（1）观察可检查门窗安装是否端正、位置是否正确、门扇之间关闭是否严密、表面是否洁净、配件是否齐全、开启方向是否正确以及是否有划痕、碰伤、掉漆、翘曲等现象。

（2）手动可检查门窗是否开关灵活、安装是否牢固、密封是否良好。

（3）量测检查的内容包括安装允许偏差项目和开关力的量测。

通过这三种方法，可充分检验门窗的安装质量。

（四）玻璃安装

玻璃安装是门窗安装工程的辅助分项工程，除材料应符合设计要求外，设计未注明时，单块大于 1.5m² 的玻璃应使用安全玻璃。门窗玻璃裁割应正确，密封条和压条应紧密平整，玻璃安装的涂膜朝向应正确。玻璃安装完毕后，表面应不被污染。

（五）验收资料检查

门窗工程验收时应检查下列文件和记录：

（1）门窗工程的施工图、设计说明及其他设计文件。

（2）材料的产品合格证书、性能检测报告、进场验收记录和复验报告。

（3）特种门及其附件的生产许可文件。

（4）隐蔽工程验收记录。

（5）施工记录。

七、吊顶子分部工程质量控制及验收要点

吊顶工程按龙骨形式分为暗龙骨吊顶和明龙骨吊顶两个分项工程，吊顶饰面材料常用的有石膏板、金属板、矿棉板、木板、塑料板和（安全）玻璃板等。

（一）施工准备

吊顶工程与安装工程穿插进行，在主体结构施工时最好能留置预埋件，未能留置预埋件的，可采用膨胀螺栓固定。

吊顶工程的龙骨、吊杆、饰面板应符合设计和规范要求，材料进场时应办理进场验收手续。检查方法为：查对产品合格证书，现场抽测进场材料实物的尺寸。吊顶工程应对人造木板的甲醛含量进行复验。

（二）现场施工

暗龙骨和明龙骨分项工程的施工工艺和方法基本相同，在保证吊顶的标高、尺寸、起拱和造型符合设计要求的基础上，吊顶的施工顺序为：吊杆施工→主龙骨连接→副龙骨连接→饰面板施工。

吊杆和预埋件及龙骨的连接方式应符合设计要求，间距应满足设计需求，距离龙骨端部不得大于30mm，当吊杆长度大于1.5m时，应改为支撑，且应做防火和防腐处理。安装饰面板前应调直吊杆，重型灯具、电扇及其他重型设备应另设吊杆，严禁安装在吊顶工程的龙骨上。饰面板的安装应在完成对吊顶工程的有关隐蔽工程验收后进行。吊顶工程应对下列隐蔽工程项目进行验收：

（1）吊顶内管道、设备的安装及水管试压。

（2）木龙骨防火、防腐处理。

（3）预埋件或拉结筋的安装。

（4）吊杆安装。

（5）龙骨安装。

（6）填充材料的设置。

（三）允许偏差的检查

吊顶工程允许偏差检查的主要对象是饰面板，检查内容有表面平整度、接缝直线

度和接缝高低差。

（四）验收资料核查

吊顶工程验收时应检查下列文件和记录：

（1）吊顶工程的施工图、设计说明书及其他设计文件。

（2）材料的产品合格证书、性能检测报告、进场验收记录和复验记录。

（3）隐蔽工程验收记录。

（4）施工记录。

八、轻质隔墙子分部工程质量控制及验收要点

轻质隔墙工程可划分为板材隔墙、骨架隔墙、活动隔墙、玻璃隔墙四个分项工程，必须注意的是，轻型砌块等墙板材料列入了主体结构分部工程中。轻质隔墙由于墙体材料、组成方式的多样性，可有多种选择，因此检查和验收的方式也呈现出多样性。

（一）施工准备

轻质隔墙施工前应对基层做适当处理，以保证连接坚实和可靠。一般情况下，轻质隔墙自重较轻，墙下不设暗梁。

轻质隔墙的材料应满足规范规定的要求，其品种、规格、性能、颜色、图案等应符合设计要求，并具有相应的产品合格证书、性能检测报告，进场时应进行进场验收。

（二）施工过程控制

轻质隔墙施工中如需进行焊接等特殊工艺，操作人员应具备特殊工种上岗操作证。安装应根据设计、相关标准图集要求或厂家安装说明进行。

安装的要点为：位置、连接方式正确且连接牢固，防火、防腐、隔声等处理到位，墙上孔洞、槽盒位置正确，套割吻合，配件安装到位，玻璃板隔墙胶垫安装正确。

（三）允许偏差的检查

轻质隔墙的主要允许偏差检查项目（表 3-44～表 3-47）

板材隔墙安装的允许偏差和检验方法 表 3-44

项次	项目	允许偏差（mm）				检验方法
		复合轻质墙板		石膏空心板	钢丝网水泥板	
		金属夹芯板	其他复合板			
1	立面垂直度	2	3	3	3	用 2m 垂直检测尺检查
2	表面平整度	2	3	3	3	用 2m 靠尺和塞尺检查
3	阴阳角方正	3	3	3	4	用直角检测尺检查
4	接缝高低差	1	2	2	3	用钢直尺和塞尺检查

骨架隔墙安装的允许偏差和检验方法　　　　　　　表 3-45

项次	项目	允许偏差（mm）		检验方法
		纸面石膏板	人造木板、水泥纤维板	
1	立面垂直度	3	4	用 2m 垂直检测尺检查
2	表面平整度	3	3	用 2m 靠尺和塞尺检查
3	阴阳角方正	3	3	用直角检测尺检查
4	接缝直线度	—	3	拉 5m 线，不足 5m 拉通线，用钢直尺检查
5	压条直线度	—	3	拉 5m 线，不足 5m 拉通线，用钢直尺检查
6	接缝高低差	1	1	用钢直尺和塞尺检查

活动隔墙安装的允许偏差和检验方法　　　　　　　表 3-46

项次	项目	允许偏差（mm）	检验方法
1	立面垂直度	3	用 2m 垂直检测尺检查
2	表面平整度	2	用 2m 靠尺和塞尺检查
3	接缝直线度	3	拉 5m 线，不足 5m 拉通线，用钢直尺检查
4	接缝高低差	2	用钢直尺和塞尺检查
5	接缝宽度	2	用钢直尺检查

玻璃隔墙安装的允许偏差和检验方法　　　　　　　表 3-47

项次	项目	允许偏差（mm）		检验方法
		玻璃砖	玻璃板	
1	立面垂直度	3	2	用 2m 垂直检测尺检查
2	表面平整度	3	—	用 2m 靠尺和塞尺检查
3	阴阳角方正	—	2	用直角检测尺检查
4	接缝直线度	—	2	拉 5m 线，不足 5m 拉通线，用钢直尺检查
5	接缝高低差	3	2	用钢直尺和塞尺检查
6	接缝宽度	—	1	用钢直尺检查

（四）验收资料核查

轻质隔墙工程验收时应检查下列文件和记录：

（1）轻质隔墙工程的施工图设计说明及其他设计文件。

（2）材料的产品合格证书、性能检测报告、进场验收记录和复验记录。

（3）隐蔽工程验收记录。

（4）施工记录。

九、饰面板（砖）子分部工程质量控制及验收要点

饰面板（砖）子分部工程分为饰面板安装和饰面砖粘贴两个子分部工程。饰面板

适用于内墙饰面板安装工程和高度不大于 24m、抗震设防烈度不大于 8 度的外墙饰面板安装工程的石板安装、陶瓷板安装、木板安装、金属板安装、塑料板安装等分项工程；饰面砖适用于内墙饰面砖粘贴工程和高度不大于 100m、抗震设防烈度不大于 8 度、采用满粘法施工的外墙饰面砖粘贴等分项工程。

饰面板（砖）安装工程的施工方法主要有干作业施工和湿作业施工两种方法，目前主要应用于室内墙面装修和多层建筑的室外墙面装修。饰面板（砖）工程采用的石材有花岗石、大理石、青石板和人造材料；采用的瓷板有抛光板和磨边板两种；饰面板有钢板、铝板等品种；木材饰面板主要用于内墙裙；另外，铝塑板、塑料板也经常应用。

对饰面板（砖）工程的质量控制和验收分以下几个阶段进行：

（1）施工准备

施工准备阶段的质量检查重点在材料的进场验收、抽样复验和基层处理及预埋件检查。

1）材料的进场验收

材料的进场验收主要是现场查对材料的品种、规格等是否符合设计要求，除依照设计图外，还要对照材料样板，验证材料的产品合格证、性能测试报告，填写进场验收记录。

2）抽样复验

饰面板（砖）工程应对下列材料及其性能指标进行复验：

① 室内用花岗石的放射性。

② 粘贴用水泥的凝结时间、安定性和抗压强度。

③ 外墙陶瓷面砖的吸水率。

④ 寒冷地区外墙陶瓷面砖的抗冻性。

3）基层处理及预埋件检查

外墙饰面砖粘贴前和施工过程中，均应在相同基层上做样板件，并对样板件的饰面砖粘结强度进行检验，其检验方法和结果判定应符合《建筑工程饰面砖粘结强度检验标准》JGJ/T 110—2017 的规定。

饰面板（砖）安装工程的预埋件（或后置埋件）及连接件的数量、规格、位置、连接方法和防腐处理必须符合设计要求；后置埋件的现场拉拔强度必须符合设计要求，饰面板安装必须牢固。

检验方法：手扳检查；检查进场验收记录、现场拉拔检测报告、隐蔽工程验收记录和施工记录。

检查不仅仅是对基层进行检查，而且要对基层粘结材料的配合比、性能，面层材料的性能和施工工艺做综合判定。

（2）施工过程控制

饰面板（砖）施工工艺因饰面板（砖）选用材料的不同而不同，规范对施工工艺方面的检验内容限定较少，仅规定了以下需要检验的内容：①饰面板的连接和饰面板的防水层等隐蔽工程验收项目；②饰面砖的找平、防水、粘结和勾缝等主控项目；③湿作业法施工的饰面板工程中石材及灌注材料的相关要求；④饰面砖滴水线的制作要求。

（3）分项工程验收

1）表面质量的验收

在饰面板（砖）工程检验批和分项验收时应观察饰面板（砖）的表面质量是否达到平整、洁净、色泽一致、无裂缝和缺损的要求。石材表面应无泛碱等污染，嵌缝应密实、平直，接缝应平直、光滑，密度和深度应符合设计要求，孔洞、凸出物周围的套割应吻合，边缘应整齐，墙裙、贴脸凸出墙面厚度应一致。

在单位工程验收中，外墙面有观感评价的要求，观感质量主要取决于表面质量。

2）允许偏差项目的验收

饰面板（砖）工程的允许偏差和检验方法应符合装饰规范的要求（表 3-48、表 3-49）。

饰面板安装的允许偏差和检验方法　　　　　　　　　　　　表 3-48

项次	项目	允许偏差（mm）							检验方法
		石材			瓷板	木板	塑料	金属	
		光面	剁斧石	蘑菇石					
1	立面垂直度	2	3	3	2	1.5	2	2	用2m垂直检测尺检查
2	表面平整度	2	3	—	1.5	1	3	3	用2m靠尺和塞尺检查
3	阴阳角方正	2	4	4	2	1.5	3	3	用直角检测尺检查
4	接缝直线度	2	4	4	2	1	1	1	拉5m线，不足5m拉通线，用钢直尺检查
5	墙裙、勒脚上口直线度	2	3	3	2	2	2	2	拉5m线，不足5m拉通线，用钢直尺检查
6	接缝高低差	0.5	3	—	0.5	0.5	1	1	用钢直尺和塞尺检查
7	接缝宽度	1	2	2	1	1	1	1	用钢直尺检查

饰面砖粘贴的允许偏差和检验方法　　　　　　　　　　　　表 3-49

项次	项目	允许偏差（mm）		检验方法
		外墙面砖	内墙面砖	
1	立面垂直度	3	2	用2m垂直检测尺检查
2	表面平整度	4	3	用2m靠尺和塞尺检查
3	阴阳角方正	3	3	用直角检测尺检查

项次	项目	允许偏差（mm）		检验方法
		外墙面砖	内墙面砖	
4	接缝直线度	3	2	拉 5m 线，不足 5m 拉通线，用钢直尺检查
5	接缝高低差	1	0.5	用钢直尺和塞尺检查
6	接缝宽度	1	1	用钢直尺检查

3）安全检查

饰面板（砖）工程中的两条强制性条文均采用"必须牢固"四个字作结尾，要求饰面板（砖）工程质量验收要把质量安全放在首位。规范对饰面板提出了五个重要检查项目：预埋件（或后置埋件）、连接件、防腐处理、后置埋件现场拉拔强度以及饰面板安装、饰面砖粘贴。确保安全的重要检查项目是，样板件粘结强度检测。施工方法为满粘法，粘贴应无空鼓、裂缝。

4）验收资料核查

饰面板（砖）工程验收时应检查下列文件和记录：

① 饰面板（砖）工程的施工图、设计说明及其他设计文件。

② 材料的产品合格证书、性能检测报告、进场验收记录和复验报告。

③ 后置埋件的现场拉拔检测报告。

④ 外墙饰面砖样板房的粘结强度检测报告。

⑤ 隐蔽工程验收记录。

⑥ 施工记录。

十、幕墙子分部工程质量控制及验收要点

幕墙工程是外墙装饰工程的其中一种，按材料不同可分为玻璃幕墙、金属幕墙和石材幕墙三个分项工程。在工程实践中，相当多的建筑物在进行幕墙设计时往往将这三类幕墙形式进行组合使用。

幕墙工程多用于外墙，因为其需要块材组合，安全性隐检和要求均高于一般外墙装饰装修形式。幕墙工程的施工和检验有其特殊性：

（1）幕墙工程应经有资质的设计单位进行专业设计，并提供结构计算书，主体结构设计单位应对幕墙工程设计进行确认。

（2）幕墙工程应在主体结构施工阶段设置预埋件。

幕墙工程应对下列材料及其性能指标进行复验：

1）铝塑复合板的剥离强度。

2）石材的弯曲强度，寒冷地区石材的耐冻融性，室内用花岗岩的放射性。

3）玻璃幕墙用结构胶的邵氏硬度、标准条件拉伸粘结强度、相容性；石材用结构胶的粘结强度；石材用密封胶的污染性。如为后置埋件，应进行拉拔试验。

（3）材料。玻璃应使用安全玻璃，厚度不应小于 6.0mm。石材弯曲强度不应小于 8.0MPa。立柱、栋梁等主要受力构件截面受力部分的壁厚应经计算确定，钢型材壁厚不应小于 3.0mm，且表面防护层应设防腐年限要求。隐框、半隐框玻璃幕墙所采用的结构材料必须是中性硅酮结构密封胶，其性能必须符合《建筑用硅酮结构密封胶》GB 16776—2005 的规定；硅酮结构密封胶必须在有效期内使用。

（4）连接。连接中有两个检验要点：

1）牢固。连接方式应完全按设计操作，连接件和紧固件螺栓应有防松动措施。

2）防噪声。幕墙工程一般采用金属物件连接，在风力作用下，摩擦易产生刺耳的噪声，故幕墙规范规定，在所有金属连接处均应用绝缘的柔性垫片分隔，同时也能起到防止不同的金属材料接触电解的作用。

（5）构造节点。幕墙工程与建筑物的构造节点（抗震缝、伸缩缝、沉降缝等）应按照规范的要求做相应的处理。

（6）试验

幕墙工程验收所出具的报告为：

1）幕墙工程材料及其性能指标的复验报告。

2）幕墙的抗风压性能、空气浸透性能、雨水渗漏性能及平面变形性能检测报告。

3）防雷装置测试记录和淋水试验报告。

（7）允许偏差检验

对幕墙的表面质量和安装质量均规定有允许偏差检验项目（表 3-50～表 3-55）。

铝合金型材的表面质量和检验方法　　　　　　　　　　表 3-50

项次	项目	质量要求	检验方法
1	明显划伤和长度＞100mm 的轻微划伤	不允许	观察
2	长度≤100mm 的轻微划伤	≤2 条	用钢尺检查
3	擦伤总面积	≤500mm²	用钢尺检查

明框玻璃幕墙安装的允许偏差和检验方法　　　　　　　表 3-51

项次	项目		允许偏差（mm）	检验方法
1	幕墙垂直度	幕墙高度≤30m	10	用经纬仪检查
		30m＜幕墙高度≤60m	15	
		60m＜幕墙高度≤90m	20	
		幕墙高度＞90m	25	
2	幕墙水平度	幕墙幅宽≤35m	5	用水平仪检查
		幕墙幅宽＞35m	7	
3	构件直线度		2	用 2m 靠尺和塞尺检查

项次	项目		允许偏差（mm）	检验方法
4	构件水平度	构件长度≤2m	2	用水平仪检查
		构件长度＞2m	3	
5	相邻构件错位		1	用钢直尺检查
6	分格框对角线长度差	对角线长度≤2m	3	用钢尺检查
		对角线长度＞2m	4	

隐框、半隐框玻璃幕墙安装的允许偏差和检验方法　　　　表 3-52

项次	项目		允许偏差（mm）	检验方法
1	幕墙垂直度	幕墙高度≤30m	10	用经纬仪检查
		30m＜幕墙高度≤60m	15	
		60m＜幕墙高度≤90m	20	
		幕墙高度＞90m	25	
2	幕墙水平度	层高≤3m	3	用水平仪检查
		层高＞3m	5	
3	幕墙表面平整度		2	用 2m 靠尺和塞尺检查
4	板材立面垂直度		2	用垂直检测尺检查
5	板材上沿水平度		2	用 1m 水平尺和钢直尺检查
6	相邻板材板角错位		1	用钢直尺检查
7	阳角方正		2	用直角检测尺检查
8	接缝直线度		3	拉 5m 线，不足 5m 拉通线，用钢直尺检查
9	接缝高低差		1	用钢直尺和塞尺检查
10	接缝宽度		1	用钢直尺检查

每平方米金属板的表面质量和检验方法　　　　表 3-53

项次	项目	质量要求	检验方法
1	明显划伤和长度＞100mm 的轻微划伤	不允许	观察
2	长度≤100mm 的轻微划伤	≤8 条	用钢尺检查
3	擦伤总面积	≤500mm^2	用钢尺检查

每平方米石材的表面质量和检验方法　　　　表 3-54

项次	项目	质量要求	检验方法
1	裂痕、明显划伤和长度＞100mm 的轻微划伤	不允许	观察
2	长度≤100mm 的轻微划伤	≤8 条	用钢尺检查
3	擦伤总面积	≤500mm^2	用钢尺检查

石材玻璃幕墙安装的允许偏差和检验方法　　　　　　　　表 3-55

项次	项目		允许偏差（mm）		检验方法
			光面	麻面	
1	幕墙 垂直度	幕墙高度≤30m	10		用经纬仪检查
		30m<幕墙高度≤60m	15		
		60m<幕墙高度≤90m	20		
		幕墙高度>90m	25		
2	幕墙水平度		3		用水平仪检查
3	板材立面垂直度		3		用水平仪检查
4	板材上沿水平度		2		用 1m 水平尺和钢直尺检查
5	相邻板材板角错位		1		用钢直尺检查
6	幕墙表面平整度		2	3	用垂直检测尺检查
7	阳角方正		2	4	用直角检测尺检查
8	接缝直线度		3	4	拉 5m 线，不足 5m 拉通线，用钢直尺检查
9	接缝高低差		1	—	用钢直尺和塞尺检查
10	接缝宽度		1	2	用钢直尺检查

（8）验收资料核查

幕墙子分部工程验收时应检查下列文件和记录：

1）幕墙工程的施工图、结构计算书、设计说明书及其他设计文件。

2）建筑设计单位对幕墙工程设计的确认文件。

3）幕墙工程所用的各种材料、五金配件、构件及组件的产品合格证书、性能检测报告、进场验收记录和复验报告。

4）幕墙工程所用的硅酮结构密封胶的认定证书和抽查合格证明；进口硅酮结构胶的商检证；国家指定检测机构出具的硅酮结构胶相容性和剥离粘贴性试验报告；石材用密封胶的耐污染性试验报告。

5）后置埋件现场的拉拔检测报告。

6）幕墙的抗风压性能、空气浸透性能、雨水渗漏性能及平面变形性能检测报告。

7）打胶、养护环境的温度、湿度记录；双组分硅酮结构胶的混匀性试验记录及拉断试验报告。

8）防雷（避雷）装置测试记录。

9）隐蔽工程验收记录。

10）幕墙构件和组件的加工制作记录；幕墙安装施工记录。

十一、涂饰子分部工程质量控制及验收要点

（一）施工准备

（1）基层处理

涂饰工程的基层处理应符合下列要求：

1）新建筑物的混凝土或抹灰基层在涂饰涂料前应涂刷抗碱封闭底漆。

2）旧墙面在涂饰涂料前应清除疏松的旧装修层，并涂刷界面剂。

3）混凝土或抹灰基层涂刷溶剂型涂料时，含水率不得大于 8%；涂刷乳液型涂料时，含水率不得大于 10%；木材基层的含水率不得大于 12%。

4）基层腻子应平整、坚实、牢固，无粉化、起皮和裂缝的现象；内墙腻子的粘结强度应符合《建筑室内用腻子》JG/T 298—2010 的规定。

5）厨房、卫生间墙面必须使用耐水腻子。

（2）材料进场验收

无论水性涂料、溶剂型涂料或美术涂饰所用材料，其品种、型号和性能应符合设计要求。进场验收时应提供产品合格证书、性能检测报告，填写进场验收记录。

（二）施工

水性涂料涂饰工程施工的环境温度应在 3～35℃。

涂饰工程的施工工艺和方法应按产品说明书规定操作，颜色和图案应符合设计要求，涂饰后表面应均匀、粘连牢固，不得漏涂、透底、起皮和掉粉。涂饰一般分为普通涂饰和高级涂饰，高级涂饰要求无刷纹，不允许有裹棱、流坠、皱皮等现象，在观感上要求较为严格。

（三）检查

涂饰工程的检查主要是观感检查。检查方法为观察和手摸检查，往往与墙体允许偏差项目检查一起进行。检查内容有颜色、图案、花纹、光泽、光滑度、刷纹等是否符合要求以及是否有漏涂、透底、反锈、裹棱、流坠、皱皮等现象。

十二、裱糊与软包子分部工程质量控制及验收要点

裱糊与软包一般应用在较高级装饰装修工程中，分为裱糊和软包两个分项工程。

（一）施工准备

（1）基层处理

裱糊前，基层处理质量应达到下列要求：

1）新建筑物的混凝土或抹灰基层墙面在刮腻子前应涂刷抗碱封闭底漆。

2）旧墙面在裱糊前应清除疏松的旧装修层，并涂刷界面剂。

3）混凝土或抹灰基层含水率不得大于 8%；木材基层的含水率不得大于 12%。

4）基层腻子应平整、坚实、牢固，无粉化、起皮和裂缝；内墙腻子的粘结强度应符合《建筑室内用腻子》JG/T 298—2010 的规定。

5）基层表面平整度、立面垂直度及阴阳角方正度应达到高级抹灰的要求。

6）基层表面颜色应一致。

7）裱糊前应用封闭底漆胶涂刷基层。

（2）材料验收

用材应符合设计要求，饰面材料应制作样板并经各方确认，进场材料应提供产品合格证书、性能检测报告，在与样板对照无误后方可进场使用。

（二）施工工艺

（1）裱糊

在处理过的基层上均匀涂刷胶水，随涂随手裱糊，壁纸、墙布每幅拼接后应横平竖直，拼接处花纹、图案应吻合，不留缝、不搭接、不留拼缝。

（2）软包

软包应在工作台制作完成后安装上墙，安装方法包括粘贴、钉入、悬挂等。

（三）检查方法

尽管软包工程表给出了安装允许偏差和检验方法，但裱糊和软包工程仍应以观感检查为主、允许偏差检查为辅。具体内容如下：

（1）壁纸、墙布应粘贴牢固，不得有漏贴、补贴、脱层、空鼓和翘边。

检验方法：观察；手摸检查。

（2）裱糊后的壁纸、墙布表面应平整，色泽应一致，不得有波纹起伏、气泡、裂缝、皱折及斑污，斜视时应无胶痕。壁纸、墙布边缘应平直、整齐，不得有纸毛、飞刺。

检查方法：观察。

（3）壁纸、墙布阴角处搭接应顺直，阳角处应无接缝。

检查方法：观察。

（4）软包工程的龙骨、衬板、边框应安装牢固，无翘曲，拼缝应平直。

检查方法：观察；手扳检查。

（5）单块软包面料不应有接缝，四周应绷压严密。

检查方法：观察；手扳检查。

（6）软包工程表面应平整、洁净，无凹凸不平及皱折；图案应清晰、无色差，整体应协调美观。

检查方法：观察。

（7）软包边框应平整、顺直、接缝吻合，其表面涂饰质量应符合装饰规范有关规定。

检查方法：观察；手摸检查。

（8）清漆涂饰木制边框的颜色、木纹应协调一致。

检查方法：观察。

十三、细部子分部工程质量控制及验收要点

装饰工程列入分项工程评定的细部工程有：橱柜制作与安装，窗帘盒、窗台板、散热器罩制作与安装，门窗套制作与安装，护栏和扶手制作与安装以及花饰制作与安装。细部工程主要是由木制品、金属制品和石材制品组成的。

（一）施工准备

（1）材料验收

材料的材质和规格（花纹和颜色）、木材的燃烧性能等级和含水率、花岗石的放射性及人造板的甲醛含量应符合设计要求及国家现行标准的有关规定。

护栏和扶手制作与安装所使用的材质、规格、数量和木材、塑料的燃烧性能等级应符合设计要求。

（2）预埋件应进行隐蔽工程验收。

（二）安全性要求

护栏高度、栏杆间距、安装位置必须符合设计要求。护栏安装必须牢固。

检查方法：观察；尺量检查；手扳检查。

（三）施工控制

装饰装修工程中细部工程施工的机械化程度较高，所加工的成品和半成品可以在尺寸上控制得比较精确。橱柜、窗帘盒、散热器罩、护栏、花饰等只要固定方法适当，施工中注意横平竖直，细部工程施工就能满足要求。

（四）施工质量检查

（1）表面质量

细部工程的表面质量应平整、洁净、色泽一致，不得有裂缝、翘曲及损坏，线条应顺直、接缝严密，花饰应端正。表面质量主要采用观察检查的方法。

（2）允许偏差（表3-56～表3-59）

橱柜安装的允许偏差和检验方法　　　　　　　　　　表 3-56

项次	项目	允许偏差(mm)	检验方法
1	外形尺寸	3	用钢尺检查
2	立面垂直度	2	用1m垂直检测尺检查
3	门与框架的平行度	2	用钢尺检查

窗帘盒、窗台板、散热器罩安装的允许偏差和检验方法　　　　表 3-57

项次	项目	允许偏差(mm)	检验方法
1	水平度	2	用1m水平尺和塞尺检查
2	上口、下口直线度	3	拉5m线，不足5m拉通线，用钢直尺检查
3	两端距窗洞口长度差	2	用钢直尺检查
4	两端出墙厚度差	3	用钢直尺检查

门窗套安装的允许偏差和检验方法　　　　　表 3-58

项次	项目	允许偏差(mm)	检验方法
1	正、侧面垂直度	3	用 1m 垂直检测尺检查
2	门窗套上口水平度	1	用 1m 水平检测尺和塞尺检查
3	门窗套上口直线套	3	拉 5m 线，不足 5m 拉通线，用钢直尺检查

护栏和扶手安装的允许偏差和检验方法　　　　　表 3-59

项次	项目	允许偏差(mm)	检验方法
1	护栏垂直度	3	用 1m 垂直检测尺检查
2	栏杆间距	3	用钢尺检查
3	扶手直线度	4	拉通线，用钢直尺检查
4	扶手高度	3	用钢尺检查

（五）验收资料核查

细部工程验收时应检查下列文件和记录：

（1）施工图、设计说明及其他设计文件。

（2）材料的产品合格证书、性能检测报告、进场验收记录和复验报告。

（3）隐蔽工程验收记录和施工记录。

（4）施工记录。

（六）分部工程质量验收

在各子分部工程质量验收合格基础上，可进行装饰装修分部工程的质量验收，当建筑工程只有装饰装修分部工程时，该工程应作为单位工程验收。

在分部工程质量验收时，应符合以下要求：

检验批的质量验收应按《建筑工程施工质量验收统一标准》GB 50300—2013 附录 D 的格式记录。检验批的合格判定应符合下列规定：

（1）抽查样本均应符合装饰规范主控项目的规定。

（2）80％以上的抽查样本应符合装饰规范一般项目的规定。其余样本不得有影响使用功能或明显影响装饰效果的缺陷，其中有允许偏差的检验项目，其最大偏差不得超过装饰规范规定允许偏差的 1.5 倍。

子分部工程的质量验收应按《建筑工程施工质量验收统一标准》GB 50300—2013 附录 F 的格式记录。子分部工程中各分项工程的质量均应验收合格，并应符合下列规定：

1）应具备装饰规范各子分部工程规定检查的文件和记录。

2）应具备《有关安全和功能的检测项目表》中规定的有关安全和功能的检测项目的合格报告。

3）观感质量应符合装饰规范各分项工程中一般项目的要求（表 3-60）。

有关安全和功能的检测项目表   表 3-60

项次	子分部工程	检测项目
1	门窗工程	1. 建筑外墙金属窗的抗风压性能、空气渗透性能和雨水渗漏性能。 2. 建筑外墙塑料窗的抗风压性能、空气渗透性能和雨水渗漏性能
2	饰面板(砖)工程	1. 饰面板后置埋件的现场拉拔强度。 2. 饰面砖样板件的粘结强度
3	幕墙工程	1. 硅酮结构胶的相容性试验。 2. 幕墙后置埋件的现场拉拔强度。 3. 幕墙的抗风压性能、空气渗透性能和雨水渗漏性能

第六节　建筑屋面工程施工监理的质量控制要点

屋面工程质量控制流程如图 3-15 所示。

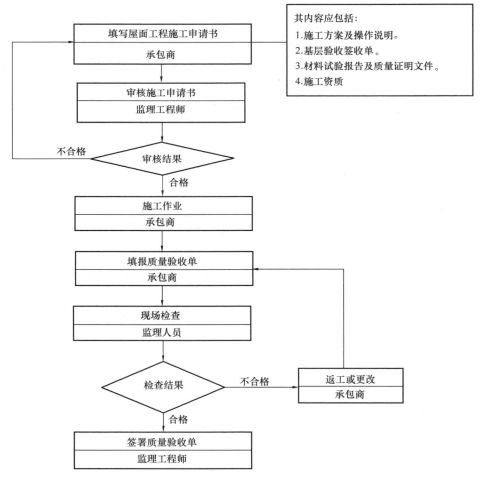

图 3-15　屋面工程质量控制流程图

一、屋面工程的基本规定

（1）屋面防水工程应根据建筑物的类别、重要程度、使用功能要求确定防水等级，并应按相应等级进行防水设防；对防水有特殊要求的建筑屋面，应进行专项防水设计，并应符合表 3-61 的规定。

<table>
<tr><td colspan="3" align="center">屋面防水等级和设防要求　　　　　　　　表 3-61</td></tr>
<tr><td align="center">防水等级</td><td align="center">建筑类别</td><td align="center">设防要求</td></tr>
<tr><td align="center">Ⅰ级</td><td align="center">重要建筑和高层建筑</td><td align="center">两道防水设防</td></tr>
<tr><td align="center">Ⅱ级</td><td align="center">一般建筑</td><td align="center">一道防水设防</td></tr>
</table>

（2）应审核施工单位编制的防水工程施工方案或施工措施，屋面工程的防水层应由经资质审查合格的防水专业队伍施工，作业人员应持有建设行政主管部门颁发的上岗证。

（3）屋面工程施工时，应建立各道工序的自检、交接检和专职人员检查的"三检"制度，并有完整的检查记录。每道工序完成后，应经监理单位（或建设单位）检查验收，合格后方可进行下一道工序；密封防水部位应经检查合格后方准隐蔽。

（4）屋面防水工程采用的防水、保温隔热材料，应有产品合格证书和性能检测报告。材料进场后，尚应按规定抽样复验，复验合格的材料方可用于工程上。

（5）检验屋面有无渗漏及积水，排水系统是否通畅，可在雨后或持续淋水 2h 后进行。有可能做蓄水检验的屋面，宜做蓄水检验，其蓄水时间不应小于 24h。按有关规定，必须对屋面天沟进行 24h 蓄水试验（落水口处做临时堵塞），蓄水高度不得小于 50mm 或天沟放满，放水时开沟不得有积水。

二、卷材防水屋面工程的质量控制

（一）卷材防水屋面的构造层次

（1）不保温卷材屋面的构造层次为：结构层、找平层、结合层、卷材防水层、保护层。

保温卷材屋面的构造层次为：结构层、隔气层、保温层、找平层、结合层、卷材防水层、保护层。

（2）当屋面结构层为装配式钢筋混凝土板时，板端、侧缝应用细石混凝土灌缝，其强度等级不应低于 C20，且宜掺膨胀剂；当板缝宽大于 40mm 或上窄下宽时，板缝内应设置构造钢筋。

（3）找平层表面应压实平整，排水坡度应符合设计要求。采用水泥砂浆时，水泥砂浆抹平收水后应二次压光，充分养护，不得有疏松、起砂、起皮现象；基层与凸出屋面结构（女儿墙、立墙、天窗壁、变形缝、烟囱等）的交接处和基层转角处（水落口、檐口、天沟、檐沟、屋脊等）均应做成圆弧形，找平层厚度和技术要求见表 3-62。

找平层厚度和技术要求   表 3-62

找平层分类	适用的基层	厚度（mm）	技术要求
水泥砂浆	整体现浇混凝土板	15～20	1：2.5 水泥砂浆
	整体材料保温层	20～25	
细石混凝土	装配式混凝土板	30～35	C20 混凝土，宜加钢筋网片
	板状材料保温层		C20 混凝土

（4）设计要求做隔气层的，在屋面与墙面连接处隔气层应沿墙面向上连续铺设，高出保温层上表面不得小于 150mm。隔气层可用单层卷材或防水涂料，铺设隔气层前，基层必须干燥。

（5）保温层可采用松散材料（如膨胀蛭石、膨胀珍珠岩等）、板状（泡沫塑料、微孔混凝土、膨胀蛭石、膨胀珍珠岩等）、整体现浇（如沥青膨胀珍珠岩、蛭石和硬质聚氨酯泡沫塑料等）的保温层，它们的质量都应符合设计要求或有关规范规定。施工方法均应按有关施工规范执行。

（6）排气道应纵横连通，并与大气连通的排气孔相通，排气孔可设在排气道交叉处或檐口下，纵向和横向间距均为 6m。

（7）结合层所用的基层处理剂应与卷材的材性相容，喷、涂处理剂前应用毛刷对屋面节点、周边、拐角等处先行涂刷。

（8）防水卷材应按设计要求选用。当屋面坡度 $i<3\%$ 时，卷材宜平行屋脊铺设；$3\%\leqslant i<15\%$ 时，卷材可平行或垂直屋脊铺贴；$i\geqslant15\%$ 或屋面易受振动时，沥青防水卷材应垂直铺贴；高聚物改性沥青防水卷材和合成高分子防水卷材应平行或垂直铺贴。

卷材、涂膜屋面防水等级和防水做法见表 3-63。

卷材、涂膜屋面防水等级和防水做法   表 3-63

防水等级	防水做法
Ⅰ级	卷材防水层和卷材防水层、卷材防水层和涂膜防水层、复合防水层
Ⅱ级	卷材防水层、涂膜防水层、复合防水层

注：在Ⅰ级屋面防水做法中，防水层仅作单层卷材时，应符合有关单层防水卷材屋面技术的规定。

（9）上、下层卷材不得相互垂直铺贴，施工时应先做好节点、附加层和屋面排水比较集中部位的处理，然后由屋面最低标高处向上施工。卷材应铺贴严密，不得有皱折、鼓泡和翘边的现象。铺贴卷材采用搭接法时，上、下层及相邻两幅卷材的搭接缝应错开。各种卷材搭接宽度应符合表 3-64 规定。

卷材搭接宽度（mm）   表 3-64

卷材类别		搭接宽度
合成高分子防水卷材	胶粘剂	80
	胶粘带	50
	单缝焊	60，有效焊接宽度不小于 25
	双缝焊	80，有效焊接宽度 10×2＋空腔宽

续表

卷材类别		搭接宽度
高聚物改性沥青防水卷材	胶粘剂	100
	自粘	80

（10）卷材屋面的保护层：刚性保护层、绿豆砂保护层；20mm 厚水泥砂浆、30～40mm 厚细石混凝土或块材保护层，还可贴铝箔、涂料、云母等材料做保护层。

（二）卷材防水屋面部分细部构造

（1）沟内附加层在天沟、檐沟与屋面交接处宜空铺，空铺的宽度不应小于 200mm。

（2）卷材防水层应由沟底上翻至沟外檐顶部，卷材收头应用水泥钉固定，并用密封材料封严。

（3）涂膜收头应用防水涂料多遍涂刷或用密封材料封严。

（4）在天沟、檐沟与细石混凝土防水层的交接处，应留凹槽并用密封材料嵌填严密。

（5）铺贴檐口 800mm 范围内的卷材应采取满粘法。

（6）卷材收头应压入凹槽，采用金属压条钉压，并用密封材料封口。

（7）檐口下端应抹出鹰嘴和滴水槽。

（三）防水卷材严禁在雨天、雪天施工；5 级及以上风力时不得施工；气温低于 0℃时不宜施工。施工中途下雨、下雪时，应做好已铺卷材的防护工作。

（四）沥青防水卷材、高聚物改性沥青防水卷材、合成高分子防水卷材的施工和质量要求，除上述共同点外，还有各自的特点，应根据现行规范执行。

三、涂膜防水屋面工程的质量控制

（1）每道涂膜防水层的最小厚度见表 3-65。

每道涂膜防水层的最小厚度选用表（mm）　　　　　表 3-65

防水等级	合成高分子防水涂膜	聚合物水泥防水涂膜	高聚物改性沥青防水涂膜
Ⅰ级	1.5	1.5	2.0
Ⅱ级	2.0	2.0	3.0

（2）涂膜应根据防水涂料的品种分层分遍涂布，不得一次涂成；应待先涂的涂层干燥成膜后，方可涂后一遍涂料；如需铺设胎体增强材料，屋面坡度小于 15％时，可平行屋脊铺设，屋面坡度大于 15％时，应垂直于屋脊铺设；胎体长边搭接宽度不应小于 50mm，短边搭接宽度不应小于 70mm；采用二层胎体增强材料时，上、下层不得相互垂直铺设，搭接缝应错开，其间距不应小于幅宽的 1/3。

（3）天沟、檐口、檐沟、泛水等部位最易产生雨水渗漏，均应加铺有胎体增强材料的附加层；水落口周围与屋面交接处，应做密封处理，并加铺两层有胎体增强材料的附加层，并伸入水落口内不小于 50mm。

天沟、檐沟、檐口、泛水和立面涂膜防水层的收头，应用防水涂料多遍涂刷或用密封材料封严。

（4）在涂膜实干前，不得在防水层上进行其他作业，涂膜防水屋面不得直接堆放物品。

（5）涂膜防水屋面板缝处理、基层施工要求、处理剂涂刷要求等基本同卷材防水屋面；涂膜防水面层上做保护层，其材料可为细砂、云母、蛭石、浅色涂料、水泥砂浆或块材等。采用水泥砂浆或块材时，应在涂膜与保护层间设隔离层。

（6）防水涂膜严禁在雨天、雪天施工；5 级及以上风力时不得施工；除溶剂型高聚物改性沥青防水涂料的施工环境温度为 −5～35℃ 外，其余均宜为 5～35℃。

四、刚性防水屋面工程的质量控制

刚性防水屋面分两种，即细石混凝土防水屋面和补偿收缩防水混凝土屋面。

（1）细石混凝土防水屋面。普通细石混凝土与山墙、女儿墙交接处留缝隙宽度一般为 30mm，并用密封材料嵌填；泛水处应铺设卷材或涂膜附加层；收头处应固定密封；伸出屋面管道与普通细石混凝土的交接处也应留缝隙，用密封材料嵌填，并应加设柔性附加层，收头处应固定密封。

（2）普通细石混凝土防水层厚度应不小于 40mm，应设纵横间距不大于 6mm 的分隔缝，缝内应嵌填密封材料。

（3）普通细石混凝土防水层与基层间宜设置隔离层，其材料可为纸筋灰、麻刀灰、低强度砂浆、干铺卷材等，应根据经验灵活采用。

（4）细石混凝土不得使用火山灰质水泥；当采用矿渣硅酸盐水泥时，应采用减少泌水性的措施；粗骨料含泥量不应大于 1%，细骨料含泥量不应大于 2%。混凝土水灰比不应大于 0.55；每立方米混凝土水泥用量不得少于 330kg；含砂率宜为 35%～40%；灰砂比宜为 1：2.5～1：2；混凝土强度等级不应低于 C20。

（5）普通细石混凝土内应配置 $\phi 4～\phi 6$、间距为 100～200mm 的双向钢筋网片；网片在分格缝处断开，应放置在上部，保护层厚度不小于 10mm。

（6）每一块分格板块的混凝土应一次浇完，不留施工缝，抹压时不得在表面洒水、加水泥浆或撒干水泥。混凝土收水后应进行二次压光。

（7）混凝土浇筑 12～24h 后进行养护，养护时间不应少于 14d，养护初期屋面上不得上人。

五、金属板材屋面工程的质量控制

金属板材屋面形式多样，广泛应用于大型公共建筑、厂房、库房、住宅等建筑物，形式美观，现代感较强。金属板材的种类有锌板、镀铝锌板、铝合金板、铝锌合金板、钛合金板、钢板、不锈钢板等；厚度一般为 0.4~1.5mm，板的表面一般进行涂装；板的制作分复合板、单板等。金属板材屋面适用于防水等级为Ⅰ~Ⅲ级的屋面。

（一）测量控制

复核、测量屋面基底底座的标高和平面位置尺寸是否符合设计要求，督促上道工序的施工单位（班组）和屋面施工单位（班组）办理交接手续。

（二）材料控制

（1）检查金属板材的出厂合格证和质量检验报告，如属进口产品，应进一步检查商检报告。

（2）检查金属板材规格尺寸及允许偏差、表面质量、涂层质量，板材边缘应整齐、表面光滑、色泽均匀，外形应规则，不得有扭翘、脱膜和锈蚀等缺陷。

（3）使用前检查材料的涂层质量，以防材料就位后生锈。

（4）检查金属板材堆放场地，场地应平坦、坚实，且便于排除地面水，堆放时应分层，并且每隔 3~5m 加放垫木。

（三）施工过程控制

（1）固定面板用的屋面钢架必须满焊，且妥善做好防锈处理。

（2）底板安装后必须及时清理垃圾，防止部分铁屑、铁钉生锈。

（3）保温层必须满铺以保证厚度。

（4）面板安装应咬口严密，板沿落水方向的搭接顺序必须正确。

（5）水槽坡度应严格按设计要求实施，防止积水，氩弧焊质量应可靠。

（6）屋面高低搭接及檐口封头应严密，设计合理，并设有导水槽。

（7）金属屋面板在支承长构件上的搭接质量，检查数量为搭接部位总长度的 10%，且不应少于 10mm。检查方法为观察和用钢尺检查。应特别注意检查两板间搭接口处的密封材料施工质量。

（8）检查保温材料铺设情况，防止因保温质量下降而引起室内顶部屋面板出现冷凝水现象。

（9）检查檐沟施工质量和金属屋面板与檐沟的搭接长度。

（10）金属板材屋面与立墙及凸出屋面结构等交接处，均应做泛水处理。两板间应放置通长密封条；螺栓拧紧后，两板的搭接口处应用密封材料封严。

（11）压型板应采用带防水垫圈的镀锌螺栓（螺钉）固定，固定点应设在波峰上。所有外露的螺栓（螺钉）均应涂抹密封材料保护。

（12）压型板屋面的有关尺寸应符合下列要求：

1）压型板的横向搭接应不小于一个波，纵向搭接应不小于 200mm。

2）压型板挑出墙面的长度应不小于 200mm。

3）压型板伸入檐沟内的长度应不小于 150mm。

4）压型板与泛水的搭接宽度应不小于 200mm。

（四）安装过程及安装后的成品保护和质量检验

（1）因屋面较大，可能在安装过程中出现雨水天气，应随时注意覆盖，并在继续施工前检查并及时更换被雨水淋湿的保温材料。

（2）安装过程中严禁锐器上屋面，并应注意防止因小工具的坠落而造成屋面出现不易察觉的破损。

（3）在安装完毕后，屋面上应避免施工人员走动，更应避免将已完成的屋面用作运输材料的通道。

（4）用观察和尺量检查的措施来检验金属板材屋面是否安装平整，固定方法是否正确，密封是否完整，排水坡度是否符合设计要求。

（5）观察检查金属板材屋面的檐口线、泛水段是否顺直，有无起伏现象。

（6）金属板材的连接和密封处必须符合设计要求，监理人员应在雨后或淋水后检验金属屋面是否有渗漏现象。

第四章　建筑设备安装工程监理

第一节　总　　则

建筑设备安装工程是指与建筑工程相配套的安装项目，一般包括建筑给水排水及采暖工程、建筑电气安装工程、智能建筑工程、通风与空调工程、电梯安装工程、水泵及制冷机等设备安装工程等。根据《建筑工程施工质量验收统一标准》GB 50300—2013规定，每一项单位工程共由9个分部工程组成，其中安装工程占5个分部工程。安装工程质量的好坏直接影响单位工程的验收，同时也影响建筑物功能的正常使用。

一、安装工程监理依据

（1）工程施工图。施工单位必须按批准的设计图纸施工，不得随意更改设计，若需变更，必须经设计单位认可，并出具施工图变更通知单。

（2）图纸会审纪要。把由设计单位、建设单位、监理单位和施工单位共同参加的，施工图审核会议上有关设计中存在的问题、意见、建议、答复等整理成文件作为会议纪要。

（3）设计变更通知单。由于某些原因，需更改设计，设计院在施工开始后会签发设计变更通知单。施工单位在接到通知单后应按通知单的相关要求执行。

（4）技术联系单。施工单位、甲方或监理单位根据施工现场实际情况对设计提出合理化建议，报请经设计认可的联系单。

（5）安装工程施工质量验收规范。国家发布的针对安装工程施工质量验收的强制性国家标准。

（6）安装工程施工工艺规程、评优标准。由国家统一制定的作为安装工程施工操作、评优依据的推荐性标准。

（7）与安装工程有关的其他国标或部标。如安装工程所用材料、设备等，若设计无特别要求，则必须符合国家相应标准的要求。

（8）国家部委及地方各级政府部门颁布的有关文件通知。例如，《住房和城乡建设部关于开展工程质量专项治理活动的决定》，其中包括建筑电气安装工程的质量控制，建筑采暖卫生管道安装工程的质量控制，施工过程和完工工程的成品保护等内容。

（9）监理委托合同。监理人员应根据合同所授予的权利、承担的责任和义务进行工作。

二、安装工程监理的组织框架（图 4-1）

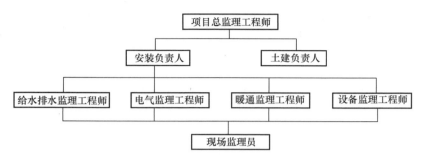

图 4-1　安装工程监理的组织框架图

三、安装工程设备监理质量控制要点

设备是安装工程的重要组成部分，设备质量将影响工程整体质量。加强设备质量控制，是施工阶段质量监理的重要任务，是提高工程质量的保障，也是实现投资目标和进度目标的前提。现场监理人员必须熟悉常用设备的质量标准、验收方法及质量控制点。大中型及重点工程项目监理班子中应配备设备监理工程师。若与建设单位签订了设备采购阶段的委托监理合同，还应专门成立由总监理工程师和专业监理工程师组成的设备项目监理机构。项目监理机构应编制设备采购方案，明确设备采购的原则、范围、内容、程序、方式和方法，并报建设单位批准后实施。

在项目施工阶段，监理人员对设备的控制主要是控制设备的采购、检查验收、安装质量和试车运转。

（一）设备采购的质量控制

设备的采购是直接影响设备质量的关键环节，设备能否满足生产工艺要求、配套投产、正常运转、充分发挥效能，是否技术先进、经济适用、操作灵活、安全可靠、维修方便、经久耐用，均与设备的采购密切相关。

设备采购质量控制要点如下：

（1）必须按设计的选型购置设备。

（2）设备购置应向监理工程师申报，经监理工程师对设备购置清单（包括设备名称、型号、规格、数量等）按设计要求逐一审核认证后，方能订货。

（3）优选订货厂家。要求制造厂家提供产品目录、技术标准、性能参数、版本图样、质量体系、销售价格、供销文件等有关信息资料；并通过社会调查，了解制造厂家的企业素质、资质等级、技术装备、管理水平、经营作风、社会信誉等各方面情况，在进行综合分析比较后，择优选择订货厂家。尤其是对某些成套设备或大型设备，还必须通过设备招标的方式来优选厂家。

（4）签订订货合同。设备购置应以经济合同形式对设备的质量标准、供货方式、供货时间、交货地点、组织测试要求、检测方法、保修索赔期限以及双方的权利和义务等予以明确。

（5）设备制造质量的控制。在主要或关键设备的制造过程中，监理人员还应深入制造厂家，检查控制设备的制造质量。

（6）购置的设备在运输中要求厂家必须采取有效的包装和固定措施，严防碰撞损伤。

（7）应要求施工方加强设备的贮存、保管，避免设备配件、备件的遗失，防止设备遭受污染、锈蚀和控制系统的失灵。

（二）设备检查验收的质量控制

设备出厂时，一般都要进行包装，运到现场后，要将包装箱打开予以检查。对设备的现场检查验收，监理人员应做好三个把关：第一，进入现场的设备都应进行验收。对照出厂合格证和订货合同逐项进行检查，且有记录和签字，未经检验或未达到要求的设备，不得进入现场；第二，凡涉及安全、功能的有关产品，应按相关专业验收规范的规定进行复检；第三，未经监理工程师检查签字认可的设备，不得用于工程中。

设备进场检收的质量控制要点如下：

（1）设备型号、规格、性能及技术参数应符合设计要求，外表应无损伤，密封应良好，随机文件和配件应齐全。而对设备的性能、参数、运转情况等方面的全面检验，则应根据设备类型的不同进行专项检验和测试。

（2）设备应有装箱清单、设备说明书、产品合格证和产品性能检测报告等文件，进口设备还需有商检合格证明和中文版的质量合格证明文件及使用、维护和试验等技术文件。

（3）开箱后，设备的配件、备件不可直接放在地面上，应放在专用箱中或专用架上，应对开箱后的设备做好保护工作。

（4）变压器、箱式变电站及高压设备应查验产品合格证和技术文件。变压器应有出厂试验记录；箱式变电站应有铭牌，附件应齐全，绝缘件无缺损、裂纹，充油部分不渗漏；高压设备气压指示应正常，涂层应完整。

（5）高低压成套配电柜、蓄电池柜、不间断电源柜、控制柜（屏、台）及动力、照明配电箱应符合：

1）有产品合格证、随机技术文件、安全生产许可证以及许可证编号和安全认证标志。不间断电源柜应有出厂试验记录。

2）外观检查：铭牌、柜内元器件无损坏丢失，接线无脱落、脱焊，蓄电池柜内电源壳体无破碎、漏液，充油、充气设备无泄漏，涂层完整，无明显碰撞凹陷。

（6）柴油发电机组应按装箱单核查产品合格证、出厂运行记录、发电机及其控制柜出厂试验记录是否齐全。外观检查应符合要求。

（7）电动机、电加热器、执行机构和低压开关设备应查验合格证、随机技术文件、安全生产许可证、认证标识。外观检查应符合要求。

（8）照明灯具和附件验收

1）查合格证、新型灯具随机技术文件是否齐全。

2）外观检查：灯具涂层应完好、无损伤、附件齐全。防爆灯具应有防爆标志、合格证，普通灯具应有安全认证标志。

3）对成套灯具的绝缘电阻、内部接线应进行进场抽样检测。灯具的绝缘电阻应不小于 $2M\Omega$；内部接线为铜芯绝缘电线的灯具，线径应不小于 0.5mm，绝缘层厚度应不小于 0.6mm。对水下灯或防水灯的密闭性能和绝缘性能有疑虑时，应抽样送检。

（9）通风、空调与制冷设备验收

1）应检查设备外观质量和防护质量，不允许有变形、脱落、损坏。

2）对净化设备高效过滤器采用仪器检漏，其检查结果应符合产品质量文件上的规定。外观不得有变形、脱落、断裂等破损现象。

3）对静电空气过滤器、电加热器除核对材料性质、观察检查外，还应测试电阻值是否符合设计要求。

4）风机盘管应做单机三速试运转及水压检漏试验，试验压力为工作压力的 1.5 倍。

5）与制冷机组配套的蒸气、燃气、燃油系统和蓄水系统除应符合设计要求外，还应符合有关消防规范和相应技术文件的规定。

（10）开箱检查验收记录上应有建设、监理、施工和厂商等单位代表签字。

第二节　给水排水安装工程监理质量控制要点

给水排水安装工程监理主要包括：室内给水（含消防给水）系统、室内排水系统、室内热水供应系统、卫生器具、室内采暖系统、室外给水管网、室外排水管网、室外供热管网、建筑中水系统及游泳池系统、供热锅炉及辅助设备安装等的监理。

一、施工准备阶段的质量控制

（一）监理程序

相关给水排水图纸审阅→安装单位管道工种组织网络检查→管道施工用机械设备检查→现场各类管道、原材料或半成品检查→结构尺寸及安装各管道交叉尺寸复核→管道安装质量检查记录表格和检验工具准备。

（二）监理内容及质量控制要点

1. 相关给水排水图纸审阅

每一个监理人员均应认真消化、熟悉施工图及有关设计说明资料。对工程关键部位、施工难点或设计有特殊要求处做到心中有数。

首先，应看本工种专业图，如给水平面、系统图，排水平面、系统图，消防平面、系统图，空调管道平面、系统图，卫生器具大样图等。管道专业图审阅须注意以下几点：

（1）图纸是否齐全，对目前施工是否有影响。

（2）系统设计是否符合有关标准及满足使用功能要求。

（3）各类管道材质、管径选取是否合理。

（4）配用水泵等设备是否满足设计规范要求。

（5）平面图与系统图是否一致。

（6）图纸中管道尺寸、位置、标高是否清楚。

（7）与管道相连配件的型号、规格是否明确。

其次，审阅与管道专业相关的建筑、结构、暖通、电气图。

（1）建筑图审阅目的

1）复核建筑设计功能与管道配置功能是否一致。如在建筑设计中有电脑机房，则须相应设置 1301 灭火系统；如在建筑设计中有露天平台，则须设置排水管道。

2）复核装饰吊顶标高能否满足管道安装。

（2）结构图审阅目的

复核管道穿梁、板、墙（混凝土）的预留孔，预埋套管，管道设备作支、吊架用的预埋件以及消火栓箱在混凝土墙上的预留孔是否满足安装要求。

（3）暖通、电气图审阅目的

复核各类水管道、通风管道及电气管道间有无冲突，消火栓箱位置与消火栓报警按钮是否相匹配，消防喷淋头与送回风口及灯具等有无冲突。

2. 安装单位管道工种组织网络检查

工程施工前，安装单位应提交施工组织设计（施工方案）。监理人员通过审核施工组织设计，了解安装单位的人员组成，一般情况如图 4-2 所示。

项目负责人、质检员、施工员要求具有相应资格证书，管道电焊工必须经专业培训，具有省、市（地）以上劳动部门颁发的操作证，且在有效期内。

监理人员在施工过程中应随时检查施工管理人员的实际到位情况，若不到位，则应督促其落实。为了确保工程质量与安全，监理人员应明确要求施工单位的电焊工必须持证上岗。

3. 管道施工用机械设备检查

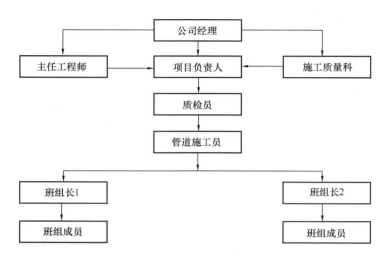

图 4-2 管道工种组织网络框架图

先审核施工组织设计中机具安排计划：一看型号、规格是否适用于本工程，二看数量能否满足要求，三看所需机具有无遗漏。若存在问题则应及时提出监理意见，要求施工单位予以解决。

再向施工单位了解机具到场情况，并去现场实看，检查所用机具是否完好无损，是否存在影响质量的缺陷，计量用表是否在有效期内。

管道施工用机械设备主要有交流电焊机，电焊、气焊工具，电动套丝机，型钢切割机，磨光机，冲击电锤，台钻，电动或手动试压泵，手动葫芦等。

4. 现场各类管道、原材料或半成品检查

控制原材料质量是保证工程质量既重要又关键的第一步，没有合格的原料，就没有合格的产品。实行材料入库验收制是监理控制工程质量的重要措施之一，是防止伪劣产品流入工程的重要手段。

材料验收一般按图 4-3 的程序执行。

监理人员在接到通知后，应先审核质保单、产品合格证，符合要求后再去现场检查。材料质保单应注明材料名称、规格、数量、力学性能、化学成分、厂名、出厂日期等，并有检验合格印章。当使用抄、印件时，则要求在其上方或下方明显处写明用于单位工程的名称，将出厂单位名称和材料规定的性能指标及其数据、原始编号等抄、印清楚，由抄、印经办人签字盖章，并注明原件存于何处。

管道工程管材主要有镀锌钢管、无缝钢管、铜管、铸铁管、PVC 管、PP-R 管等。

（1）镀锌钢管的外观质量及尺寸偏差要求如下：

1）外观检查

镀锌钢管的内外表面应有完整的镀锌层，不应有未镀上锌的黑斑和气泡存在，允许有少许粗糙和局部的锌瘤存在。

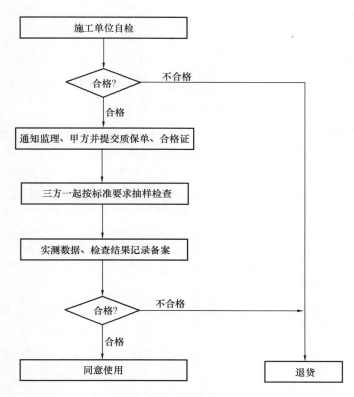

图 4-3　材料验收程序

2）尺寸允许偏差（表 4-1）

镀锌钢管尺寸允许偏差范围　　　　　　　　　表 4-1

公称口径		外径（mm）		普通钢管壁厚（mm）		加厚钢管壁厚（mm）	
mm	in	公称尺寸	允差	公称尺寸	允差	公称尺寸	允差
6	0.125	10.0	±0.50	2.00	−15％～+12％	2.50	−15％～+12％
8	0.25	13.5	—	2.25	—	2.75	—
10	0.375	17.0	—	2.25	—	2.75	—
15	0.5	21.3	—	2.75	—	3.25	—
20	0.75	26.8	—	2.75	—	3.50	—
25	1	33.5	—	3.25	—	4.00	—
32	1.25	42.3	—	3.25	—	4.00	—
40	1.5	48.0	±0.50	3.50	—	4.25	—
50	2	60.0	±1％	3.50	—	4.50	—
65	2.5	75.5	—	3.75	—	4.50	—
80	3	88.5	—	4.00	—	4.75	—
100	4	114.0	—	4.00	—	5.00	—
125	5	140.0	—	4.00	—	5.50	—
150	6	165.0	±1％	4.50	−15％～+12％	5.50	−15％～+12％

（2）无缝钢管

1）外观质量检查

钢管的内外表面不得有裂缝、折叠、轧折、离层、裂纹和结疤。如有这些缺陷则必须完全消除，清除深度不得超过公称壁厚的负偏差，其清除处实际壁厚不得小于壁厚所允许的最小值。不超过壁厚负偏差的其他缺陷允许存在。

2）尺寸允许偏差（表4-2）

无缝钢管尺寸允许偏差范围（mm）　　　　表4-2

钢管种类	钢管尺寸		允许偏差	
			普通级	较高级
热轧(挤压、扩)管	外径	<50	±0.5	±0.25
		≥50	±1%	±0.5%
	壁厚	≤4	±12.5%	±1.0%
		>4，≤20	−12.5%～+1.50%	±10%
		>20	±12.5%	±10%
冷拔(轧)管	外径	6～10	±0.20	±0.10
		>10～30	±0.40	±0.20
		>30～50	±0.45	±0.25
		>50	±1%	±0.5%
	壁厚	≤1	±0.15	±0.12
		>1～3	−10%～+15%	±10%
		>3	−10%～+12%	±10%

半成品加工验收的目的是将质量隐患消灭于萌芽状态，确保上道工序不合格，不得进行下一道工序施工。管道施工中的半成品加工主要是指消防、空调管道的预制及外表镀锌加工。半成品加工质量的验收程序一般如图4-4所示。

（3）管道焊接质量检验

1）手工电弧焊对口型式及组对要求应符合表4-3的要求。

手工电弧焊对口型式及组对要求（mm）　　　　表4-3

接头名称	对口型式	壁厚(δ)	间隙(c)	钝边(p)	坡口角度(α)	备注
管子对接 V形坡口		5～8	1.5～2.5	1～1.5	60°～70°	δ≤4mm 管子对接可不开坡口
		8～12	2～3	1～1.5	60°～65°	

2）管子对口的错口偏差，应不超过管壁厚的20%，且不超过2mm。

3）管道焊缝加强面高度和遮盖面宽度应符合表4-4的规定。

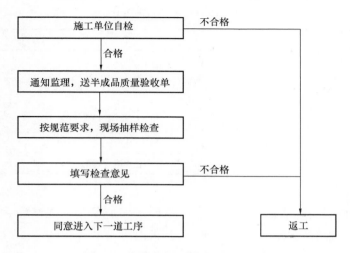

图 4-4　半成品加工质量的验收程序

焊缝加强面高度和座面宽度（mm）　　　　　　　　　　　　表 4-4

厚度	2～3	4～6	7～10	焊缝型式
无坡口 焊缝加强高度（h）	1～1.5	1.5～2	—	
无坡口 焊缝宽度（b）	5～6	7～9	—	
有坡口 焊缝加强高度（h）	—	1.5～2	2	
有坡口 焊缝宽度（b）	盖过每边坡口约 2mm			

4）不同管径的管道焊接，如两管管径相差不超过小管径的 15%，可将大管端部直径缩小，与子管对口焊接；如管径相差超过小管径的 15%，应将大管端部抽条加工成锥形，或用钢板的异径管。

5）管道对口焊缝或弯曲部位不得焊接支管，弯曲部位不得有焊缝，接口焊缝距起弯点应不小于一个管径，且不小于 10mm。

6）焊接管道分支管，端面与主管表面间隙不大于 2mm，并不得将支管插入主管的管孔中，分支管管端应加工成马鞍形。

7）管道与法兰连接应采用双面焊接，法兰内侧的焊缝不得凸出法兰密封面。

8）管道焊口尺寸的允许偏差应符合表 4-5 的要求。

管道焊口尺寸的允许偏差

表 4-5

项目			允许偏差（mm）
焊口平直度	管壁厚 10mm 以内		管壁厚 1/4
焊缝加强面	高度		+1
	宽度		
	深度		小于 0.5
咬边	长度	连续长度	25
		总长度（两侧）	小于焊缝长度的 10%

（4）管道镀锌外观质量检验

1）所有镀件表面应清洁、无损伤。其主要表面应平滑，无结瘤、锌灰和露铁现象，表面上极少量的储运斑点不应作为拒收的理由。

2）镀层在无外应力作用下使镀件弯曲或变形时，不应出现剥离现象。

（5）PP-R 给水管的外观质量及尺寸允许偏差要求如下：

1）外观质量检查

管材和管件的内外壁应光滑平整，无气泡、裂口、裂纹、脱皮和明显的痕纹、凹陷，其色泽应基本一致，冷水管、热水管必须有醒目的标识。管材的端面应垂直于管材的轴线，管件应完整、无缺损、无变形，合模缝浇口应平整、无开裂。

2）尺寸允许偏差（表 4-6）

PP-R 给水管规格尺寸及允许偏差（mm）

表 4-6

公称外径	平均允许偏差	壁厚											
		公称压力											
		PN1.0		PN1.25		PN1.6		PN2.0		PN2.5		PN3.2	
		基本尺寸	允许偏差	基本尺寸	允许偏差	基本尺寸	允许偏差	基本尺寸	允许偏差	基本尺寸	允许偏差	基本尺寸	允许偏差
20	+0.30	—	—	—	—	2.3	+0.50	2.8	+0.50	3.4	+0.60	4.1	+0.70
25	+0.30	—	—	2.3	+0.50	2.8	+0.50	3.5	+0.60	4.2	+0.70	5.1	+0.80
32	+0.30	2.4	+0.50	3.0	+0.50	3.6	+0.60	4.4	+0.70	5.4	+0.80	6.5	+0.90
40	+0.40	3.0	+0.50	3.7	+0.60	4.5	+0.70	5.5	+0.80	6.7	+0.90	8.1	+1.10
50	+0.50	3.7	+0.60	4.6	+0.70	5.6	+0.80	6.9	+0.90	8.4	+1.10	10.1	+1.30
63	+0.60	4.7	+0.70	5.8	+0.80	7.1	+1.0	8.7	+1.10	10.5	+1.30	12.7	+1.50

5. 结构尺寸及安装各管道交叉尺寸的复核

在主体结构完成施工后，管道安装马上进入高峰期，大批管道须进行预制，监理人员应督促施工单位在管道预制前对现场的结构尺寸进行复核，对安装各工种在交叉部位进行统一协调。管道监理人员也应深入施工现场并与其他工种监理人员一起进行有关尺寸的复核，以便尽早发现问题，及时解决。

6. 管道安装检查记录表格及检验工具准备

为了准确、及时、公正、科学地反映管道安装的质量情况，记录有关测试、试验内容，监理人员在施工开始前必须将有关表格、工具准备好。

记录表主要有以下几种：

（1）原材料、半成品入库检查记录表。

（2）隐蔽工程验收记录表。

（3）管道试压记录表。

（4）管道灌水、通水检查记录表。

（5）管道清洗记录表。

（6）设备开箱记录表。

（7）系统运行记录表。

（8）有关管道安装质量验评表。

（9）预留、预埋明细表。

检验工具一般为：水平尺、3m 卷尺、塞尺、吊线、游标卡尺。

二、施工阶段的质量控制

（一）监理程序

预留孔、预埋件检查→支、吊架质量检查→管道安装质量检查→试压、灌水、通水、通球试验及清洗、消毒检查→防腐、保温检查→卫生器具安装质量检查→系统试验。

（二）监理内容及方法

1. 预留孔、预埋件检查

根据设计要求，许多管道需要穿混凝土楼板、梁、墙。在土建进行混凝土浇捣前，所有预留孔、预埋件必须敷设完毕并隐蔽检查合格。

监理人员在控制该项工作时，具体要求如下：

（1）安装单位与土建单位就预留、预埋事宜协商清楚，明确各自的范围与责任，以免发生错误和遗漏。

（2）督促安装单位对土建所做的预留工作进行复核。

（3）要求安装单位在混凝土浇捣过程中有专人看护，以防移位或损坏。

（4）将管道图与结构施工图、建筑施工图相对照，把预留孔、预埋件摘录出来，做好事前控制。

（5）在进行隐蔽检查时，对它们的位置、尺寸进行复核，确认无误后签署隐蔽记录，同意下一道工序施工。如设计无要求时，管道预留孔洞的尺寸应按表 4-7 规格执行。

管道预留孔洞的尺寸要求（mm） 表 4-7

项次	管道名称		明管留空尺寸（长×宽）	暗管墙槽尺寸（宽×深）
1	给水立管	管径≤25	100×100	130×130
		管径 32～50	150×150	150×130
		管径 70～100	200×200	200×200
2	一根排水立管	管径≤50	150×150	200×130
		管径 70～100	200×200	250×200
3	两根给水立管	管径≤32	150×100	200×130
4	一根给水立管和一根排水立管在一起	管径≤50	200×150	200×130
		管径 70～100	250×200	250×200
5	两根给水立管和一根排水立管在一起	管径≤50	200×150	200×130
		管径 70～100	250×200	250×200
6	给水支管	管径≤25	100×100	60×60
		管径 32～40	150×130	150×100
7	排水支管	管径≤80	250×200	—
		管径 100	300×250	—
8	排水主干管	管径≤80	300×250	—
		管径 100～125	300×300	—
9	给水引入管	管径≤100	300×300	—
10	排水、排山管穿基础	管径≤80	300×300	—
		管径 100～150	(管径＋300)×(管径＋200)	—

注：给水引入管，管顶上部净空一般不小于 10mm；排水排出管，管顶上部净空一般不小于 150mm。

2. 支、吊架质量检查

管道支、吊架的制作、安装形式多种多样，国家有专门的标准图集。一般设计均参照图集执行，如有特殊要求，则按设计大样图执行。监理人员在检查中应注意：①支、吊架制作材料规格；②固定用螺栓规格、数量；③相邻支、吊架间距；④防腐油漆的检查。钢管水平安装的支架间距不得大于表 4-8 的规定。

钢管水平安装的支架间距 表 4-8

公称直径(mm)		15	20	25	32	40	50	70	80	100	125	150	200	250	300
最大间距（m）	保温管	2	2.5	2.5	2.5	3	3	4	4	4.5	6	7	7	8	8.5
	不保温管	2.5	3	3.5	4	4.5	5	6	6	6.5	7	8	9.5	11	12

采暖、给水及热水供应系统的金属管道立管管卡安装，层高小于或等于 5m 时，每层需安装一个；层高大于 5m 时，每层不得少于两个。管卡安装高度，距地面为 1.5～1.8m，2 个以上管卡可均匀安装。

采暖、给水及热水供应系统的塑料管及复合管垂直或水平安装的支架间距不得大于表 4-9 的规定。采用金属制作的管道支架，应在管道与支架间加衬非金属垫或套管。

塑料管及复合管道支架的最大间距　　　　　表 4-9

管径(mm)		12	14	16	18	20	25	32	40	50	63	75	90	110
最大间距(m)	立管	0.5	0.6	0.7	0.8	0.9	1.0	1.1	1.3	1.6	1.8	2.0	2.2	2.4
	水平管 冷水管	0.4	0.4	0.5	0.5	0.6	0.7	0.8	0.9	1.0	1.1	1.2	1.35	1.55
	水平管 热水管	0.2	0.2	0.25	0.3	0.3	0.35	0.4	0.5	0.6	0.7	0.8	—	—

U-PVC 塑料排水横管固定件的间距不得大于表 4-10 中的规定。塑料管与钢支架间应垫软垫片。

塑料排水横管固定件的间距　　　　　表 4-10

管径(mm)	50	75	110	125	160
横管(m)	0.5	0.75	1.10	1.30	1.60
立管(m)	1.2	1.5	2.0	2.0	2.0

3. 管道安装质量检查

不同的管道材料有不同的质量要求；相同的材料，在不同的使用场合，也有不同的质量要求，因此要求监理人员应具体问题具体分析。管道质量检查一般可按以下程序进行：

管道材质是否符合设计要求→管道规格是否符合要求→管道位置、标高是否正确→管道连接方式是否正确→坡度是否符合要求→有无遗漏→按设计、规范要求检查施工质量。

安装质量监理分为平时的旁站检查和隐蔽验收，监理人员应充分利用平时的质量监理，把施工中存在的质量问题尽早发现、及时解决。旁站监理应特别注意两个节点，一个是在每一道新工序开始施工时，另一个是新进场工人刚开始工作时，在这两个时间里监理人员应进行重点检查。此时若能加强检查，及早发现问题，可减少返工损失，建立初始标准要求，提高施工人员的质量意识，确保以后的施工中不犯同类错误。

旁站监理人员应掌握《建筑给水排水及采暖工程质量验收规范》GB 50242—2002、《工业金属管道工程施工规范》GB 50235—2010、《建筑工程施工质量验收统一标准》GB 50300—2013、《建筑排水塑料管道工程技术规程》CJJ/T 29—2010 及其他有关标准。

（1）室内给水管道施工质量重点检查内容的质量要求

1）镀锌钢管应采用螺纹连接，不得焊接。

2）给水横管应有 0.002～0.005 的坡度坡向泄水装置。

3）管子的螺纹应规整。如有断丝或缺丝，不得大于螺纹全扣数的 10%。

4）PR-R 给水管应采用热熔连接，安装应使用专业的热熔工具。安装时不得有轴向扭曲，穿墙或穿楼板时，不宜强制校正，给水聚丙烯管与其他金属管道平行敷设时保护净距不宜小于 10mm，且置在金属管道的内侧。与金属管道及用水器连接的塑料管件必须带有耐腐蚀金属螺纹嵌件。

5）冷、热水管上下平行安装时，热水管应在冷水管上面；垂直安装时，热水管应在冷水管的左侧；卫生器具上安装的热水龙头应在面向的左侧。

6）管道（或阀门）安装允许偏差应符合表 4-11 的要求。阀门安装应按施工规范要求进行耐压强度和严密性试验，合格后方能安装。

管道（或阀门）安装允许偏差范围　　　　　　　　　　　　　表 4-11

项次	项目				允许偏差(mm)
1	水平管道纵横方向弯曲	碳素钢管	10m	管径小于或等于 100mm	5
				管径大于 100mm	10
				横向弯曲全长 25m 以上	25
		铸铁管	10m	室内	10
				室外	15
2	立管垂直线	碳素钢管		每米	2
				5m 以上	不大于 8
		铸铁管		每米	3
				5m 以上	不大于 10
3	成排管段和成排阀门			在同一直线上间距	3

（2）箱式消火栓、喷淋系统管网施工质量重点检查内容的质量要求

1）箱式消火栓的安装应符合下列规定：

① 栓口应朝外，并不应安装在门轴侧。

② 栓口中心距地面应为 1.1m，允许偏差±2mm。

③ 阀门中心距箱侧面应为 140mm，距箱后内表面应为 100mm，允许偏差±5mm。

④ 消火栓箱体安装的垂直度允许偏差 3mm。

⑤ 室内消火栓系统安装完成后，应取屋顶层（或水箱间内）试验消火栓和首层取两处消火栓做试射试验，达到设计要求为合格。

2）喷淋系统管网安装宜符合下列规定：

① 管道横向安装宜设 0.002～0.005 的坡度，且应坡向排水管。

② 管道支架、吊架的安装位置不应妨碍喷头的喷水效果；管道支架、吊架与喷头之间的距离不宜小于 300mm；与末端喷头之间的距离不宜大于 750mm；配水支管上每一直管段相邻两喷头之间管段设置的吊架均不宜少于 1 个；当喷头之间距离小于 1.8m 时，可隔段设置吊架，但吊架的间距不宜大于 3.6m。

③ 水流指示器应竖直安装在水平管道上侧，其动作方向应和水流方向一致。

④ 信号阀应安装在水流指示器前的管道上，与水流指示器之间的距离不应小于 300mm。

（3）UPVC 塑料排水管道重点检查内容的质量要求

1）排水塑料管必须按设计要求设置伸缩节。如设计无要求时，伸缩节间距不得大于 4m。高层建筑中明设排水塑料管道时应按设计要求设置阻火圈或防火套管。

2）排水管的横管与横管、横管与立管的连接，应采用 45°三通或 45°四通、90°斜三通或 90°斜四通。立管与排出管端部的连接，应采用两个 45°弯头或曲率半径不小于 4 倍管径的 90°弯头。

3）生活污水塑料管道的坡度应符合表 4-12 的规定。

生活污水塑料管道的坡度要求 表 4-12

项次	管径（mm）	标准坡度（‰）	最小坡度（‰）
1	50	25	12
2	75	15	8
3	110	12	6
4	125	10	5
5	160	7	4

4）在生活污水立管上应每两层设置一个检查口，但在最低层和有卫生器具的最高层必须设置一个检查口。

5）连接 2 个及 2 个以上大便器或 3 个及 3 个以上卫生器具的污水横管应设置清扫口。

6）通气管不得与风道或烟道连接。通气管应高出屋面至少 300mm，但必须大于最大积雪厚度。

7）管道穿越楼板处时应装金属或塑料套管，套管内径可比穿越管外径大 10～20mm，套管高出地面不得小于 50mm。

（4）采暖、热水管道重点检查内容的质量要求

1）热水采暖和热水供应管道及气、水同向流动的蒸气和凝结水管道，坡度一般为 0.003 且不小于 0.002；气、水逆向流动的蒸气管道，坡度不得小于 0.005。

2）管道上弯或下凹时，在其最高点和最低点应分别安装排气和泄水装置。

3）管径小于或等于 32mm 宜采用螺纹连接；大于 32mm 宜采用焊接或法兰连接。

4. 试压、灌水、通水、通球试验及清洗、消毒检查

室内冷、热给水管道，消防给水管道，喷淋管道，空调供回水管道，蒸气管等承压管道安装完毕应进行试压，检查其强度和严密性，同时应检查管架在管道系统运行后是否能承受一定压力。其顺序是：先强度试验，再冲洗，最后严密性试验。隐蔽的排水和雨水管道必须做灌水试验，排水系统竣工后应做通水试验，然后再做通球试验，检查排水管道是否严密、有无堵塞，确保排水畅通。

以上各项试验检查，监理人员应全数参加并做好记录，不符合要求者，必须返工

整改，重新试验直至合格为止。监理可按图 4-5 的程序进行：

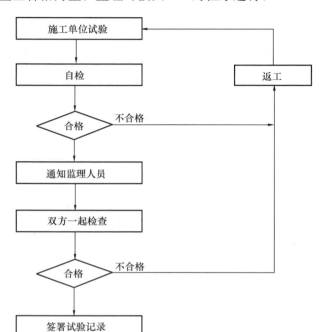

图 4-5　管道试压、灌水、通水通球试验及清洗、消毒检查程序

（1）管道试压检查

管道试压按系统或区域进行，压力表应在校验有效期内，其精度不低于 1.5 级，试验压力应在量程的 0.1～0.9 倍范围内。应按设计及规范规定试压，确保管道不渗不漏。

（2）灌水试验检查

灌水试验应逐段逐层进行，灌水高度应不低于试验层地面高度。雨水管灌水高度必须达到每根立管最上部的雨水漏斗。满水 15min 水面下降后，再灌满观察 5min，以液面不下降且接口、管道不渗不漏为合格。

（3）通水、通球试验

排水系统的通水试验程序应由上往下进行。在浴缸、面盆等处放满水，再做通水试验，以不漏不堵为合格。通水试验合格后，还应做通球试验。试验用橡皮球，其直径应为排水管径的 3/4，皮球从排水立管顶端投入，以落到相应的窨井处浮起为合格。

（4）清洗、消毒检查

给水系统在试压合格后、交付使用前必须进行吹洗，以清除管腔内有可能积存的各种杂物。吹洗一般以饮用水作介质，保持连续进行，水介质在管腔内的流速为 3m/s，吹洗管道的末端应保持有 0.0045MPa 的水头压力。当进、出口水的透明度趋向一致时即为合格。

因工艺要求需用气体吹洗时，一般用干燥的压缩空气进行，气压为 588～686kPa，流速为 20～30m/s。用水浸湿的白布绑扎在管道的出口处检查，若白布上无污点则为合格。

蒸气管道用蒸气进行吹扫，反复吹 3～4 次，一般用铝板检查吹扫效果，铝板表面无污渍、麻点即为合格。生活给水系统管道在交付使用前还必须做消毒处理，并经有关部门取样检验，符合国家生活饮用水标准后方可使用。

5. 防腐、保温检查

为提高非镀锌钢管的使用寿命，防止腐蚀，一般均做防腐处理；对与环境有温差的载流体管道，为防止散热或结露、节约能源、提高效率，必须进行保温。

监理人员在进行该项工作检查时，应注意：

（1）管道、设备和容器的防腐，严禁在雨、雾、雪和大风中露天作业；管道设备和容器的保温应在防腐水压试验合格后进行。

（2）防腐涂刷底漆前，必须清除表面的灰尘、污垢、锈斑、焊渣等物，涂刷油漆应厚度均匀，不得产生脱皮、起泡、流淌和漏涂现象。

（3）管道保温的接缝应错开，多层保温瓦应交错盖缝绑扎，并用石棉、水泥填缝。用玻璃布缠绕时，搭接长度不得少于 10～20mm。用玻璃棉类材料保温时，拼缝接口一定要密实、不留孔隙。

6. 卫生器具安装质量检查

卫生器具名目繁多，但一般使用较广的只有三大件，即洗脸盆、坐便器和浴缸。监理人员应注意，卫生洁具必须在管道试压、灌水试验合格后进行安装。且在施工时要求安装与土建必须密切配合，以控制洁具的位置、标高，做好各个接口部位的防水工作。

卫生器具安装重点检查内容的质量要求如下：

（1）位置偏差：单独器具 10mm，成排器具 5mm；垂直偏差：不超过 3mm；高度偏差：单独器具±15mm，成排器具±10mm。

（2）地漏应安装在地面的最低处，其算子顶面应低于设置处地面 5mm。

（3）连接卫生器具的排水管管径和最小坡度，如设计无要求，应符合表 4-13 的规定。

连接卫生器具的排水管管径和最小坡度　　　　　　　　　　　　　　表 4-13

项次	卫生器具名称	排水管管径(mm)	管道的最小坡度
1	污水盆(池)	50	0.025
2	单、双格洗涤盆(池)	50	0.025
3	洗手盆、洗脸盆	32～50	0.020
4	浴盆	50	0.020
5	淋浴器	50	0.020
6	大便器	100	0.012
7	小便器	40～50	0.020
8	妇女卫生盆	40～50	0.020
9	饮水器	20～50	0.010～0.020

（4）卫生器具给水配件的安装，如设计无要求，应按规范规定执行。

成组洗脸盆接至共用水封的排水管坡度为 0.01。

7. 系统试验

前述各项试验完成后，为考核设计是否合理，检验实际使用效果，对管道系统尚应进行通水能力试验，监理人员应和施工人员一起按标准要求逐项进行试验检查。

（1）室内给水系统，检查按设计要求同时开放的最大数量的配水点是否全部达到额定流量。消火栓，检查能否满足组数的最大消防能力。

（2）自动喷淋系统，按设计及规范要求，测量系统最不利点试水装置的流量、压力是否符合设计要求。

（3）室内排水系统，按给水系统的 1/3 配水点同时开放，检查各排水点是否畅通，接口处有无渗漏。

（4）在最远配水点测定热水供应系统的水温，当设计计算数量的配水点同时开放时，配水点的水温同设计温度相差应小于 ±5℃。

三、施工监理资料内容及编写要求

监理资料的编写、整理也是监理人员的一项重要任务。

（一）监理资料主要内容

1. 由施工单位提供部分

（1）管道工程施工方案。该方案须在工程开始施工前提交监理方。收到方案后，监理人员应参加由监理工程师组织的审核工作，从内容的全面性、可行性、科学性等方面提出监理意见（书面）反馈给施工单位，使得方案更加完善，更能对实际工作起指导作用。

（2）管道施工员、电焊工资格证书。监理人员收到资格证书后，应进行审查，管道施工员证由建设行政主管部门颁发，电焊工证由市（地）级以上劳动部门颁发，且只有两年有效期，超期无效。

（3）主要材料、成品、半成品、配件、器具和设备出厂合格证及进场验收单。

（4）管道安装隐蔽记录及中间试验记录。各类管道在隐蔽前均须进行隐蔽验收，记录单由施工单位填写，监理人员参加验收后签署意见，并留下一份备案。

（5）管道系统和设备及阀门水压试验，灌水、通水、通球及清洗等试验记录。每次试验完成后，由施工单位填写记录，监理人员签署检查结论，留下一份备案。

（6）消火栓系统测试记录。

（7）自动喷淋系统联动测试记录。

2. 由建设单位、设计单位提供部分

（1）包含管道安装内容的施工合同。工程开工前向建设单位索取，便于明确施工单位的工作内容、范围、责任和权利。

（2）管道工程施工图。在图纸会审前由建设单位提供至少两套图纸，补充图纸随到随存，并做好收到图纸名称、日期、数量的记录。

（3）设计变更联系单。由设计单位在施工过程中签发的修改通知，监理人员也须做好收到记录。

3. 由甲方、设计、监理、施工及有关各方共同签字的记录

（1）图纸会审记录。工程施工前四方一起参加的施工图会审会议，会议内容做成纪要并照此执行，纪要经四方盖章后方可生效。

（2）工程例会纪要、工程重大变更商讨会议纪要。

4. 上级建设主管部门或其他有关行业主管部门的通知、意见书。

5. 由监理公司人员自己所做的记录、签发的通知等。

（1）管道工程施工质量监理合同。由公司提供。

（2）管道工程施工质量监理细则。由专业监理工程师组织编写。

（3）监理公司对图纸设计中存在的较大问题的书面意见或建议。

（4）监理公司就有关重大问题征求甲方意见的备忘录。

（5）监理公司对施工方案的审查意见书。

（6）监理工程师就有关施工质量等问题发往施工单位的监理工程通知。该通知由监理工程师或由其委托授权的人才能签发，须进行编号存档。

（7）各类管道材料入库验收单及焊接、镀锌等半成品质量验收单。验收单在每次检查后由施工、监理共同签署意见，按编号整理存档。

（8）施工监理日记。监理人员将当天施工单位管道施工质量状况及自己的检查情况和所发现的问题、解决的方法予以记录。

（9）监理月报。每月一次，本工程本月的工程进度、工程质量、工程投资、存在的问题、处理意见的报告。

（10）隐蔽验收的质量检查记录表。监理人员在每次隐蔽验收后对施工质量做详细的记录，写明存在的问题及整改后的情况。

（11）管道试压、灌水、通水、通球及清洗情况汇总表。监理人员应将每次试验的时间、内容、结果填入汇总表。

（12）管道系统通水试验记录。监理人员应将系统试验情况如实填写，并做出判断结论、表明意见。

（二）监理资料编写要求

（1）及时。在监理过程中，按照具体规定及时进行收集、记录、整理和汇总资料。

（2）准确。所做监理资料要真实地反映工程各个环节的情况，并严格与设计要求、现行材料性能指标、工程质量验证标准、施工验收规范进行对照。

（3）系统。工程完工后，监理资料应进行系统地编制、整理、核对，全面系统地

反映安装工程全过程的技术水平、质量状况及监理工作的内容和成效。

（4）科学。以科学求实的态度对待施工监理中的每一个数据，以实测数据为凭，做到检查有依据、评定有标准、验收有结论。

第三节　通风与空调工程监理质量控制要点

通风与空调分部工程分为七个子分部工程：送排风系统、防排烟系统、除尘系统、空调风系统、净化空调系统、制冷设备系统和空调水系统。各子分部工程又分为若干个分项工程。

一、施工准备阶段的质量控制

（一）监理程序

有关通风与空调工程图纸审阅→暖通工种组织网络检查→暖通施工机械设备检查→暖通材料、半成品检查→结构尺寸及安装各管道交叉尺寸复核→暖通质量检验记录表和测量工具的准备。

（二）监理内容及方法

1. 有关通风与空调工程图纸审阅

监理人员在工程施工前必须对施工图进行认真、仔细审阅，了解送风、排烟、新风空调系统的设计原理、布置情况及有关参数、指标，找出工程的关键部位、施工难度较大处或设计有特殊要求的地方，做好记录，并制订出相应的质量预控措施。

通风与空调工程图纸审阅应将平面图与系统图相结合，从平面图上了解风管、风机盘管、空调机、通风机等的位置，从系统图上确定它们的标高，从机房详图上明确各个部件的连接方式。

暖通工程图纸审阅应注意下列问题：

（1）送排风、空调系统设计是否符合设计、消防规范，地下室部分是否满足人防要求。

（2）施工图纸是否已到齐，缺少部分对目前施工有无影响。

（3）风管材料、保温材料、风机盘管、空调机、通风机、送风排烟防火阀等选用的型号、规格、技术参数是否明确合理。

（4）平面图与系统图是否一致。

（5）风管、风口、设备的尺寸、位置、标高是否明确。监理人员除阅读本专业图纸外，还应对照阅读建筑、结构、给水排水、电气等专业的图纸。

与建筑图相关的内容有：

（1）大型空调设备的体积尺寸及所占位置与建筑所提供的空间是否相吻合。

（2）外墙、屋面的风口位置尺寸与建筑外立面、屋顶平面图所示的位置、尺寸是否一致。

（3）各类空调送回风口、防排烟口的位置、标高与建筑、装饰图所示有无矛盾。

（4）建筑功能上需要的通风、空调在专业图上是否已设置，如厨房部分应设排油烟机，开水间应设排气扇等。

与结构图相关的内容有：

（1）暖通安装所需预留孔洞在结构图上反映是否正确、有无遗漏。

（2）暖通设备需做基础部分与结构图所示是否对应。

（3）结构标高能否满足暖通安装的要求。

与水施图相关的内容有：

（1）风管与水管道有无冲突。

（2）风口位置与喷淋头位置是否相协调。

（3）冷却水系统及冷热水系统的补水管是否到位。

与电施图相关的内容有：

（1）风管、水管管道与电缆桥架位置有无重叠。

（2）风口位置与灯具、烟感、广播等位置布置是否整齐美观并符合有关标准要求。

（3）暖通设备所需电能是否配置到位并满足使用要求。

（4）防火阀电控信号与暖通图是否一一对应。

2. 暖通工种组织网络检查

项目施工机构必须有一套完整、严密的组织网络。要确保工程施工的质量，必须有一个健全的质量保证体系。监理人员进行质量控制，首先要督促施工单位健全质量保证体系，并充分发挥它们的作用。一般暖通工种组织网络框架如图 4-6 所示。

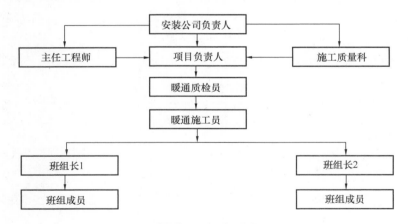

图 4-6　暖通工种组织网络框架图

对组织网络的检查，第一是审核施工组织设计中的网络框架图；第二是在施工过程中检查人员的到位情况。

3. 暖通施工机械设备检查

根据工程特点、设计要求及完成工程量审核暖通施工所需机具设备的型号、规格、数量、性能指标是否满足需要。若有问题则向施工方提出监理意见。

一般暖通工程所需机械设备主要有以下几种：龙门剪板机、电冲剪、咬口机、压筋机、折边机、卷圆机、圆弯头咬口机、型钢切割机、电动压铆枪、台钻、电焊和气焊设备等。

4. 暖通材料、半成品质量检查

暖通材料、半成品质量验收按监理程序执行。验收由施工方、监理方共同参加，并做好检查记录，分别签字认可，验收合格后方可使用。

暖通工程的风管、配件按所用材料分为金属材料和非金属材料两类。金属材料主要有普通酸洗薄钢板、镀锌薄钢板、角钢、铝板和不锈钢板等；非金属材料主要有硬聚氯乙烯板、玻璃钢及复合绝热材料板等。

法兰接口之间的垫料主要有橡胶板、石棉橡胶板、耐酸橡胶板、闭孔海绵橡胶板、软聚氯乙烯板和泡沫氯丁橡胶板等。

一般保温绝热材料有玻璃纤维、超细玻璃棉、柔性泡沫橡塑绝热制品、珍珠岩、聚苯乙烯泡沫塑料（自熄型）、聚氨酯泡沫塑料（自熄型）和岩棉等。

暖通工程的施工分为预制和安装两大部分。风管、管件、部件均应先行预制或购买，然后再起吊组合连成一体。在起吊前进行半成品的验收具有极大的意义，验收按有关监理程序执行。暖通工程在施工中应用最多的材料、半成品质量要求如下：

（1）冷轧连续热镀锌薄钢板

1）外观质量要求

表面应平整、光洁，无损伤。镀锌层应完整并均匀一致，但允许有大小不均匀的锌花、轻微划伤、压痕和小的铬酸盐钝化处理缺陷。

2）尺寸偏差要求（表 4-14～表 4-16）

单轧钢板宽度允许偏差（mm） 表 4-14

公称厚度	公称宽度	允许偏差
3～16	≤1500	+10 0
	＞1500	+15 0
＞16	≤2000	+20 0
	＞2000～3000	+25 0
	＞3000	+30 0

单轧钢板长度允许偏差（mm）　　　　　　　　表 4-15

公称长度	允许偏差	公称长度	允许偏差
2000～4000	+20 0	>10000～15000	+75 0
>4000～6000	+30 0	>15000～20000	+100 0
>6000～8000	+40 0	>20000	由供需双方协商
>8000～10000	+50 0	—	—

单轧钢板厚度允许偏差（mm）　　　　　　　　表 4-16

公称厚度	下列公称宽度的厚度允许偏差			
	≤1500	>1500～2500	>2500～4000	>4000～4800
3.00～5.00	±0.45	±0.55	±0.65	—
>5.00～8.00	±0.50	±0.60	±0.75	—
>8.00～15.0	±0.55	±0.65	±0.80	±0.90
>15.0～25.0	±0.65	±0.75	±0.90	±1.10
>25.0～40.0	±0.70	±0.80	±1.00	±1.20
>40.0～60.0	±0.80	±0.90	±1.10	±1.30
>60.0～100	±0.90	±1.10	±1.30	±1.50
>100～150	±1.20	±1.40	±1.60	±1.80
>150～200	±1.40	±1.60	±1.80	±1.90
>200～250	±1.60	±1.80	±2.00	±2.20
>250～300	±1.80	±2.00	±2.20	±2.40
>300～400	±2.00	±2.20	±2.40	±2.60

（2）热轧等边角钢

1）外观质量要求

外表面不得锈蚀腐烂，每米弯曲度不大于 4mm，5 号以上型号的总弯曲度不大于总长度的 0.4%，不得有明显的扭转。

2）截面尺寸允许偏差（表 4-17）。

热轧等边角钢截面尺寸允许偏差（mm）　　　　　　　　表 4-17

型号	边宽度 b	边厚度 d
2～5.6	±0.8	±0.4
6.3～9	±1.2	±0.6
10～14	±1.8	±0.7
16～20	±2.5	±1.0

3）长度允许偏差

通常长度：2～9 号为 4～12m，10～14 号为 4～19m，16～20 号为 6～19m。其长度允许偏差为 0～+50mm。

（3）玻璃棉毡

1）外观要求：表面不应有破损、割裂、压碎等现象，边缘应整齐，且仍保持疏松、柔软特性。

2）尺寸规格及允许误差应符合表 4-18 的规定。

玻璃棉毡尺寸规格及允许误差范围（mm） 表 4-18

名称	最大	允许误差（%）
长度	3300	±3
宽度	1000	±5
厚度	60	±20

（4）风管

1）风管制作的工艺流程（图 4-7）。

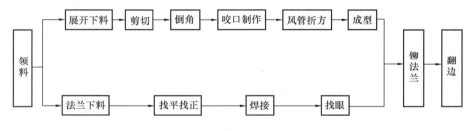

图 4-7　风管制作工艺流程图

2）质量标准

① 风管咬缝必须紧密、宽度均匀，无孔洞、半咬口和胀裂。直管纵向咬缝应错开。

② 风管焊缝严禁有烧穿、漏焊和裂纹等缺陷，纵向焊缝必须错开。

③ 风管两端面应平行，无翘角，表面凹凸应不大于 5mm；风管与法兰应连接牢固、翻边平整，宽度不小于 6mm，紧贴法兰。

④ 风管法兰应焊接牢固，焊缝处不设螺孔，中、低压系统风管法兰的螺孔及铆钉孔的孔距不得大于 150mm，高压系统风管不得大于 100mm。矩形法兰四角应设螺孔。

⑤ 风管加固应牢固、可靠、整齐，间距适宜，均匀对称。

⑥ 风管的密封应以板材连接的密封为主，可采用密封胶嵌缝和其他方法密封。密封胶性能应符合使用环境的要求，密封面宜设在风管的正压侧。

⑦ 风管的强度应能满足在 1.5 倍工作压力下接缝处无开裂；允许漏风量应符合有关规定。

⑧ 风管及法兰制作尺寸的允许偏差应符合表 4-19 的规定。

风管及法兰制作尺寸允许偏差范围　　　　　　表 4-19

项次	项目		允许偏差（mm）	检验方法
1	圆形风管外径	$\phi\leq300mm$	2	用尺量互成 90°的直径
		$\phi>300mm$	3	
2	矩形风管大边	$\leq300mm$	2	尺量检查
		$>300mm$	3	
3	矩形风管、法兰两对角线之差		3	尺量检查
4	法兰平整度		2	法兰放在平台上，用塞尺检查
5	法兰焊接对接处的平整度		1	

⑨ 风管法兰用料规格应符合表 4-20 的要求。

风管法兰用料规格　　　　　　表 4-20

风管规格尺寸		法兰材料规格		螺栓规格
		扁钢（mm）	角钢（mm）	
圆形风管直径 D(mm)	$D\leq140$	20×4	—	M6
	$140<D\leq280$	25×4	—	
	$280<D\leq630$	—	L5×3	
	$630<D\leq1250$	—	L30×4	M8
	$1250<D\leq2000$	—	L40×4	
矩形风管大边长 b(mm)	$b\leq630$	—	L25×3	M6
	$630<b\leq1500$	—	L30×3	M8
	$1500<b\leq2500$	—	L40×4	
	$2500<b\leq4000$	—	L50×5	M10

⑩ 钢板风管板材厚度应符合表 4-21 的要求。

钢板风管板材厚度（mm）　　　　　　表 4-21

类别 风管直径(D)或长边尺寸(b)	圆形风管	矩形风管		除尘系统风管
		中、低压系统	高压系统	
$D(b)\leq320$	0.5	0.5	0.75	1.5
$320<D(b)\leq450$	0.6	0.6	0.75	1.5
$450<D(b)\leq630$	0.75	0.6	0.75	2.0
$630<D(b)\leq1000$	0.75	0.75	1.0	2.0
$1000<D(b)\leq1250$	1.0	1.0	1.0	2.0
$1250<D(b)\leq2000$	1.2	1.0	1.2	按设计
$2000<D(b)\leq4000$	按设计	1.2	按设计	

注：1. 螺旋风管的钢板厚度可适当减小 10%～15%。
2. 排烟系统风管钢板厚度可参考高压系统中的厚度。
3. 特殊除尘系统风管钢板厚度应符合设计要求。
4. 不适用于地下人防与防火隔墙的预埋管。

3）易产生的质量问题和防治措施（表 4-22）

易产生的质量问题和防治措施 表 4-22

序号	易产生的质量问题	防治措施
1	铆钉脱落	按工艺正确操作，加长铆钉
2	风管法兰连接不方	用方尺找正，使法兰与直管棱垂直，管口四边翻边量宽度一致
3	法兰翻边四角漏风	管片压口前要倒角，咬口重叠处翻边时铲平，四角不应出现豁口
4	管件连接有孔洞	出现孔洞用焊锡或胶密封

（5）砖、混凝土风道

砖、混凝土风道的质量要求如下：

1）用预制板制成的风道，在穿墙或楼板处不得有横向接头。

2）砖、混凝土风道的变形缝，应符合设计要求，不应渗水和漏风。

3）砖砌风道必须双面随砌随抹，砖、混凝土风道内表面应平整、无裂纹，并不得渗水。水平风道应有 0.5%～1% 的坡度，并坡向排水点。

4）砖、混凝土风道与金属风管及部件的连接处应设预埋件，其位置应准确，连接处应严密。

（6）复合材料风管

铝箔玻璃纤维板等复合材料风管的质量要求如下：

1）复合材料风管的覆面材料必须为不燃材料，内部的绝热材料应为不燃或难燃 B_1 级且对人体无害的材料。

2）采用法兰连接时，法兰与风管板材的连接应可靠，其绝热层不得外露，不得采用降低板材强度和绝热性能的连接方法。

3）风管的离心玻璃纤维板材应干燥、平整；板外表面的铝箔隔气保护层与内芯玻璃纤维材料应粘合牢固；内表面应有防纤维脱落的保护层，并应对人体无危害。

4）风管的加固应根据系统工作压力及产品技术标准的规定执行。

（7）部件

部件包括各类风口、风阀、罩类、风帽及柔性管等。

1）风管主要部件的质量要求：

① 防火阀必须关闭严密，外壳、阀板材料厚度严禁小于 2mm。

② 各类风阀的组合件尺寸必须正确，叶片与外壳无摩擦。

③ 风口的孔、片、扩散圈应间距一致，边框和叶片应平直整齐，外观光滑、美观。

④ 各类风阀应有启闭标记，多叶阀叶片应贴合、搭接一致。

⑤ 柔性管应选用防腐、防潮、不透气、不易霉变的柔性材料，如帆布、人造革、软橡胶板和树脂玻璃布等。用于空调系统应采取防止结露的措施；用于防排烟系统应采用不燃材料。

⑥ 柔性短管的长度宜为 150～300mm，其接缝处应严密和牢固，并不宜作为异径接管使用。

2）部件尺寸允许偏差

① 罩口尺寸偏差应每米不大于 2mm，连接处应牢固，无尖锐的边缘。

② 风帽的尺寸偏差应每米不大于 2mm，形状应规整，旋转风帽应重心平衡。

③ 风口的验收规格以颈部外径与外边长为准，其尺寸的允许偏差应符合表 4-23 的规定。

风口尺寸允许偏差（mm）　　　　　表 4-23

圆形风口		
直径	≤250	>250
允许偏差	−2～0	−3～0
矩形风口		
边长	<300	300～800	>800
允许偏差	−1～0	−2～0	−3～0
对角线长度	<300	300～500	>500
对角线长度之差	≤1	≤2	≤3

5. 结构尺寸及安装各管道交叉尺寸复核

水、暖、电管线安装工程，通风管道尺寸最大，占据空间也最大。工艺施工顺序为先风管、后水管、再电管。

暖通监理人员在主体结构完成后应要求施工单位暖通施工员尽快对风管处结构尺寸进行复核，检查梁底标高、预留孔标高、风管标高与吊平顶标高是否相吻合。为避免管线交叉重叠，监理人员应提醒安装单位各工种进行相互协调，对难度较大处还应实地考察甚至放样。一般情况下，风管与消防喷淋管相碰的问题较突出，须特别注意。

6. 暖通质量检验记录表和测量工具的准备

工程开工前，监理人员应将本专业所需的记录表、测量工具准备好，以便及时检查、记录有关质量情况，使工程监理资料完整、系统。

暖通工程监理记录表格一般有：

（1）原材料、半成品验收记录表。

（2）设备开箱记录表。

（3）预留、预埋明细表。

（4）隐蔽工程检查记录表。

（5）空调系统调试记录表。

（6）有关暖通安装质量验收记录表。

暖通工程监理检验工具有直尺、卷尺、塞尺、手电筒、液体连通器及吊线等。

二、施工阶段的质量控制

（一）监理程序

预留孔、预埋套管检查→支、吊架检查→风管及部件安装检查→空调水系统管道安装检查→设备安装检查→保温检查→系统调试。

（二）监理内容及方法

1. 预留孔、预埋管检查

通风空调工程预留孔、预埋管的质量应在土建浇捣混凝土前进行预控，并在结构完工后进行复核。如有缺陷，则应督促施工单位及时采取修补措施，对结构影响较大的，尚应与设计院联系，选定最佳修正方案。

一般预留孔有风管穿过楼板、梁、墙的通路及消防送风排烟的出入口。预埋管主要是地下室需满足人防要求的风管穿越混凝土墙时留设。

（1）预留孔、预埋管的质量要求

1）位置、尺寸符合设计要求。

2）预留孔洞应比风管实际截面每边大 100mm。

3）风管穿越需要封闭的防火、防爆墙体或楼板时设置的预埋管或防护套管，其钢板厚度不应小于 1.6mm。风管与防护套管之间应用不燃且对人体无危害的柔性材料封堵。

（2）预留孔、预埋管常见质量问题及防治措施（表 4-24）

预留孔、预埋管常见质量问题及防治措施 表 4-24

序号	常见质量问题	防治措施
1	孔洞、套管遗漏	1. 复核暖通图与结构留洞图。 2. 分清土建、安装的施工划分。 3. 隐检时逐一清点
2	位置偏移	1. 木模框要有足够的强度。 2. 木框、套管固定应牢固。 3. 加强隐检时的尺寸复核。 4. 浇混凝土时要有专人看护
3	孔洞、套管内有混凝土堵管	1. 木框、套管外侧与模板严密封口。 2. 木框、套管内用纸或麻布等堵实

2. 支、吊架检查

支、吊架安装是风管系统及水管系统安装的第一道工序，它的形式应根据风管截面的大小、水管的规格尺寸及工程具体情况选择。支、吊架的固定形式一般有以下几种：埋入墙内灌浆锚固、在钢筋混凝土的预埋钢板上焊接锚固、膨胀螺栓锚固、环氧砂浆或聚酯砂浆锚固、化学胶粘剂锚固等。目前使用较广泛的是膨胀螺栓锚固法。监理人员进行检查时应注意以下问题：

（1）支、吊架材料规格须符合《通风与空调工程施工质量验收规范 》GB 50243—2016 的要求。

（2）须做除锈防腐处理（刷一遍防锈漆）。

（3）支、吊架间距须符合设计或规范要求。设计无要求时，风管支、吊架间距应符合表 4-25 的要求。

风管支、吊架间距要求　　　　　　　　　　　　　　　　表 4-25

圆形风管直径或矩形风管长边尺寸	水平风管间距	垂直风管间距	最少吊架数
≤400mm	不大于 4m	不大于 4m	2 副
>400mm	不大于 3m	不大于 3m	2 副
>2500mm	按设计规定		

（4）支、吊架不得安装在风口、阀门、检查孔及测定孔等部位。

（5）支、吊架的标高应正确。

（6）保温管道不能直接与支、吊架接触，应垫上坚固的隔热材料（绝热衬垫或经防腐处理的木衬垫），其厚度与保温层相同，防止产生"冷桥"的现象，吊杆不得与风管侧面接触。

（7）圆形风管托架应设半圆托座。

（8）吊架不能直接吊在风管法兰上。

（9）当水平悬吊的主、干风管长度超过 20m 时，应设置防止摆动的固定点，每个系统不应少于 1 个。

（10）冷（热）媒水、冷却水系统管道机房内总、干管的支、吊架，应采用承重防晃管架；与设备连接的管道管架宜有减振措施。

3．风管及部件安装检查

当施工现场已具备安装条件时，则开始将预制加工完毕的风管、部件按顺序和系统进行连接安装。

（1）监理人员在现场检查时应注意下列问题：

1）风管材料、规格、尺寸、位置、标高和走向应符合设计要求。

2）风管内严禁其他管线穿越。

3）输送含有易燃、易爆气体或安装在易燃、易爆环境中的风管系统应有良好的接地，通过生活区或其他辅助生产房间时必须严密，并不得设置接口。

4）室外立管的固定拉索严禁拉在避雷针或避雷网上。

5）风管的法兰连接应对接平行、严密，螺栓紧固。同一管段的法兰螺母应在同一侧，垫片材质应符合系统功能要求，厚度不应小于 3mm，垫料不能挤入风管内。

6）斜插阀板垂直安装时，阀板必须向上拉启；水平安装时，阀板顺气流方向插入，阀板不应向下拉启。

7）防火分区隔墙两侧的防火阀，距墙表面不应大于200mm。

8）柔性短管的安装应松紧适度，无明显扭曲。

9）低压系统风管的严密性检验应进行抽检，抽检率为5％，且不得少于1个系统。在加工工艺得到保证的前提下，采用漏光法检测。中压系统风管的严密性检验，应在漏光法检测合格后，对系统漏风量进行抽检，抽检率为20％，且不得少于1个系统。

10）风口安装位置应正确，同一房间内标高应一致。

11）风管、风口安装的允许偏差应符合表4-26的要求。

风管、风口安装的允许偏差

表4-26

项次	项目			允许偏差（mm）	检验方法
1	风管	水平度	每米	3	拉线、液体连通器和尺量检查
			总偏差	20	
2		垂直度	每米	2	吊线和尺量检查
			总偏差	20	
3	风口	水平度	每米	3	拉线、液体连通器和尺量检查
		垂直度	每米	2	吊线和尺量检查

（2）风管部件安装常见质量问题及防治措施（表4-27）

风管部件安装常见质量问题及防治措施

表4-27

序号	常见质量问题	防治措施
1	支、吊架不刷油，吊杆过长	制完后应及时刷油，吊杆截取时应仔细核对标高
2	支、吊架间距过大	贯彻规范，装完后认真复查有无间距过大现象
3	螺栓漏穿，不紧、松动	增加责任心，法兰孔距应及时调整
4	修改管、铆钉孔未堵	修改后应用锡焊或密封胶堵严
5	垫料脱落	减少接头，相连处采用梯形或榫形接头，不得在法兰连接后再塞垫料
6	风口软管连接不实	软管应套进风口喉颈100mm，后用卡子上紧，与软管连接的风管端应压制鼓筋，以利于软管安装

4. 空调水系统管道安装检查

空调水系统管道安装一般与风管系统安装同时进行，监理员在进行质量检查时应着重注意以下几点：

（1）管道的规格、标高、位置及连接形式应符合设计要求，进入设备的水流方向必须符合设备技术文件的要求。

（2）冷冻水管道系统应在系统最高处，且在便于操作的部位设置放气阀。

（3）管道与泵及制冷机的连接应采用弹性连接，并在管道处设置独立支架，不得强行对口连接。管道安装后应进行系统冲洗，系统冲洗排污合格后，再循环试运行 2h 以上且水质正常后方能与制冷设备或空调设备连接。

（4）冷冻水系统和冷却水系统试验压力：当工作压力小于等于 1.0MPa 时，为 1.5 倍工作压力，最低不小于 0.6MPa；当工作压力大于 1.0MPa 时，为工作压力加 0.5MPa。

分区、分层试压：在试验压力下，稳压 10min，压力不得下降，再将系统压力降至工作压力，在 60min 内以压力不下降、外观检查无渗漏为合格。

系统试压：试验压力以最低点的压力为准，系统压力升至试验压力后，稳压 10min，压力下降不得大于 0.2MPa，再将系统压力降至工作压力，外观检查无渗漏为合格。

（5）冷凝水的水平管坡度应符合设计要求。当设计无规定时，其坡度宜大于或等于 8‰。软管连接的长度不宜大于 150mm，且不得有瘪管和强扭。冷凝水系统的渗漏试验可采用充水试验，以无渗漏为合格。

5. 设备安装检查

（1）设备基础检查

设备的混凝土基础必须待混凝土强度达到设计要求后才能进行质量交接验收，验收合格后方可安装设备。设备基础允许偏差见表 4-28。

设备基础允许偏差　　　　　　　　　　表 4-28

项次	项目		允许偏差（mm）	检验方法
1	中心线的平面位移		20	用经纬仪或拉线和尺量检查
2	设备基础水平度		5/1000、全长 10	用水准仪或水平仪检查
3	预埋地脚螺栓孔	中心位置	±10	用经纬仪或拉线和尺量检查
		深度	±20	
		孔壁铅垂度	10/1000	用吊线锤和尺量检查
4	预埋地脚螺栓	顶端标高	+20	用水准仪或水平仪、直尺、拉线和尺量检查
		顶端、根部中心距	±2	

（2）通风机安装检查

通风机是通风空调系统中的主要设备之一，通风机安装的好坏直接影响系统的运行效果。通风空调系统常用的通风机为轴流式、混流式和离心式三类。

1）监理人员在进行质量检查时应着重注意以下几点：

① 所装通风机的型号、规格应符合设计要求。

② 风机叶轮严禁与壳体碰擦。

③ 地脚螺栓必须拧紧，并有防松装置；垫铁放置位置必须正确，接触紧密，每组

不得超过三块。

④ 安装风机隔振器的地面应平整，各组隔振器承受荷载的压缩量应均匀，高度误差应小于 2mm。

⑤ 叶轮旋转方向必须正确。

⑥ 通风机传动位置的外露部位以及直通大气的进、出口，必须设防护罩（网）或采取其他安全措施。

2）通风机安装允许偏差应符合表 4-29 的要求。

通风机安装允许偏差　　　　　　　　　　　　　　　　表 4-29

项次	项目		允许偏差（mm）	检验方法
1	中心线的平面位移		10	用经纬仪或拉线和尺量检查
2	标高		±10	用水准仪或水平仪、直尺、拉线和尺量检查
3	皮带轮轮宽中心平面位移		1	在主、从动皮带轮端面拉线和尺量检查
4	传动轴水平度		纵向：0.2/1000 横向：0.3/1000	在轴或皮带轮 0°和 180°的两个位置上用水平仪检查
5	联轴器同心度	径向位移	0.05	在联轴器互相垂直的四个位置上用百分表检查
		轴向倾斜	0.2/1000	

3）通风机安装常见质量问题及防治措施（表 4-30）

通风机安装常见质量问题及防治措施　　　　　　　　表 4-30

序号	常见质量问题	防治措施
1	风机运转中皮带滑下或产生跳动	1. 两皮带轮应找正，并在一条中线上。 2. 调整两皮带轮的距离。 3. 使皮带长度符合要求
2	风机产生与转速相符的振动	1. 叶轮重量应对称，叶片上无附着物。 2. 双进通风机应保证两侧进气量相等
3	通风机和电动机整体振动	1. 地脚螺栓应紧固，机座稳固。 2. 与通风机相连的风管应加支撑固定。 3. 柔性短管不得过紧

（3）空调机组安装检查

1）型号、规格、方向和技术参数应符合设计要求。组合式空调机组各功能段组装，应符合设计规定的顺序和要求；各功能段之间的连接应严密，整体应平直。

2）机组应放置在平整的基础上，基础应高于机房地平面 100mm。

3）机组应清理干净，箱体内应无杂物、垃圾和灰尘。

4）机组下部冷凝水排放管的水封高度应符合设计要求，冷冻水进、出口接管应正确。

（4）风机盘管安装检查

风机盘管安装应在屋顶做完防水层，室内墙面、地面抹完，空调系统干管安装完毕后进行。安装前监理人员应督促施工单位对风机盘管做通电单机三速试运转及水压检漏试验。协调安装单位与装饰单位，在风机盘管下方开设检修孔，并能使风机盘管整体、上下进出，以便于今后维修。

1）风机盘管安装质量要求如下：

① 吊架安装应平整牢固、位置正确。吊杆不应自由摆动。

② 与进、出水管连接严禁渗漏，与风管、风口及回风室的连接必须严密。

③ 风机盘管同冷、热供回水管应在管道清洗排污后连接。

2）风机盘管安装常见质量问题及防治措施（表4-31）。

风机盘管安装常见质量问题及防治措施

表 4-31

序号	常见质量问题	防治措施
1	冬期施工易冻坏表面交换器	试水压后必须将水放净
2	风机盘管运输时易碰坏	搬动时单排码放，轻装轻卸
3	风机盘管表冷器易堵塞	管道连接后未冲洗排污，不得与风机盘管连接
4	风机盘管凝结水盘易堵塞	运行前应清理凝结水盘内杂物，保证凝结水畅通

（5）消声器安装检查

1）消声器安装前应保持干净，做到无油污和浮尘。

2）消声器安装的位置、方向应正确，与风管的连接应严密，不得损坏与受潮。两组同类型消声器不宜直接串联。

3）消声器、消声弯头均应单独设吊架，其重量不得由风管承受。

（6）制冷设备安装检查

1）监理人员在进行质量监理时应注意以下几点：

① 制冷设备、制冷附属设备的型号、规格和技术参数必须符合设计要求，并具有产品合格证书、产品性能检查报告。

② 设备安装的位置、标高和管口方向必须符合设计要求。用地脚螺栓固定的制冷设备或制冷附属设备，其垫铁的放置位置应正确、接触紧密；螺栓必须拧紧，并有防松动措施。

③ 制冷设备的各项严密性试验和试运行的技术数据，均应符合设备技术文件的规定。对组装式的制冷机组和现场充注制冷剂的机组，必须进行吹污、气密性试验、真空试验和充注制冷剂检漏试验，其相应的技术数据必须符合产品技术文件和有关现行国家标准、规范的规定。

④ 整体安装的制冷机组，其机身纵、横向水平度的允许偏差为 1/1000，并应符合设备文件的规定。

⑤ 采用隔振措施的制冷设备或制冷附属设备，其隔振器安装位置应正确；各隔振器的压缩量应均匀一致，偏差不应大于 2mm。

⑥ 设置弹簧隔振的制冷机组，应设有防止机组运行时水平移位的定位装置。

⑦ 空气热源热泵周围应按设备不同留有一定的通风空间。

2）制冷设备及制冷附属设备安装位置、标高的允许偏差见表 4-32。

制冷设备及制冷附属设备安装位置、标高的允许偏差 　　　　表 4-32

项次	项目	允许偏差（mm）	检验方法
1	平面位移	10	用经纬仪或拉线和尺量检查
2	标高	±10	用水准仪或经纬仪、拉线和尺量检查

（7）水泵安装检查

水泵安装的质量直接影响水泵运行的平稳与使用寿命。监理人员在水泵进、出口配管完成后，还需对水泵的水平度进行复核，防止水泵进、出口管道的重量承重在水泵上。

监理人员在进行质量监理时应注意：

1）水泵的平面位置和标高允许偏差为 ±10mm，安装的地脚螺栓应垂直、拧紧，且与设备底座接触紧密。

2）垫铁组放置位置应正确、平稳，接触紧密，每组不超过 3 块。

3）整体安装的泵，纵向水平偏差不应大于 0.1/1000，横向水平偏差不应大于 0.2/1000；整体安装的泵，纵、横向安装水平偏差均不应大于 0.05/1000；水泵与电机采用联轴器连接时，联轴器两轴芯的允许偏差，轴向倾斜不应大于 0.2/1000，径向位移不应大于 0.5mm；小型整体安装的管道水泵不应有明显偏斜。

4）减振器与水泵及水泵基础应连接牢固、平衡，接触紧密。

6. 保温检查

通风空调系统风管的绝热工作必须在风管、部件等质量检验合格后进行。对管路系统漏风量有特殊要求的工程，必须测定漏风量，并确认风量在允许范围内，才能进行绝热保温工作。冷冻水管保温必须在水压试验合格后进行。

根据所使用的绝热材料，常采用以下几种绝热方式：绝热层粘结固定法、风管绝热层保温钉固定法、绝热涂料涂抹法以及保护层缠绕固定法。

（1）监理人员在进行风管保温质量监理时应注意以下几点：

1）所有保温材料的型号、规格、材质应符合设计和防火要求。

2）电加热器前后 800mm 的风管和绝热层、穿越防火隔墙两侧 2m 范围内的风管、管道和绝热层必须使用不燃、绝热材料。

3）保温钉粘结密度应符合表 4-33 的要求。

保温钉粘结密度　　　　　　　　　　　　表 4-33

隔热层材料	在风管底部	在风管侧面	在风管顶面
岩棉保温板	20 只/m²	20 只/m²	12 只/m²
玻璃棉保温板	16 只/m²	10 只/m²	8 只/m²

4）保温钉距边的距离 $a \leqslant 75mm$，钉与钉之间的距离 $b \leqslant 450mm$。保温钉粘上后应待 12～24h 再铺覆保温材料。

5）保温材料铺覆应纵、横错开，表面平整密实，不得有裂缝空隙。

6）风管法兰部位的绝热层厚度不应低于风管绝热层的 0.8 倍。

7）阀门保温后，启闭标记要明确、清晰，操作方便。

（2）冷冻水管保温检查要点

1）阀门、过滤器及法兰处的绝热结构应能单独拆卸。

2）硬质或半硬质绝热管壳之间的缝隙不应大于 2mm，并用粘结材料勾缝填满，纵缝应错开，外层的水平接缝应设在侧下方。

3）防潮层应紧密粘贴在绝热层上，封闭良好，无气泡、裂缝。

4）防潮层环向搭缝口应朝向管道底端，纵向搭接在管道侧面。

（3）保温层平整度、厚度的允许偏差应符合表 4-34 的规定。

保温层平整度、厚度的允许偏差　　　　　　表 4-34

项次	项目		允许偏差（mm）	检验方法
1	保温层表面平整度	卷材或板材	5	用 1m 直尺和楔形塞尺检查
		散材或软质材料	10	
2	隔热层厚度		$+0.10\delta$，-0.05δ	用钢针刺入隔热层和尺量检查

（4）管道、部件保温工作常见质量问题及防治措施（表 4-35）

管道、部件保温工作常见质量问题及防治措施　　表 4-35

序号	常见质量问题	防治措施
1	保温钉粘结不牢，造成保温材料脱落	粘钉前将风管擦干净，避免碰撞
2	保温层外表不美观	裁剪要准确，玻璃布缠绕松紧要适度
3	玻璃丝布松散	玻璃布甩头要卡牢或粘牢

7. 系统调试

安装后的通风空调系统，通过设备单机试运转及调试和系统无生产负荷下的联合试运转及试验调整，应使通风的环境和空调房间的温度、相对温度达到设计要求。调试工作由施工单位负责进行，监理人员应同时参与，并督促施工单位做好以下准备工作：编制调试方案；检查风管、设备等安装有无遗漏；运转所需水、电、汽及压缩空气等应已具备；测量用仪表、工具应备齐；风道系统的调节阀、防火阀、排烟阀、送风口和回风口内的阀板、叶片应在开启的工作状态位置；在系统风量调试前，先对风机单机试运转。

（1）设备单机试运转及调试应达到的要求：

1）通风机、空调机组、水泵及冷却塔的正常连续运转时间不应少于 2h，叶轮旋转方向应正确，运转平衡，无异常振动和声响。电机运行功率、轴承外壳最高温度应符合设备技术文件的规定。

2）制冷机组、单元式空调机组的试运转应符合设备技术文件和《制冷设备、空气分离设备安装工程施工及验收规范》GB 50274—2010 的有关规定，正常运转不应少于 8h。

3）电控防火、防排烟风阀（口）的手动、电动操作应灵活、可靠，信号输出正确。

4）风机盘管机组的三速、温控开关的动作应正确，并与机组运行状态一一对应。

（2）系统无生产负荷的联合试运转及调试应达到的要求：

1）系统总风量调试结果与设计风量的偏差不应大于 10%。

2）空调冷热水、冷却水总流量测试结果与设计流量的偏差不应大于 10%；各空调机组的水流量应符合设计要求，允许偏差为 20%。

3）舒适空调的温度、相对湿度应符合设计要求。恒温、恒湿房间室内空气温度、相对湿度及波动范围应符合设计规定。

4）防排烟系统联合试运行与调试的结果（风量及风压）必须符合设计与消防的规定。

5）系统经过平衡调整，各风口或吸风罩的风量与设计风量的允许偏差不应大于 15%。

6）各种自动计量检测元件和执行机构的工作应正常，能满足建筑设备自动化（BA、FA 等）系统对被测定参数进行检测和控制的要求。

7）多台冷却塔并联运行时，各冷却塔的进、出水量应达到均衡一致。

8）空调室内噪声应符合设计要求。

9）通风与空调工程的控制和监测设备应能与系统的检测元件和执行机构正常沟通，系统的状态参数应能正确显示，设备连锁、自动调节、自动保护应能正确动作。

（3）通风空调系统调试中可能出现的问题及解决办法（表 4-36）

通风空调系统调试中可能出现的问题及解决办法 表 4-36

序号	产生的问题	原因分析	解决办法
1	实际风量大	系统阻力偏小	调节风机风板或阀门，增加阻力
		风机有问题	降低风机转速，或更换风机

续表

序号	产生的问题	原因分析	解决办法
2	实际风量过小	系统阻力偏大	放大部分管段尺寸，改进部分部件，检查风道或设备有无堵塞
		风机有问题	调紧传动皮带，提高风机转速或改换风机
		漏风	堵严法兰接缝、人孔或其他漏缝
3	气流速度过大	风口风速过大，送风量过大，气流组织不合理	改大送风口面积，减少送风量，改变风口形式或加挡板使气流组织合适
4	噪声超过规定	风机、水泵噪声传入；风道风速偏大；局部部件引起；消声器质量不好	做好风机平衡，风机和水泵的隔振；改小风机转速；放大风速偏大的风道尺寸；改进局部部件；在风道中增贴消声材料

三、施工监理资料内容及编写要求

施工监理资料编写必须及时、准确、系统和科学，应避免出现后补资料和无资格人员签字的情况。资料的格式、填写要求应符合现行《建筑工程监理规范》GB 50319—2013、《建设工程文件归档规范》GB/T 50328—2014 及其他有关标准规定。

施工监理资料主要有以下几部分：

（1）施工单位提供部分

1）通风空调工程施工方案，督促施工单位在开工前提供。

2）用于工程的原材料，设备的质保单、合格证，督促施工单位在材料、设备进场时提供。

3）设备开箱验收记录，验收完毕后提供。

4）预留孔、预埋管隐蔽记录，在每次混凝土浇筑前隐检时提供。

5）工程设备、风管系统、管道系统安装及检验记录，在施工安装自检合格后提供。

6）管道试验记录，在管道试压合格后提供。

7）管道安装隐蔽验收记录，在管道保温前隐检时提供。

8）管道保温隐蔽验收记录，在装饰吊顶前隐检时提供。

9）分部（子分部）工程质量验收的记录，在分部工程验收时提供。

10）观感质量综合检查记录，在观感质量综合检查时提供。

11）空调系统调试报告，在调试后提供。

（2）建设单位、设计院提供部分

1）暖通施工合同，在工程开工前由建设单位提供。

2）暖通施工图，在监理委托合同签订后由建设单位提供至少两套图纸，补充图随到随存。

3）设计变更联系单，在施工过程中由设计院签发。

（3）由甲方、设计、监理及其他有关单位共同签署的记录

1）图纸会审记录。

2）工程例会纪要及工程专题会议纪要。

（4）上级建设主管部门及其他行业主管部门的通知、意见书

（5）监理单位自己所做的记录、通知等

1）监理委托合同，由公司提供。

2）工程监理细则，由监理工程师编写，在现场监理实施前制定完毕。

3）监理单位对施工设计图的书面意见或建议。

4）监理公司就有关重大问题征求甲方意见的备忘录。

5）监理公司对《施工方案》审核的书面意见。

6）监理工程师通知。

7）风管、部件制作半成品验收单。

8）施工监理日志。

9）工程监理月报。

10）工程质量检查记录表。

11）空调系统调试情况记录表。

第四节　建筑电气安装工程监理质量控制要点

电气工程包括强电工程和弱电工程两大类。一般强电工程包括变配电系统、动力设备（如空调机、水泵等）供电系统、照明配电系统及防雷接地等。弱电工程主要应用于智能建筑。智能建筑是以建筑为平台，兼备通信自动化、办公自动化、建筑设备自动化，集系统结构、服务、管理及它们之间的最优化组合，向人们提供一个安全、高效、舒适、便利的建筑环境；弱电工程主要包括楼宇自动化管理系统（BAS）、综合信息传输系统（PDS）、火灾自动报警系统、安保监视系统、广播系统、有线电视系统、微波通信系统等。随着社会的进步、科技的发展，电气工程的内容越来越广泛，对安装的要求也越来越高，相应地要求电气监理工程师具有较高的业务水平，在监理过程中能帮助、督促施工单位尽心尽责，按标准要求做好安装工作。

电气安装工程的施工贯穿于整个建筑施工过程，包括其内容底板（或地梁）做接地装置，配置各系统管线，配合装饰进行灯具、开关等安装，最后进行调试。电气监理人员应在土建绑扎底板钢筋时即进场，直至调试完成出场，对整个工程进行全面、系统地监理。

一、施工准备阶段的质量控制

（一）监理程序

有关电气图纸审阅→电气工种组织网络检查→电气施工机具检查→施工现场临时

用电检查、电气材料、半成品检查→结构尺寸及安装各管道交叉尺寸复核→电气质量检验记录表和测量工具准备。

（二）监理内容及质量控制要点

1. 有关电气图纸审阅

电气图纸数量较多、牵涉面较广，要求监理人员深刻领会设计意图，并对设计存在的问题提出意见或建议。审阅的一般方法如下：

（1）看设计总说明，从中可以了解整个工程的电气配置情况及各个分项系统的设计原理。

（2）看各分项系统的设计图纸，从而对系统有一个比较明确的概念。

（3）看平面布置图，这是直接指导施工的图纸，其体现了建筑功能配电情况，也是检查电气施工质量的主要图纸。看完平面布置图，还应和系统图相对照，检查两者间有无矛盾、不相融合的地方，如平面布置图上的耗电量与系统分配电能是否一致，平面布置图上电器具的数量与系统图分配是否相同等。

（1）审阅电气专业图纸应注意以下几点：

1）系统设计方案是否符合设计规范。

2）系统各组电能配置容量是否满足使用要求，有无过多或不够的现象。

3）主要干线的载流量与所选导线规格是否一致。

4）根据消防要求需双路供电的是否已设置双路电源。

5）设计选用的电管（DG管、G管、KBG管、PVC管等）和桥架型号、规格是否符合要求。

6）各管路、导线、器具有无型号、规格、位置、标高不明确的。

7）对施工有无特殊要求的地方，如过沉降缝是否要做特殊处理等。

8）平面图、大样图、系统图是否一致。

（2）审阅弱电图应注意以下几点：

1）弱电机房中是否有从基础引来的独立接地体。

2）电源容量是否满足弱电设备的使用要求。

3）电源是否为双路供电，控制主机等设备是否备有不间断电源。

4）弱电信号线缆与电源线是否分开敷设。

5）网络交换机旁是否有电源插座。

（3）审阅建筑图应注意以下几点：

1）不同的建筑功能区块所输送的电能和配置的灯具等是否相适应。

2）建筑分隔墙的位置、宽度及女儿墙的高度是否符合要求。

3）建筑设计中的房间、走道等有无吊顶，无吊顶处配管必须预埋。

（4）审阅结构图应注意以下几点：

1）结构预留孔洞与电气施工所需孔洞是否一致。

2）结构标高与电气桥架标高是否相容。

（5）审阅给水排水工程施工图应注意以下几点：

1）给水排水设备所需用电是否送到位并满足要求。

2）消防系统的水流指示器、消火栓处报警按钮等的位置、数量与电气图是否一致。

3）水管道的位置、标高与电管、桥架是否相撞。

4）灯具、广播、烟感等位置与水喷淋头的位置是否协调。

（6）审阅暖通图应注意以下几点：

1）所有暖通设备所需电能是否送到位并满足要求。

2）防、排烟阀门处的信号与电气图是否一致。

3）暖通管道与电气管线有无共占一个位置。

4）照明灯具等位置与送、回风口位置是否协调。

2. 电气工种组织网络检查

监理人员应督促施工单位建立健全质保体系，电气检查组织结构如图 4-8 所示。

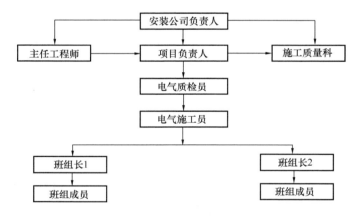

图 4-8　电气检查组织结构图

对电气工种人员的检查，要求施工、电工双证齐全，即电工证和焊工证，证件必须为地、市级以上劳动部门颁发且在有效期内。质保体系的检查，不仅是书面文字的检查，更重要的是在实际施工中对人员到位情况的检查。

3. 电气施工机具检查

在施工准备阶段，监理人员对一般电气施工机具的检查包括：电气焊工具、电工工具、煨管器、开孔器、压力案子、套丝板、套管机、切割机、钢锯、锉刀、手电钻、台钻、电锤、钢卷尺、绝缘摇表、接地摇表、万用电表等。

4. 施工现场临时用电检查

对施工现场临时用电的检查是为贯彻国家安全生产的方针政策和法规，保障施工现场用电安全，防止触电事故发生。临时用电检查应包括施工单位的用电管理、施工现场与周围环境、接地与防雷、配电室及自备电源、配电线路、配电箱及开关箱、电动建筑机械和手持电动工具、照明等。

（1）用电管理

1）临时用电的施工组织设计

电气专业监理人员应督促施工单位编制临时用电的施工组织设计，并报监理审批。其主要内容应包括：

① 现场勘探情况。

② 确定电源进线，变电所、配电室、总配电箱、分配电箱等的位置及线路走向。

③ 负荷计算。

④ 选择变压器容量、导线截面和电器的类型、规格。

⑤ 电气平面图、立面图和接线系统图。

⑥ 制订安全用电技术措施和电气防火措施。

2）专业人员

监理应检查安装、维修或拆除临时用电工程是否由电工完成；检查电工是否按批准的临时用电施工组织设计及相应规范进行安装。

3）安全技术档案

检查施工现场临时用电安全技术档案是否齐全，其主要内容有：

① 临时用电施工组织设计的全部资料。

② 技术交底资料。

③ 临时用电工程检查验收表。

④ 电气设备的试、检验凭单和调试记录。

⑤ 接地电阻测定记录表。

⑥ 定期检（复）查表。

⑦ 电工维修工作记录等。

（2）施工现场与周围环境、接地与防雷、配电线路、配电箱及开关箱等的检查，可按照《施工现场临时用电安全技术规范（附条文说明）》JGJ 46—2005 进行。

5. 电气材料、半成品检查

根据监理操作程序，对电气材料、半成品实行检查验收，是防止出现伪劣产品、确保工程进度与质量的有力措施。材料验收应做好"五验"工作，即验规格、验品种、验质量、验数量、验合格证和质保书。验收中如发现问题，要查明原因、分清责任、及时处理，不合格品不得使用。电气工程中的主要材料有可弯曲金属导管、电线管、套接紧定式钢导管、不燃塑料管、电线、电缆、铜铝母线、开关、灯具等。

（1）可弯曲金属导管的质量标准（按《建筑电气用可弯曲金属导管》JG/T 526—2017 检查）

1）外观质量要求

导管外表面热镀锌层不应有脱落、起层、锈蚀；导管内表面不应有起层、突起、脱落、损伤现象；防水型导管的护套不应有损伤、起泡等缺陷；导管切断面不应有毛刺。

2）导管的常用规格见表 4-37。

导管常用规格 表 4-37

规格	内径 （mm）	外径 （mm）	
		KJG	KJG-V/KJG-WV
8	9.2	13.3	14.9
10	11.4	16.1	17.7
15	16.4	19.0	20.6
20	21.3	23.6	25.2
25	26.4	28.8	30.4
32	32.8	35.4	37.0
40	41.3	44.0	45.6
50	51.8	54.9	56.9
65	66.4	69.1	71.5
80	85.0	88.1	90.9
100	101.1	107.3	110.1
125	126.4	132.6	136.7
150	157.0	160.0	164.0

（2）电线管的质量标准（按《线缆套管用焊接钢管》YB/T 5305—2020 检查）

1）外观质量要求

钢管的内、外表面不得有裂纹和结疤，外表面应光洁、无锈蚀，凡不大于壁厚允许偏差的轻微压痕、直道、划伤、凹坑，以及经打磨或清除后的毛刺痕迹允许存在（凹坑直径小于 2mm 者不做考核）。钢管的内表面焊缝处允许有高度不大于 1mm 的毛刺。钢管弯曲度每米不得大于 3mm。钢管螺纹应整齐、光洁、无裂缝，允许有轻微毛刺。

2）电线管外径、壁厚允许偏差见表 4-38。

电线管外径、壁厚允许偏差 表 4-38

公称口径		外径	外径偏差	壁厚	理论重量
mm	in	（mm）	（mm）	（mm）	（kg/m）
13	0.50	12.70	±3.0	1.60	0.438
16	0.625	15.88	±3.0	1.60	0.581
19	0.75	19.05	±3.0	1.80	0.766
25	1	25.40	±3.0	1.80	1.048
32	1.25	31.75	±3.0	1.80	1.329
38	1.50	38.10	±3.0	1.80	1.611
51	2	50.80	±3.0	2.00	2.407
64	2.25	63.50	±3.0	2.50	3.760
76	3	76.20	±3.0	3.20	5.761

（3）套接紧定式钢导管的质量标准（按《套接紧定式钢导管电线管路施工及验收规程（附条文说明）》CECS 120—2007 检查）

1）外观质量要求

管材表面有明显、不脱落的产品标识；金属管内外壁镀层均匀、完好，无剥落、锈蚀等现象；管材、连接套管和金属附件内外壁表面光洁，无毛刺、飞边、砂眼、气泡、裂纹、变形等缺陷；管材、连接套管和金属附件，壁厚均匀，管口边缘应平整、光滑；连接套管中心凹形槽弧度均匀，位置垂直、正确，凹槽深度与钢导管管壁厚度一致；连接处采用的紧定部件表面光洁、无裂纹。

2）套接紧定式钢导管外径、壁厚允许偏差见表 4-39。

套接紧定式钢导管外径、壁厚允许偏差 表 4-39

规格	$\phi16$	$\phi20$	$\phi25$	$\phi32$	$\phi40$	$\phi50$
内径 d	16	20	25	32	40	50
内径允许偏差	+0.30 0	+0.30 0	+0.30 0	+0.40 0	+0.40 0	+0.40 0
外径 D	19.20	23.20	28.20	35.20	43.20	53.20
壁厚 S	1.60	1.60	1.60	1.60	1.60	1.60
壁厚允许偏差	±0.10	±0.10	±0.10	±0.10	±0.10	±0.10
总长 L	55	60	60	75	95	120
凹槽内径 P	12.80	16.80	21.80	28.80	36.80	46.80
凹槽内径允许偏差	+0.40 0	+0.40 0	+0.40 0	+0.80 0	+0.80 0	+0.80 0
两个锁扭中心距 L_1	33	38	36	47	63	88
两个锁钮中心距允许偏差	0 −1.00	0 −1.00	0 −1.00	0 −1.00	0 −1.00	0 −1.00

（4）额定电压450/750V及以下聚氯乙烯绝缘电缆电线质量标准（按《额定电压450/750V及以下聚氯乙烯绝缘电缆　第1部分：一般要求》GB/T 5023.1—2008检查）

1）外观质量要求

导线绝缘应紧密挤包在导体上，且应容易剥离而不损伤绝缘体、导体或镀锡层。绝缘表面应平整、色泽均匀。导电线芯应光滑、无伤痕，色泽鲜艳，均匀一致。

2）尺寸要求

绝缘厚度的平均值应不小于规定的标称值，其最薄点的厚度应不小于标称值的90％（0.1mm）。导电线芯应符合《电缆的导体》GB 3956—2008的规定。

（5）其余电气材料的验收按相应标准执行。

6. 结构尺寸及安装各管道交叉尺寸复核

电气安装工程的管线相对管道、风管的尺寸较小，受结构及其他管路的影响也较小，但作为监理人员不能掉以轻心，应尽量减少不必要的返工。进行该工作的复核时，一般应注意以下问题：

（1）电缆桥架的走向、标高与结构梁的标高有无矛盾。

（2）在电气埋管较集中处的楼板面结构厚度能否满足埋管要求。

（3）电气管路与水、暖管路是否重叠、冲突。监理人员不仅自己要核对，更重要的是督促施工单位进行复核检查。

7. 电气质量检查记录表及测量工具的准备

监理资料是反映工程质量、监理情况的重要依据。监理人员进场后必须将有关的记录表、测量工具准备好，以便及时进行测量、记录，做好工程的原始资料。

电气工程监理记录表一般有：

（1）原材料、半成品验收记录。

（2）设备开箱记录。

（3）预留孔明细表。

（4）隐蔽检查记录表。

（5）接地电阻测试记录表。

（6）绝缘电阻测试记录表。

（7）系统调试记录表。

（8）有关电气安装质量验评表。

电气工程监理检验工具有直尺、卷尺、塞尺、游标卡尺、万用表、水平尺、线锤等。

二、施工阶段质量控制

（一）监理程序

防雷及接地检查→预埋配管、预留孔检查→金属电缆桥架安装检查→电缆、电线敷设检查→硬母线安装检查→电力变压器安装检查→高压开关安装检查→成套配电柜及动力开关柜安装→配电箱安装检查→柴油发电机组、不间断电源、电动机安装检查→灯具、吊扇、开关、插座安装检查。

（二）监理内容及质量控制要点

1. 防雷及接地检查

建筑物接地包括防雷接地、保护接地、工作接地、重复接地及屏蔽接地。防雷接地的施工程序如图 4-9 所示。

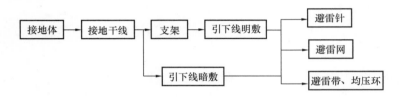

图 4-9 防雷接地施工程序图

（1）接地体分为人工接地体和自然接地体两种。人工接地体一般较迟施工，是在工程基本完工，设计位置（室外）清理好后进行。自然接地体是在土建完成底板筋与柱筋连接或桩基内钢筋与柱筋连接后进行。

1）人工接地体质量监理要点

① 接地体材料、规格、尺寸应符合表 4-40 的要求。

接地体材料、规格、尺寸要求　　　　　　　　　　表 4-40

接地体(极)的类别		最小尺寸(mm)
圆钢(直径)		16
角钢		40×40×4
钢管	管壁厚度	2.5
	管内径	13

② 接地体的埋设深度不应小于 0.6m。

③ 垂直接地体长度不应小于 2.5m，其相互间距一般不应小于 5m。

④ 接地体的连接应采用焊接。焊缝质量应符合规范要求，焊接处的药皮应清除。

⑤ 采用搭接焊时，其焊接应符合表 4-41 的要求。

搭接焊焊接要求　　　　　　　　　　表 4-41

连接材料	搭接长度要求
扁钢与扁钢	扁钢宽度的 2 倍，至少三边焊
圆钢与圆钢	圆钢直径的 6 倍，双面焊
圆钢与扁钢	圆钢直径的 6 倍，双面焊
扁钢与钢管或角钢	接触部件两侧焊，将扁钢弯成弧形(直角形)与钢管(角钢)焊接

⑥ 接地体间的扁钢应侧放而不可平放。扁钢与钢管连接的位置距接地体顶点

约 100mm。

2）自然接地体质量监理要点：

① 按设计要求将桩、底板、柱钢筋的主筋连接。

② 钢筋搭接长度应符合规范中不小于 6 倍直径的要求。

③ 将引出线主筋标记做好。

④ 进行接地电阻的粗测，必要时预留两根扁钢引至室外，以便补做接地装置。

⑤ 测试接地装置的接地电阻必须符合设计要求。

（2）接地干线、防雷引下线安装监理要点：

1）接地（PE）或接零（PEN）支线必须单独与接地（PE）或接零（PEN）干线相连接，不得串联连接。

2）干线穿墙应加套管保护，跨越伸缩缝时，应做煨管补偿。

3）接地干线应设有为今后测量接地电阻而预备的断接卡子。

4）接地干线敷设应平直，水平度及垂直度允许偏差小于 2/1000，全长不超过 10mm。

5）防雷引下线扁钢截面不得小于 25mm×4mm，圆钢直径不得小于 12mm。

6）用主筋作暗敷引下线时，每条引下线不得少于两根主筋。

7）接地干线的连接质量应符合标准要求。

（3）避雷针安装监理要点：

1）所有金属部件必须镀锌，锌层破坏部分须做防腐处理。

2）避雷针应垂直安装牢固，垂直度允许偏差为 3/1000。

3）避雷针一般采用圆钢或钢管制成，直径应不小于下列数值：

① 针长在 1m 以下时，圆钢为 12mm，钢管为 20mm。

② 针长为 1～2m 时，圆钢为 16mm，钢管为 25mm，针长更大时应适当加粗。

③ 水塔顶部避雷针圆钢直径为 25mm，钢管直径为 40mm。

④ 烟囱顶上圆钢直径为 20mm，避雷环圆钢直径为 12mm，扁钢截面 100mm²，厚度为 4mm。

（4）避雷网安装监理要点：

1）避雷线应平直、牢固，不应有高低起伏现象，平直度允许偏差为 3/1000，全长不超过 10mm。

2）避雷线扁钢截面不小于 12×4（mm²），圆钢直径不小于 8mm。

3）过弯形缝应做煨管补偿。

4）建筑物屋顶有凸出物，如透气管、铁栏杆、冷却塔、天线等，这些部位的金属导体都必须与避雷网焊成一体。

（5）避雷带（或均压环）安装质量监理要点：

1）均压环一般采用的圆钢直径不小于 6mm，扁钢截面不小于 24×4（mm^2）。

2）避雷带明敷时，支架高度为 $10 \sim 20mm$，其间距不大于 1.5m。

3）建筑物高于 30m 以上部位，每隔 3 层沿建筑物四周敷设一道避雷带，并与各引下线相焊接。此项工作不得遗漏。

4）预留金属门窗、幕墙的防雷接地端点测试。

工程防雷接地系统完成后，应逐个在测点进行接地电阻测试。

2. 预埋配管、预留孔检查

电气配管铺设根据管材不同可分为硬质阻燃型塑料管（PVC）明敷、半硬质阻燃型塑料管暗敷、塑料阻燃型可挠（波纹）管敷设和钢管敷设四种。

（1）PVC 管适用于室内或有酸碱等腐蚀介质的场所，照明配线工程不得在室外高温和易受机械损伤的场所敷设。

1）监理应注意的问题

① PVC 管水平敷设时，高度应不低于 2000mm；垂直敷设时，高度不低于 1500mm，否则应加保护管。

② PVC 管敷设时，管路长度超过下列情况时，应加装接线盒。

A. 无弯时，30m。

B. 有一个弯时，20m。

C. 有两个弯时，15m。

D. 有三个弯时，8m。

如无法加装接线盒，管径应加大一级。

③ 支、吊架及敷设在墙上的管片固定点与盒、箱边缘的距离为 $150 \sim 300mm$，管路中间距离见表 4-42。

管路中间距离要求　　　　　　　　　　　　　　　表 4-42

安装方式	支架间距、管径(mm)			允许偏差 (mm)
	20	25~40	50	
垂直	1000	1500	2000	30
水平	800	1200	1500	30

④ 配线与管道间的最小距离应符合表 4-43 的规定。

配线与管道间的最小距离　　　　　　　　　　　　表 4-43

管道名称		配线方式	
		穿管配线	绝缘导线明配线
		最小距离(mm)	
蒸气管	平行	1000(500)	1000(500)
	交叉	300	300

续表

管道名称		配线方式	
		穿管配线	绝缘导线明配线
		最小距离（mm）	
暖水管、热水管	平行	300(200)	300(200)
	交叉	100	100
通风、上下水、压缩空气管	平行	100	200
	交叉	50	100

注：1. 表内有括号者为在管道下边的数据。

2. 蒸气管、暖热水管外包隔热层后距离可适当减小。

⑤ 直管每隔 30m 应加装补偿装置。

⑥ 管路入盒、箱一律采用端接头与内锁母连接。

2）PVC 管质量标准

① 管路连接使用胶粘剂连接时应紧密、牢固；配管及支架、吊架应平直、牢固、排列整齐；管子弯曲处应无明显折皱、凹扁现象。

② 盒、箱设置应正确、固定可靠，管子插入盒、箱时，应用胶粘剂粘结严密、牢固，采用端接头与内锁母时，应拧紧盒壁使不松动。

③ 管路保护措施应正确。

④ PVC 管安装允许偏差应符合表 4-44 的规定。

PVC 管安装允许偏差 表 4-44

序号	项目			标准要求	检验方法
1	管子最小弯曲半径	暗配管		≥6D	尺量检查
		明配管	只有一个弯	≥4D	
			有两个及以上弯	≥6D	
2	管子弯曲处的弯曲度			≤0.1D	尺量检查
3	明配管固定点间距	管子直径（mm）	15～20	30mm	尺量检查
			25～30	40mm	
			40～50	50mm	
			65～100	60mm	
4	明配管 2m 内		平直度	3mm	拉线、尺量检查
			垂直度	3mm	吊线、尺量检查

注：D 为管子外径。

（2）半硬质阻燃型塑料管适用于一般民用建筑内的照明工程，不得在高温场所及顶棚内敷设。

（3）塑料阻燃型可挠（波纹）管适用于建筑物内电气照明工程。

（4）钢管适用于照明、动力穿线用管敷设，可以明敷或暗配（图 4-10、图 4-11）。

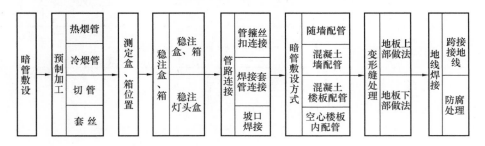

图 4-10　暗管敷设工艺流程图

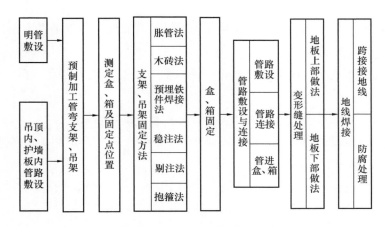

图 4-11　明管敷设及吊顶内、护墙板内管路敷设工艺流程图

1）监理人员进行配管质量监理时应注意：

① 金属导管严禁对口熔焊连接；镀锌和壁厚小于等于 2mm 的钢导管不得套管熔焊连接。

② 镀锌的钢导管、可挠性导管不得熔焊跨接接地线，可用专用接地卡连接，连接所用铜芯软导线截面积不小于 4mm^2。

③ 对厚壁非镀锌钢管套管连接时，套管长度为连接管径的 1.5～3 倍，连接管口的对口处应在套管中心，焊口应焊接牢固、严密。

④ 管路超过下列长度应加装接线盒：无弯时 45m，有一个弯时 30m，有两个弯时 20m，有三个弯时 12m。垂直敷设时，应根据导线截面设置接线盒距离：5mm^2 及以下时为 30m，70～95mm^2 时为 20m，120～240mm^2 时为 18m。

⑤ 电线管路与其他管道最小距离同 PVC 管。

⑥ 固定点的距离应均匀，管卡与终端、转弯中点、电气器具或接线盒边缘的距离为 150～500mm^2；中间的管卡最大距离应符合表 4-45 的要求。

中间管卡最大距离要求 表 4-45

钢管类型	钢管直径(mm)			
	15～20	25～30	40～50	65～100
厚钢管	1500	2000	2500	3500
薄钢管	1000	1500	2000	—

⑦ 管子路过变形缝处应设补偿装置。

⑧ 混凝土内预埋管必须设在两层面筋中间。

⑨ 当管线较多时应减少重叠交叉，以免交叉处管子高出楼板面。

⑩ 导管必须接地（PE）或接零（PEN）可靠。

2）配管质量要求

① 连接紧密、管口光滑、护口齐全，明配管及其支架、吊架平直牢固、排列整齐，暗配管保护层厚度大于 15mm。

② 盒、箱设置正确、固定可靠，管子进入盒、箱处顺直，在盒、箱内露出的长度小于 5mm。

③ 允许偏差要求符合表 4-44 中 PVC 管安装允许偏差的规定。

④ 室外埋地敷设的电缆导管埋深不小于 0.7m，壁厚小于等于 2mm 的钢电线导管不埋设于室外土壤内。

⑤ 刚性导管经柔性导管与电气设备、器具连接，柔性导管的长度在动力工程中不大于 0.8m，在照明工程中不大于 1.2m；且连接采用专用接头。

⑥ 金属柔性导管不能做接地（PE）或接零（PEN）的接续导体。

配管检查应按系统进行，从系统源点逐步检查至各分点，再到各使用点。这样可以避免管路混淆、管路遗漏。在预埋管检查时，特别要注意无吊顶处现浇混凝土板，必须及时预埋，不可遗漏。

电气预留孔主要有桥架穿梁、板、墙及配电箱在混凝土墙上的孔洞。监理人员在预留孔洞检查时，应将电气图与结构预留孔洞图相结合，并督促施工单位对土建预留的孔洞进行复核。隐检时应逐一进行复查，检查位置、标高、洞口尺寸及牢固程度。

3. 金属电缆桥架安装检查

当线缆较多时，宜采用桥架。

（1）监理应注意的问题

1）金属电缆桥架及其支架和引入或引出的金属电缆导管必须接地（PE）或接零（PEN）可靠，且必须符合下列规定：

① 金属电缆桥架及其支架全长应不少于 2 处与接地（PE）或接零（PEN）干线相连接。

② 非镀锌电缆桥架间连接板的两端跨接铜芯接地线，接地线最小允许截面积不小

于 4mm²。

③ 镀锌电缆桥架间连接板的两端不跨接接地线，但连接板两端应有不少于 2 个带防松螺帽或防松垫圈的连接固定螺栓。

2）电缆桥架跨越建筑物变形缝处应设置补偿装置。

3）桥架与支架间螺栓、桥架连接板螺栓固定应牢靠、无遗漏，螺母位于桥架外侧；当铝合金桥架与钢支架固定时，应有相互间绝缘的防电化腐蚀措施。

4）电缆桥架应敷设在易燃、易爆气体管道和热力管道的下方。

5）敷设在竖井内和穿越不同防火区的桥架，应按设计要求采取防火隔堵措施。

（2）金属电缆桥架安装的质量要求

1）直线段钢制电缆桥架长度超过 30m，铝合金或玻璃钢制电缆桥架长度超过 15m 时应设伸缩节。

2）当设计无要求时，电缆桥架水平安装的支架间距为 1.5～3m，垂直安装的支架间距不大于 2m。

3）支架与预埋件焊接固定时，焊缝应饱满；膨胀螺栓固定时，应选用螺栓适配，连接紧固，防松零件齐全。

4）竖直桥架内应每隔 2m 设置绑扎线缆所用的横担。

4. 电缆、电线敷设检查

（1）电缆敷设

1）工艺流程（图 4-12）

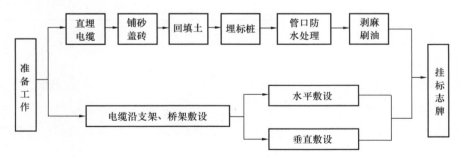

图 4-12　电缆敷设工艺流程图

2）电缆敷设时监理人员应着重注意下列几点：

① 电缆敷设前必须做绝缘电阻测试，1kV 以下电缆，用 1kV 摇表摇测线间及对地的绝缘电阻，要求阻值大于等于 1MΩ。测试完毕，应对电缆头进行保护。

② 电缆严禁有绞拧、铠装压扁、护层断裂和表面严重划伤等缺损现象。

③ 电缆坐标和标高应正确，排列整齐，标识柱和标志牌设置应准确。

④ 在支架上固定可靠，同一侧支架上的电缆排列顺序应正确，控制电缆在电力电缆下面，1kV 及以下电力电缆应放在 1kV 以上电力电缆下面。

⑤ 电缆最小允许弯曲半径应符合表 4-46 的规定。

电缆最小允许弯曲半径 表 4-46

项 目		弯曲半径	检验方法
电缆最小允许弯曲半径	油浸纸绝缘电力电缆	单芯	$\geqslant 20d$	尺量检查
		多芯	$\geqslant 15d$	
	橡皮绝缘电力电缆	橡皮或聚氯乙烯护套	$\geqslant 10d$	尺量检查
		裸铅护套	$\geqslant 15d$	
		铅护套钢带铠装	$\geqslant 20d$	
	塑料绝缘电力电缆		$\geqslant 10d$	
	控制电缆		$\geqslant 10d$	

⑥ 大于 45°倾斜敷设的电缆每隔 2m 处应设固定点；水平敷设的电缆，首尾两端、转弯两侧及每隔 5~10m 处应设固定点；敷设于垂直桥架内的电缆，固定点间距一般为 1m。

⑦ 三相或单相的交流单芯电缆，不得单独穿于钢导管内。

3）常见质量问题及防治措施（表 4-47）

电缆敷设常见质量问题及防治措施 表 4-47

序号	常见质量问题	防治措施
1	油浸电缆两端头封铅不严密，有渗油现象	对操作人员进行培训，提高操作水平，由有经验的工人施工
2	沿支架、桥架敷设时，排列不齐，交叉严重	事前排列图表，敷一根，整理一根，卡固一根
3	电缆沿桥架、托盘敷设时弯曲半径不够	施工前应考虑最大截面电缆的弯曲半径

（2）管内穿线

1）工艺流程

选择导线→扫管→穿带线→放线及断线→导线与带线的绑扎→套带线护口→导线连接→导线焊接→导线包扎→线路绝缘摇测。

2）管内穿线应在建筑结构及土建施工作业完成后进行。监理人员进行质量检查时应注意：

① 所穿导线的型号、规格、数量应符合设计要求。

② 导线在接线盒、开关盒、插销盒及灯头盒内的预留长度为 15cm；在配电箱内的预留长度为配电箱箱体周长的 1/2；导线出户的预留长度为 1.5m；公用导线在分支处可不剪断而直接穿过。

③ 一根管内的导线不应多于 8 根。

④ 导线连接应使接头不增加电阻值，受力导线不能降低原机械强度，不能降低原绝缘强度，应按规范要求进行连接。

⑤ 导线在管内不得有接头。

⑥ 导线穿完后摇测绝缘电阻，要求照明回路不小于 0.5MΩ，动力线路不小于 1MΩ。

⑦ 不同回路、不同电压等级和交流与直流的电线，不应穿于同一导管内；同一交流回路的电线应穿于同一金属导管内。

⑧ 当采用多相供电时，同一建筑物、构筑物的电线绝缘层颜色选择应一致，即保护地线（PE线）应是黄绿相间色，零线用淡蓝色；相线用：A 相——黄色、B 相——绿色、C 相——红色。

3）常见质量问题及防治措施表 4-48

管内穿线常见质量问题及防治措施 表 4-48

序号	常见质量问题	防治措施
1	护口遗漏、脱落、破损及与管径不符	备齐各种规格管线，操作谨慎，每穿一路线即套上护口，并将线头弯起
2	导线线芯受损	剥线用力适当，根据线径选用剥线钳的刀口
3	螺旋接线钮松动和线芯外露	选用合格的接线钮，线芯长度适当
4	线路绝缘电阻值偏低	管、盒内的泥水清洗干净，导线接头绝缘可靠

5. 硬母线安装检查

硬母线分为铜母线和铝母线两类，主要用作开关柜汇流排和发电机引接线。母线安装时要求土建屋顶不漏水，墙面喷浆完毕，场地清理干净，并有一定的加工场地。

（1）母线操作工艺流程如下：放线测量→支架及拉紧装置制作安装→绝缘子安装→母线加工→母线连接→母线安装→母线涂色刷油→检查送电。

（2）监理人员在检查母线安装质量时应注意：

1）所装母线的型号、规格应符合设计要求，母线无缺损及裂纹，磁性元件绝缘良好，无破损及裂纹，螺栓及母线片均应采用镀锌件。

2）母线支架用 50×50×5 角钢制作，用 M10 膨胀螺栓固定在墙上。

3）绝缘子安装前要摇测绝缘电阻，其阻值应大于 1MΩ。绝缘子上下各垫一个石棉垫。

4）母线平弯及立弯的弯曲半径不得小于表 4-49 的规定。

母线平弯、立弯的弯曲半径要求 表 4-49

项目	母线规格 $a×b$（mm×mm）	最小弯曲半径 R		
		铝	铜	钢
平弯	50×5 及以下	$2b$	$2b$	$2b$
	>50×5~120×10	$2.5b$	$2b$	$2b$
立弯	50×5 及以下	$1.5a$	a	$0.5a$
	>50×5~120×10	$2a$	$1.5a$	a

5）母线扭弯、扭转部分的长度不得小于母线宽度的 2.5 倍。

6）母线连接可采用焊接或螺栓连接，其焊接质量应符合标准要求，矩形母线搭接也应符合规范要求，不同金属母线的母线搭接，其搭接面的处理也应符合规范要求。

7）母线支持点的间距，对低压母线不得大于 900mm，对高压线不得大于 1200mm。低压母线垂直安装且支持点间距无法满足要求时，应加装母线绝缘夹板。

8）母线的相位排列、涂色应符合表 4-50 的要求。

母线的相位排列、涂色要求　　　　表 4-50

母线的相位排列	三线时		四线时
水平（由内向外）	A-B-C		A-B-C-O
垂直（由上向下）	A-B-C		A-B-C-O
母线相位	涂色	母线相位	涂色
A 相	黄	中性（不接地）	紫
B 相	绿	中性（接地）	黑
C 相	红		

9）绝缘子的底座、套管的法兰、保护网（罩）及母线支架等可接近裸露导体但应接地（PE）或接零（PEN）可靠。其不应作为接地（PEO）或接零（PEN）的接续导体。

（3）常见质量问题及防治措施（表 4-51）

母线安装常见质量问题及防治措施　　　　表 4-51

序号	常见质量问题	防治措施
1	螺栓连接母线时，螺孔过大	按标准要求，开孔时应控制位置，并与螺栓直径一一对应
2	型钢、母线及开孔处有毛刺或不规则	1. 不使用电气焊切割。 2. 按工艺要求操作
3	母线搭接间隙过大	1. 母线压接用垫圈应符合规定。 2. 母线搭接处使用板锉锉平

6. 电力变压器安装检查

电力变压器是将高压降低的中心器件，一端接高压，另一端连低压，是变配电所的心脏元件。电力变压器安装质量直接影响其使用与寿命，因此监理人员应予以重视。电力变压器安装时，要求土建墙面、屋顶喷浆完毕，屋面无漏水，门窗及玻璃安装完毕；室内地面工程结束，场地清理干净；变压器轨道安装完毕。

（1）电力变压器安装工艺流程：设备点件检查→变压器二次搬运→变压器稳装→附件安装→变压器吊芯检查及交接试验→送电前检查→送电运行试验。

（2）监理人员进行质量检查时着重注意以下几点：

1）变压器的型号、规格应符合设计要求。

2）高低压瓷件表面严禁有裂纹、缺损和瓷釉损坏等缺陷。

3）变压器位置、注油量、油号应准确，油位应清晰正常；油箱无渗油现象，轮子应固定可靠；防震应牢固可靠，器身应表面干净清洁、油漆完整。

4）变压器与线路连接螺栓的锁紧应装置齐全，瓷套管不受外力。零线沿器身向下接至接地装置的线段应固定牢靠。

5）变压器及其附件外壳和其他非带电金属部件均应接地。

6）变压器中性点应与接地装置引出干线直接连接，接地装置的接地电阻值必须符合设计要求。

7）变压器、高压的电气设备和布线系统及继电保护系统的交接试验，必须符合《电气装置安装工程 电气设备交接试验标准》GB 50150—2016 的规定。

（3）常见质量问题及防治措施（表4-52）

电力变压器安装常见质量问题及防治措施 表 4-52

序号	常见质量问题	防治措施
1	管线排列不整齐、不美观	按规范要求进行卡设，做到横平竖直
2	变压器一、二次瓷套管损坏	搬运及安装时注意保护
3	变压器倾斜超差	安装变压器前对基础水平度进行复核
4	变压器一、二次引线螺栓不紧、压接不牢	锁紧装置应齐全，按工艺要求操作
5	变压器附件安装后，有渗油现象	应垫好密封圈，螺栓拧紧

7. 高压开关安装检查

高压开关安装时，土建应基本完成施工，墙面、屋顶喷浆刷漆完毕，无漏水，门窗已安齐。

（1）高压开关安装工艺流程如下：设备开箱点件→型钢支架制作安装→设备安装→操作机构安装调整→引线安装→设备及支架接地（接零）→耐压试验→送电运行验收。

（2）高压开关安装质量监理要点

1）高压开关型号、规格、摆放位置应符合设计要求。

2）凡瓷件表面严禁有裂纹、缺损和瓷釉损坏。

3）开关柜应固定牢固、部件完整，操作部分应灵活、准确。

4）接地（接零）支线敷设连接应紧密、牢固，截面应正确选用。

5）送电前应由具有专门调试试验资质的单位进行调试。

6）柜（盘）安装允许偏差和检验方法见表4-53。

（3）常见质量问题及防治措施（表4-54）

柜（盘）安装允许偏差和检验方法　　　　　　　表 4-53

序号	项目			标准要求（mm）	检验方法
1	基础型钢	顶部平直度	每米	1	拉线、尺量检查
			全长	5	
2		侧面平直度	每米	1	
			全长	5	
3	柜（盘）安装	每米平直度		1.5	吊线、尺量检查
4		柜（盘）顶平直度	相邻两柜（盘）	2	直尺、塞尺检查
			成排柜（盘）顶部	5	拉线、尺量检查
5		柜（盘）面平整度	相邻两柜（盘）	1	直尺、塞尺检查
			成排柜（盘）面	5	拉线、尺量检查
6		柜（盘）间接缝		2	塞尺检查

高压开关安装常见问题及防治措施　　　　　　　表 4-54

序号	常见质量问题	防治措施
1	支架安装不牢	加强检查，按规范施工
2	瓷件损伤	做好成品保护
3	开关拉合角度不对，刀片接触不紧	各部件仔细安装，认真检查

8. 成套配电柜及动力开关柜安装

各柜安装时，墙面、屋顶喷浆完毕，无漏水，门窗玻璃安装完好，室内地面工程完工，场地干净，道路畅通。

（1）施工工艺：设备开箱检查→设备搬运→柜（盘）稳装→柜上方母线配置→柜二次回路配线→柜试验调整→送电运行。

（2）各柜安装质量监理要点

1）柜(盘)内部检查时，电气装置及元件、绝缘资料应齐全，无损伤、裂纹等缺陷。

2）柜内设备的导电接触面与外部母线连接处必须接触紧密。

3）柜与基础型钢间连接应紧密、固定牢固、接地可靠，柜间接缝应平整。

4）柜顶上母线配置应符合规范要求。

5）柜、屏、箱内线路的线间和线对地绝缘电阻值，馈电线路必须大于 0.5MΩ，二次回路必须大于 1MΩ。

6）柜的试验调整应由具有相应资质的单位进行。

7）柜（当）安装允许偏差和检验方法见表 4-53。

（3）常见质量问题及防治措施（表 4-55）

9. 配电箱安装检查

配电箱根据其组成材料可分为铁制配电箱、塑料配电箱和木制配电箱。目前常用的是铁制配电箱，根据安装方式不同分为明装和暗装两种。安装配电箱盘面时，抹灰、喷浆及刷漆应全部完成。

成套配电柜安装常见问题及防治措施

表 4-55

序号	常见质量问题	防治措施
1	柜（盘）内电器元件、瓷件、油漆损坏	小心搬运，仔细检查，有问题及时处理
2	柜内控制线压接不紧，接线错误	按规范施工，按设计接线
3	二次回路辅助开关切换失灵，机械性能差	反复调整，达不到要求则更换

（1）配电箱安装工艺流程（图 4-13）

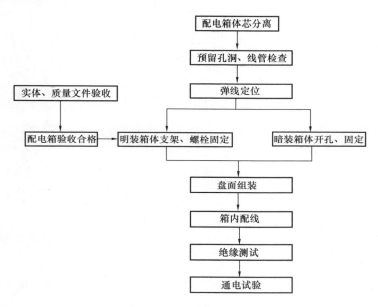

图 4-13　配电箱安装工艺流程图

设备开箱检查→设备搬运→定位→箱体安装→盘面组装→箱内配线→绝缘测试→通电试验。

（2）配电箱安装质量监理要点

1）配电箱带有器具的铁制盘面和装有器具的门及电器的金属外壳，均应有明显可靠的 PE 线接地。

2）配电箱上电具、仪表应安装牢固、平正、整洁，间距应均匀，铜端子无松动，启闭灵活，零部件齐全。

3）配电箱安装应牢固、平正。垂直度允许偏差为 1.5‰，相互间接缝不应大于 2mm，成列盘面偏差不应大于 5mm。

4）导线与器具连接应牢固紧密、不伤线芯。压板连接时应压紧无松动；螺栓连接时，在同一端子上导线不超过两根，防松垫圈等配件应齐全。

5）箱内开关动作灵活可靠，带有漏电保护的回路，漏电保护装置动作电流不大于3mA，动作时间不大于0.1s。

（3）常见质量问题及防治措施（表4-56）

配电箱安装常见质量问题及防治措施 表 4-56

序号	常见质量问题	防治措施
1	箱的标高、垂直度超差	对土建弹出的墨线进行复核，认真测量定位
2	接地导线截面不够，地线串接	按规范要求选用导线，地线一律不串接
3	盘后配线排列不整齐	接支路绑扎成束，并予以固定

10．柴油发电机组、不间断电源、电动机安装检查

柴油发电机组、不间断电源、电动机的安装应在土建墙面、屋顶抹灰、喷浆完毕，无漏水，门窗、玻璃安装完好，室内地面工程完工，场地清理干净后进行。

安装质量监理要点

（1）柴油发电机馈电线路连接后，两端的相序必须与原供电系统的相序一致。

（2）发电机中性线（工作零线）应与接地干线直接连接，可接近裸露导体应接地（PE）或接零（PEN）可靠，且有标识。

（3）不间断电源的整流装置、逆变装置和静态开关装置的规格、型号必须符合设计要求。内部接线应连接正确，紧固件应齐全、可靠、不松动，焊接连接应无脱落现象。

（4）不间断电源输出端的中性线（N极），必须与由接地装置直接引来的接地干线相连接，做重复接地。

（5）电动机、电加热器及电动执行机构的可接近裸露导体必须接地（PE）或接零（PEN）。

（6）在设备接线盒内裸露的不同相导线间和导线对地间最小距离应大于8mm，否则应采取绝缘防护措施。

（7）电动机应试通电，检查转向和机械转动有无异常情况；空载试运行的电动机，运行时间一般为2h，应记录空载电流，且检查机身和轴承的温升情况。

11．灯具、吊扇、开关、插座安装检查

灯具、吊扇、开关、插座的安装应配合装饰工程进行。大型灯具及吊扇应做预埋吊钩，或用金属膨胀螺栓做固定吊杆。

（1）安装质量监理要点

1）位置、标高是否符合设计，与其他外表面器件如喷头、风口等是否协调，固定是否牢固，与固定面间有无空隙。

2）花灯吊钩圆钢直径不应小于灯具挂销直径，且不应小于6mm。大型花灯的固定及悬吊装置应按灯具重量的2倍做过载试验。

3）当灯具距地面高度小于 2.4m 时，灯具的可接近裸露导体必须接地（PE）或接零（PEN）可靠；并应有专用接地螺栓，且有标识。

4）灯具及其配件应齐全，无机械损伤、变形、涂层剥落和灯罩破裂等缺陷。

5）水下灯及防水灯具的等电位连接应可靠，且有明显标识；自电源引入灯具的导管必须采用绝缘导管，严禁采用金属或有金属护层的导管。

6）建筑物景观照明灯具安装应符合下列规定：

① 每套灯具的导电部分对地绝缘电阻值应大于 2 MΩ。

② 在人行道等人员来往密集场所安装的落地式灯具，如无围栏防护，安装高度应距地面 2.5m 以上。

③ 金属构架和灯具的可接近裸露导体及金属软管的接地（PE）或接零（PEN）应可靠，且有标识。

7）插座接线应符合下列规定：

① 单相两孔插座，面对插座的右孔或上孔与相线连接，左孔或下孔与零线连接；单相三孔插座，面对插座的右孔与相线连接，左孔与零线连接。

② 单相三孔、三相四孔及三相五孔插座的接地（PE）或接零（PEN）线接在上孔。插座的接地端子不与零线端子连接。同一场所的三相插座、接线的相序一致。

③ 接地（PE）或接零（PEN）线在插座间不得串联。

8）开关安装位置应便于操作，开关边缘距门框边缘的距离为 0.15～0.2m，开关距地面高度为 1.3m。

9）照明器具安装允许偏差（表 4-57）。

照明器具安装允许偏差　　　　　表 4-57

序号	项目		允许偏差（mm）	检验方法
1	成排灯具中心线		5	拉线、尺量检查
2	明开关、插座的底板和暗开关、插座的面板	并列安装高差	0.5	尺量检查
		同一场所高差	5	
		面板垂直度	0.5	吊线、尺量检查

（2）常见质量问题及防治措施（表 4-58）

照明器具安装常见质量问题及防治措施　　　　表 4-58

序号	常见质量问题	防治措施
1	成排灯具、吊扇中心线超差	按图拉十字线定位
2	与建筑物表面的缝隙过大	吸顶盘应平整，固定架牢固，螺丝拧紧
3	开关、插座标高超差	控制预埋盒的标高，土建粉刷前进行复核、纠正
4	开关接线错误	1. 统一相、零线的颜色。 2. 及时复核相线电源开关
5	插座接线错误	相线、零线、地线选用不同颜色，按规范敷设接线

第五节　智能建筑工程监理质量控制要点

一、智能建筑工程子分部工程、分项工程划分（表 4-59）

智能建筑工程子分部工程、分项工程划分　　　　　　　　　　表 4-59

分部工程	子分部工程	分项工程
智能建筑工程	通信网络系统	通信系统、卫星及有线电视系统、公共广播系统
	办公自动化系统	计算机网络系统、信息平台及办公自动化应用软件、网络安全系统
	建筑设备监控系统	空调与通风系统、变配电系统、照明系统、给水排水系统、热源和热交换系统、冷冻和冷却系统、电梯和自动扶梯系统、中央管理工作站与操作分站、子系统通信接口
	火灾自动报警及消防联动系统	火灾和可燃气体探测系统、火灾自动报警控制系统、消防联动系统
	安全防范系统	电视监控系统、入侵报警系统、巡更系统、出入口控制（门禁）系统、停车管理系统
	综合布线系统	缆线敷设和终接、机柜、机架、配线架的安装，信息插座和光缆芯线终端的安装
	智能化集成系统	集成系统的体系结构和系统功能、数据库、信息安全、功能接口
	电源与接地	电源、防雷及接地
	环境	空间环境、室内空调环境、视觉照明环境、电磁环境
	住宅（小区）智能化系统	火灾自动报警及消防联动系统、安全防范系统、信息网络系统、物业管理系统

二、智能建筑工程的基本规定

1. 智能建筑工程应按已审批的施工图施工，按设计文件的要求检测验收。

2. 智能建筑工程施工现场的质量管理，应符合《建筑工程施工质量验收统一标准》GB 50300—2013 第 3.0.1 条的规定。除此之外，尚须符合下列规定：

（1）安装施工单位和系统集成商应按有关规定具有相应的资质。

（2）安装调试人员应按有关规定具有相应的资格或专项资格。

（3）安装调试使用的仪器仪表及计量器具应按有关规定具有检验合格证，并保证使用时在其有效期内。

3. 智能建筑工程各子系统检测应由建设单位项目技术负责人组织施工单位、系统集成商和设计单位有关专业的技术、质量负责人共同组成检测小组，对各子系统实施系统检测，并由相关专业的监理工程师监督执行。

4. 各子系统工程完成后，应由施工单位组织有关人员进行检测，并向建设单位提交工程自检报告。

5. 施工检测包括设备和材料进场检验、隐蔽工程检验、安装质量检验等内容，一般应随工程进度分阶段进行，在工程自检报告中提交检测结果，并经监理工程师签收；系统检测应在系统试运行至少 1 个月后进行；竣工验收应在系统试运行至少 3 个月后进行；各系统竣工验收全部合格的，智能建筑工程质量总体验收才为合格。

6. 智能建筑工程的检测和验收必须由系统集成商按施工检测、系统检测及竣工验收诸环节制定各子分部工程及整个分部工程的检测验收大纲和验收办法。检测验收大纲和验收办法一般应根据合同技术文件和现场的具体情况制定，其内容包括检测验收的目的、检测的内容与方法、测试所依据的标准规范、测试工具与测试结果的处理分析、测试结论及处理办法、验收结论等诸项。检测验收的质量指标应明确，检测验收大纲应由合同签订机构负责审定，总监理工程师批准。

7. 检测验收的内容一般应包括材料、主要设备及软件的检测验收，以及随工检测验收、系统检测和竣工验收，检测验收应按"先产品，后系统；先子系统，后集成系统"的顺序进行。

8. 隐蔽工程和工程观感质量的验收、检验抽样方案的确定应符合《建筑工程施工质量验收统一标准》GB 50300—2013 第 3.0.3、3.0.4 和 3.0.5 条的规定。

9. 检测验收的技术文件应包括：

（1）已审批的全部设计文件。

（2）工程合同。

（3）设计变更文件。

（4）检测验收大纲。

（5）检测记录及数据处理结果。

（6）检测验收报告。

（7）火灾自动报警及消防联动系统的技术检测文件及批复文件。

10. 材料及主要设备的检测验收要求如下：

（1）对材料和设备的外观、包装及品种、数量等进行检查。

（2）对材料、设备的中文质量合格证明文件、规格、型号及性能检测报告进行检查。

（3）材料的品种、规格、性能等应符合现行国家产品标准和设计要求。

（4）对材料、设备及软件的主要性能进行检测时，一些特殊的检查应明确检查方法、检查数量和指标。

（5）控制柜（屏、台）等应有系统集成商的自检记录。

11. 智能建筑工程所需的专用工具、仪表、专用软件和备品、备件等，必须按工程合同所规定的数量、型号备齐。

12. 系统功能检测验收按照智能建筑工程已批准的检测验收大纲中的系统功能逐项

进行。

13. 系统接口的检测验收

所有接口必须由接口集成商提交接口规范和接口测试大纲，接口规范和接口测试大纲应由合同签订机构负责审定，总监理工程师批准。检测验收时应按接口测试大纲逐项检测接口系统的软硬件，保证接口性能符合设计要求，能实现接口规范中规定的各项功能，不发生兼容性及通信瓶颈问题，并保证接口系统的安装质量。

14. 只有在建筑装修、建筑给水与排水及采暖工程、建筑电气、通风与空调和电梯等分部工程交接验收合格后，并经检查确认，方可对智能建筑工程进行检测验收。

15. 智能建筑工程各子分部工程的线槽及线缆敷设路径一致时，线槽及缆线宜同时敷设，线缆应预留足够长度的接线，并对接线做好密封、防潮等保护措施。

16. 管线及设备上的阀门、流量计等仪表装置的安装宜安排与管线及设备的安装同时进行。

17. 凡自带控制器的设备，其通信接口的检测应符合《建筑工程施工质量验收统一标准》GB 50300—2013 的规定。

18. 与公共设施连通的项目检测验收，包括火灾自动报警及消防联动系统、安全防范系统、通信网络系统等，应在有关主管单位的指导下进行，验收结果必须经有关主管单位审核后方可投入运行。

19. 检测验收表格的制定

（1）检验批质量验收记录（《建筑工程施工质量验收统一标准》GB 50300—2013中附录 D）是对各分项工程中的主控项目、一般项目进行检测验收时的记录表，应由该分项工程检测验收负责人填写，监理工程师签收。

（2）分项工程质量验收记录（《建筑工程施工质量验收统一标准》GB 50300—2013中附录 E）是对各子分部工程中的各分项工程进行检测验收时的记录表，应由该子分部工程检测验收负责人填写，监理工程师签收。

（3）子分部工程质量验收记录（《建筑工程施工质量验收统一标准》GB 50300—2013 中附录 F）是对智能建筑所涉及的各子分部工程的质量验收结果的汇总，用于智能建筑工程总体验收，应由质量检测验收负责人填写，总监理工程师签收。

（4）根据检测验收的需要，质量检测验收小组还应参考《建筑工程施工质量验收统一标准》GB 50300—2013 中附录 A 制定"智能建筑工程质量管理检查记录"，检测验收大纲中涉及的其他记录表格应由检测验收小组根据需要编制。

三、智能建筑工程各子分部工程质量控制要点

（一）通信网络系统

1. 本系统的子分部工程包括通信系统、卫星及有线电视系统、公共广播系统三个子系统，上述子系统的分项工程只对在智能建筑中所安装的通信网络设施及其与接入网之间的接口检测验收提出要求。

2. 系统的检测由系统检查测试、初验测试和试运转验收测试组成。

3. 通信网络系统的测试方法应符合厂家提供的技术文件、操作程序要求，并采用规定的专用仪表完成测试。

4. 智能建筑内的通信设施接入公用通信网信道的传输速率、物理接口和接口协议应符合设计要求。

5. 有线电视系统检测的主要技术指标包括系统的输出电平、载噪比、载波复合三次差拍比、载波复合二次互调比、交流干扰调制比、交流声调制比、回波值、微分增益、微分相位、频道内频响和色度/亮度时延差共 10 个参数，应对这些参数进行逐项检测。

6. HFC 网络和双向数字电视系统的检测验收分为正向传输测试和反向传输测试。正向传输测试重点检测调制误差率和相位抖动，反向传输测试重点检测侵入噪声和脉冲噪声。

7. 卫星电视系统主要检测接收天线功率增益、室外单元的相位噪声和室内单元的 EbN 门限值。

8. 开路电视系统应重点检测变频器的输入与输出电平、载噪比和接收天线的功率增益。

9. 背景广播音乐系统应重点检测系统的连通性和音响效果，并保证在紧急事故情况下，可切换为紧急事故广播运行模式。

10. 通信网络系统工程验收可以分为随工验收、初步验收和竣工验收。竣工验收文件和记录应包括以下内容：

（1）安装工程量总表。

（2）工程说明。

（3）设备检验记录。

（4）测试记录。

（5）竣工图纸。

（6）随工检查记录和阶段验收报告。

（7）工程变更单。

（8）已安装的设备明细表。

（9）验收证书。

11. 通信网络系统的测试一般包括以下内容：

（1）系统检查测试

1）硬件加电检查测试。

2）系统功能测试。

（2）初验测试

1）可靠性。

2）接通率。

3）基本功能（如电信系统的业务呼叫与接续、计费、信令、系统负荷能力、传输指标、维护管理、故障诊断、环境条件适应能力等）。

（3）试运转验收测试

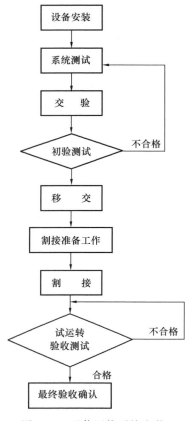

图 4-14　通信网络系统安装、
移交和验收工作流程图

1）联网运行（接入用户和电路）。

2）故障率。

12. 通信网络系统安装、移交和验收工作流程如图 4-14 所示。

（二）办公自动化系统（略）

（三）建筑设备监控系统

1. 建筑设备监控系统用于对智能建筑内各类机电设备进行监测、控制及自动化管理，达到安全、可靠、节能和集中管理的目的。

2. 建筑设备监控系统的监控范围为空调与通风系统、变配电系统、照明系统、给水排水系统、热源和热交换系统、冷冻和冷却系统、电梯和自动扶梯系统等各子系统。

3. 设备及器材到达现场后，应及时进行验收，进场验收应符合下列要求：

（1）主要设备、材料、成品和半成品的进场验收按《建筑电气工程施工质量验收规范》GB 50303—2015 中 3.2 有关规定执行。

（2）各类传感器、变送器、执行机构等进场验收应符合下列规定：

1）查验合格证和随带技术文件，实行产品许可证和安全认证的产品应有产品许可证和安全认证标志。

2）外观检查：铭牌、附件应齐全，电气接线端子应完好，设备表面应无缺损，涂层完整。

（3）设备及器材进场验收结论应有记录，经建设方和监理方确认符合规定的，才能在工程中使用。

4. 施工及施工质量检查应按以下规定执行：

（1）电缆桥架安装和桥架内电缆敷设，电缆沟内和电缆竖井内电缆敷设，电线、电缆导管和线路敷设，电线、电缆穿管和线槽敷线的施工应遵照《建筑电气工程施工质量验收规范》GB 50303—2015 中第 12～15 章的有关规定执行。在工程实施中有特殊要求时应按设计文件执行。

（2）隐蔽工程在隐蔽前必须进行检查验收，并有隐蔽工程验收记录。

（3）传感器、电动阀门及执行器、控制柜和其他设备安装时应遵照设计文件、产品技术文件和参照《建筑电气工程施工质量验收规范》GB 50303—2015 中的有关规定进行。

（4）系统施工和设备安装结束后要经过检查验收，并有建设、监理、施工及相关单位签字的检查验收报告。

5. 工程调试完成后，工程实施单位要对传感器、执行器、控制器及系统功能（含系统联动功能）进行现场测试。传感器可用比对法测试，对监控点传感器和执行器要逐点测试，监测点传感器可按 50％ 比例测试。系统功能要逐项测试，测试时要填写设备测试记录，并如实填写测试数据，设备测试时应有工程建设方或工程监理方相关人员参加。

6. 工程调试完成，经与工程建设方协商后可投入系统试运行，系统试运行时应做好记录，应建立系统历史数据库记录。

7. 建筑设备监控系统的检测以系统功能检测为主，同时进行现场安装质量检查、设备性能检测及工程实施过程中相关技术文件资料的完整性和规范性检查，检测前应编制系统检测大纲。

8. 建筑设备监控系统检测应依据以下技术文件：

（1）工程合同技术文件。

（2）工程设计文件。

（3）工程变更说明文件。

（4）设备及产品的技术标准。

9. 建筑设备监控系统检测时应提供以下过程质量记录：

（1）设备器材进场检验记录。

（2）隐蔽工程检验记录。

（3）施工质量检查记录。

（4）设备及系统测试记录。

（5）系统试运行记录。

10. 空调与通风系统功能检测

建筑设备监控系统应对空调系统进行温湿度自动控制、预定时间表自动启停、节能优化控制功能检测，应着重检测其测控点（如温度、湿度、压差和压力等）与被控设备（如风机、风阀、水泵、加湿器及电动阀门等）的随动性和实时性，检查运行工况，测定控制精度，并检测设备连锁控制的正确性。对试运行中出现故障的系统要重点测试。

检测数量为每类机组按总数的 20% 抽检，每类机组不足 5 台时全部检测。被抽检机组全部合格时为检测合格。

检测方法：在工作站或现场控制器模拟测控点数值或状态改变，或人为改变测控点状态时，记录被控设备动作情况和响应时间；在工作站或现场控制器改变时间设定表时，记录被控设备启停情况；在工作站模拟空气环境工况的改变，记录设备运行状态变化，也可根据历史记录和试运行记录对节能优化控制做出判定。

建筑设备监控系统对各类传感器、执行器和控制设备的运行参数、状态等进行检测时，应通过工作站数据读取、历史数据读取、现场测量观察和人为设置故障相结合的方法进行，同类设备抽检数量应不低于 20%，被检设备合格率达到 100% 时为检测合格。

11. 变配电系统功能检测

建筑设备监控系统对变配电系统进行检测时，应利用工作站数据读取和现场测量的方法，对电压、电流、有功功率、功率因数、用电量等各项参数的测量和记录进行准确性和真实性检查。显示电力负荷及上述各参数的动态图形，能比较准确地反映参数变化情况，并对报警信号进行验证。

抽检数量应不低于 20%，被检参数合格率在 90% 以上时为检测合格。

对高低压配电柜的工作状态、故障状态，电力变压器的温度，应急发电机组的工作状态，储油罐的液位及蓄电池组工作状态进行检测时，应为全部检测，合格率达到 100% 时为检测合格。

12. 照明系统功能检测

建筑设备监控系统对公共照明设备（公共区域、过道、园区）检测时，应以光照度、时间表等为控制依据，模拟设置程序控制灯组的开关，检查控制动作的正确性和节能运行情况，并手动检查开关状态。

检测方式为抽检，抽检数量应不低于 20%，被检参数合格率达到 100% 时为检测合格。

13. 给水排水系统功能检测

建筑设备监控系统应对给水系统、排水系统进行液位、压力等参数检测及水泵运行状态的监测、记录、控制和报警进行验证。检测时应通过工作站参数设置或人为改变现场测控点状态，监视设备的运行状态，包括自动调整水泵转速、投运水泵切换及故障状态报警和保护等项是否满足设计要求。

检测方式为抽检，抽检数量应不低于 20%，被检参数合格率达到 100% 时为检合格。

14. 热源和热交换系统功能检测

建筑设备监控系统应对热源和热交换系统进行系统负荷调节、预定时间表自动启停和节能优化控制。检测时应通过工作站或现场控制器对热源和热交换系统的设备运行状态、故障等的监视记录与报警进行检测，并检测对设备的控制功能。

对热源和热交换系统能耗计量与统计进行核实，对节能效果进行确认。

检测方式为抽检，抽检数量应不低于 20％，被检参数合格率达到 100％时为检测合格。

15. 冷冻和冷却水系统功能检测

建筑设备监控系统应对冷水机组、冷冻冷却水系统进行系统负荷调节、预定时间表自动启停和节能优化控制。检测时应通过工作站对冷冻、冷却水系统设备控制和运行参数、状态、故障等的监视、记录与报警情况进行检查，并检查设备运行的联动情况。

对冷冻水系统能耗计量与统计进行核实。

检测方式为抽检，抽检数量应不低于 50％，被检参数合格率达到 100％时为检验合格。

16. 电梯和自动扶梯系统功能检测

建筑设备监控系统应对建筑物内电梯和自动扶梯系统进行监测。检测时应通过工作站对系统的运行状态与故障进行监视，并与系统实际工作情况进行核实。当与电梯管理系统提供的通信接口进行数据传输时，应对电梯运行方式、运行状态和故障进行检测。

检测方式为抽检，抽检数量应不低于 50％，被检参数合格率达 100％时为检验合格。

17. 中央管理工作站与操作分站功能检测

建筑设备监控系统对中央管理工作站与操作分站进行检测时，主要检测其监控和管理功能，检测时应以中央管理工作站为主，对操作分站主要检测其监控和管理权限，以及数据与中央管理工作站的一致性。

检测中央管理工作站记录各种运行状态信息、测量数据信息、故障报警信息的实时性和准确性，以及对设备进行控制和管理的功能，并测定远动控制的有效性、正确性和响应时间。中央管理工作站的远动控制功能测试为每类系统被控设备抽检 20％。

检测中央管理工作站数据的存储和统计（包括检测数据、运行数据）、历史数据趋势图显示、报警存储统计（包括各类参数报警、通信报警和设备报警）情况，中央管理工作站存储的历史数据时间应大于 3 个月。

检测中央管理工作站数据报表生成及打印功能、故障报警信息的打印功能。

检测中央管理工作站操作的方便性，人机界面应符合友好、汉化、图形化要求，图形切换流程应清楚易懂、便于操作。对报警信息的处理应直观。

检测操作权限，确保系统操作的安全性。

以上功能全部满足设计要求时为检测合格。

18. 建筑设备监控系统与子系统（设备）间的数据通信接口功能检测

建筑设备监控系统与带有通信接口的各子系统以数据通信的方式相联时，应在工作站观测子系统的运行参数（含工作状态参数和报警信息），并和实际状态核实，确保准确性和实时性，对可控功能的子系统，应检测发命令时的系统响应状态。

数据通信接口要全部检测，合格率达到100％时为检测合格。

19. 现场设备安装质量检查

现场设备安装质量检查按《建筑电气工程施工质量验收规范》GB 50303—2015 中有关章节和相关产品技术文件执行。

（1）传感器：每种类型传感器抽检10％，传感器少于10台时全部检查。

（2）执行器：每种类型执行器抽检10％，执行器少于10台时全部检查。

（3）控制柜：各类控制柜抽检20％，少于10台时全部检查。

合格率达到90％时为检测合格。

20. 现场设备性能测试

（1）接入率及完好率测试，按照设计总数的10％进行抽检，少于10台时全部检测，合格率达到90％时为检测合格。

（2）模拟信号通道的检测精度测试，按照设计总数的10％进行抽检，少于10台时全部检测，合格率达到90％时为检测合格。

（3）控制设备性能测试，包括电动风阀、电动水阀、变频器等。主要测定控制设备的有效性、正确性和稳定性；测试核对电动调节阀和变频器在20％、50％、80％的行程处对控制指令的一致性、响应速度和控制效果；测试结果应满足合同技术文件及控制工艺对设备性能的要求。

检测方式为抽检20％，设备数量少于5台时全部测试，合格率达到到90％时为检测合格。

21. 实时性能测试

巡检速度、开关信号的反应速度应满足合同技术文件与设备工艺性能指标的要求；抽检10％，少于10台时全部检测，合格率达到90％时为检测合格。

报警信号反应速度应满足合同技术文件与设备工艺性能指标的要求；抽检20％，少于10台时全部检测，合格率达到100％时为检测合格。

22. 维护功能检测

检测应用软件的在线编程和修改功能，在中央站或现场进行控制器或控制模块应用软件的在线编程、参数修改及下载，全部功能得到验证为合格，否则为不合格。

设备、网络通信故障的自检测和报警功能，自检测和报警必须指示出相应设备的名称和位置，在现场人为设置设备故障和网络故障，在中央站观察结果显示和报警，输出结果正确的为合格，否则为不合格。

23. 可靠性测试

系统运行时，启动或停止现场设备时不应出现数据错误或产生干扰，影响系统正常工作。人为启动或停止现场设备时，观察中央站数据显示和系统工作情况，工作正常的为合格，否则为不合格。切断系统电网电源，转为 UPS 供电时，系统数据不应丢失或出现数据混乱。电源转换时系统工作正常的为合格，否则为不合格。

24. 系统验收的基本条件

（1）系统安装调试、试运行后的正常连续投运时间不少于 3 个月。

（2）系统检测结论合格，对其中的不合格项已进行了整改，并有整改复验报告。

（3）文件和记录应完整准确，包括以下内容：

1）工程合同技术文件。

2）竣工图纸：

① 设计说明。

② 系统结构图。

③ 各子系统控制原理图。

④ 设备布置及管线平面图。

⑤ 控制系统配电箱电气原理图。

⑥ 相关监控设备电气端子接线图。

⑦ 中央控制室设备布置图。

⑧ 设备清单等。

3）系统设备产品说明书。

4）系统技术、操作和维护手册。

5）设备及系统测试记录：

① 设备测试记录。

② 系统功能检查及测试记录。

③ 系统联动功能测试记录。

④ 系统试运行记录等。

6）其他文件：

① 系统设备出厂测试报告及进场验收记录。

② 系统施工质量检查记录。

③ 相关工程质量事故报告表。

④ 工程设计变更单。

（4）各智能化子系统已进行了系统管理人员和操作人员的培训，并有培训记录，系统管理人员和操作人员已可以独立工作。

（四）火灾自动报警及消防联动系统

1. 在智能建筑中，火灾自动报警及消防联动系统的检测应按《火灾自动报警系统施工及验收标准》GB 50166—2019 的规定及各地方的配套法规执行。

2. 火灾自动报警及消防联动系统应是相对独立的子系统。

3. 除《火灾自动报警系统施工及验收标准》GB 50166—2019 中规定的各种联动外，当火灾自动报警及消防联动系统还与其他智能建筑子系统具备联动关系时，其检测按相应法规或由系统集成商制定的检测验收大纲进行。

4. 检测消防主机的汉化图形显示界面及中文屏幕菜单等功能，并进行操作试验。

5. 检测消防控制室向 BAS 传输、显示火灾报警信息的一致性和可靠性，检测 BAS 系统的火灾运行模式。

6. 检测消防控制室与 BAS 等其他子系统的接口和通信功能。

7. 检测智能型火灾探测器的数量、性能及安装位置，普通型火灾探测器的数量及安装位置。

8. 检测新型消防设施的设置情况及功能，包括：

（1）极早期烟雾探测火灾报警系统（如空气取样式烟雾报警系统）。

（2）大空间红外图像矩阵火灾报警及灭火系统。

（3）（智能住宅小区中）煤气等可燃气体泄漏报警及联动控制系统（启动排风机及关闭燃气阀门等）。

9. 公共广播与消防系统共用时，应满足《火灾自动报警系统设计规范》GB 50116—2013 的要求，并检查其切换功能。

10. 当现场发出模拟火灾报警信号时，检测 BAS 中相应的闭路电视监控（录像、录音）系统、门禁系统、停车管理系统等的响应火灾模式操作及功能。

（五）安全防范系统

1. 安全防范系统包括电视监控系统、入侵报警系统、巡更系统、出入口控制（门禁）系统、停车管理系统等各子系统。

2. 设备、器材到达现场后，应由建设单位、监理单位和系统集成商及时进行验收。

（1）主要设备、材料、成品和半成品的进场验收按《建筑电气工程施工质量验收规范》GB 50303—2015 中规定执行。

（2）各类探测器、控制器等设备的进场验收应符合下列规定：

1）查验装箱单，检查设备的规格、数量、附件是否相符。

2）查验产品或设备的出厂合格证、产地证和产品技术资料是否齐全；实行许可证和安全认证的产品，应有产品许可证和安全认证标志。

3）外观检查：铭牌、附件应齐全，电气接线端子完好，表面无缺损，涂层完整。

3. 对电（光）缆敷设与布线应检验管线的防水、防潮功能；电缆排列位置，布放、绑扎质量；桥架的架设质量；在桥架内的安装质量、焊接及插接头安装质量、接线盒接线质量等。

对接地线应检验接地材料、接地线焊接质量、接地电阻等。

4. 安全防范系统施工质量的检验应根据系统设计方案、合同规定、施工图纸来检查工程的实际施工情况。

（1）对系统的各类探测器、摄像机、云台、护罩、控制器、辅助电源、电锁、对讲机等设备安装的部位、产品的规格与型号、安装质量等进行检验。

（2）对各类探测器、控制器、执行器等部件的电性能和功能进行检测。检测应由建设单位、监理单位、系统集成商和施工单位参加，采用逐点通电的形式进行检测，检测结果应填入检测记录表，并由各检测方签字。

5. 在安全防范系统设备施工检测完成后可进行系统调试，系统调试完成后，经建设方同意后方可进入系统试运行。系统试运行时应做好试运行记录。

6. 安全防范系统进行系统检测时应提供：

（1）设备器材进场检验记录。

（2）隐蔽工程检验记录。

（3）施工质量检查记录。

（4）设备功能检测记录。

（5）系统试运行记录。

7. 安全防范系统综合防范功能检测

（1）防范范围、重点防范部位和要害部门的设防情况、防范功能，以及技防设备的运行是否达到设计要求，有无防范死角。

（2）开通稳定运行时间的检测。

（3）各种防范子系统之间的联动是否达到设计要求。

（4）监控中心系统记录（包括大厦监控的图像记录和报警记录）的质量和保存时间是否达到设计要求等。

（5）对具有系统集成要求的系统还应检查系统的接口、通信功能和传输的信息是否达到设计要求。

8. 电视监控系统的检测

（1）检测内容

1）系统功能检测：摄像机的防拆、防破坏等纵深防御功能检测；云台转动，镜头、光圈的调节、调焦、变倍，图像切换及防护罩功能的检测。

2）图像质量检测：在摄像机的标准照度下，进行图像的清晰度、灰度及系统信噪比、电源干扰、单频干扰、脉冲干扰等检测。

检测方法：系统功能检测采用主观评价法。检测结果按《彩色电视图像质量主观评价方法》GB/T 7401—1987 中的五级损伤制评定，主观评价应不低于四级。

3）系统整体功能检测

根据系统设计方案进行功能检测，包括电视监控系统的监控范围、现场设备的接入率及完好率，开通稳定运行时间，矩阵监控主机的切换、遥控、编程、巡检、记录等功能，以及系统的跟踪性能等。

对数字视频录像式监控系统还应检测主机宕机的记录、图像显示和记录速度、图像质量、对前端设备的控制功能，以及通信接口功能、远端联网功能等。

对数字硬盘录像监控系统除检测其记录速度外，还应检测记录的检索、查找等功能。

4）系统联动功能检测

对电视监控系统与安全防范系统其他子系统的联动功能进行检测，包括出入口管理系统、入侵报警系统、巡更系统、停车管理系统等的联动控制功能。

5）电视监控系统工作站应保存至少1个月（或按合同规定）的图像记录。

（2）摄像机抽检的数量应不低于10%，摄像机数量少于10台时全部检测。被抽检设备的合格率达到90%时为合格。系统功能和联动功能全部检测，合格率达到100%时为合格。

9. 入侵报警系统（包括周界防越系统）

（1）检测内容

1）探测器的盲区检测，防宠物功能检测。

2）探测器的防破坏功能检测，包括报警器的防拆卸功能，信号线出现断开、短路，剪断电源线等情况的报警功能。

3）探测器灵敏度检测。

4）系统控制功能检测，包括系统的撤防、布防功能，系统后备电源投入功能等。

5）系统通信功能检测，包括报警信息的传输、报警信息处理功能。

6）现场设备的接入率及完好率测试。

7）系统的联动功能检测，包括入侵报警系统与电视监控系统、出入口管理系统等相关系统的联动功能。检测内容包括报警点相关电视监视画面的自动调入、关闭相关的出入口管理系统、事件录像联动等。

8）报警系统管理软件（电子地图）功能检测。

9）报警系统工作站应保存至少1个月（或按合同规定）的存储数据记录。

10）报警系统和城市报警联网功能的检测。

（2）探测器抽检的数量应不低于10％，探测器数量少于10台时全部检测。被抽检设备的合格率达到90％时为合格。系统功能和联动功能全部检测，合格率达到100％时为合格。

10. 巡更系统

（1）检测内容

1）按照巡更路线图检查系统的巡更终端、读卡机的性能。

2）现场设备的接入率及完好率测试。

3）检查巡更系统对任意区域或部位按时间线路进行任意编程修改的功能以及撤防、布防的功能。

4）检查系统的运行状态、信息传输、故障报警和指示故障位置的功能。

5）检查巡更系统对巡更人员的监督和记录情况、安全保障措施和对意外情况及时报警的处理手段。

6）对在线联网式的巡更系统还需要检查电子地图上的修改信息、遇有故障时的报警信号，以及和电视监视系统等的联动功能。

（2）巡更终端抽检的数量应不低于10％，探测器数量少于10台时全部检测。被抽检设备的合格率达到90％时为合格。系统功能全部检测，合格率达到100％时为合格。

11. 出入口控制（门禁）系统

（1）检测内容

1）出入口控制（门禁）系统的功能检测

① 检测系统主机在离线的情况下，出入口（门禁）控制器独立工作的准确性、实时性和储存信息的功能。

② 检测系统主机与出入口（门禁）控制器在线控制时，出入口（门禁）控制器工作的准确性、实时性和储存信息的功能。

③ 检测系统主机与出入口（门禁）控制器在线控制时，系统主机和出入口（门禁）控制器之间的信息传输及数据加密功能。

④ 检测掉电后，系统启用备用电源应急工作的准确性、实时性和信息的存储和恢复功能。

⑤ 检测通过系统主机、出入口（门禁）控制器及其他控制终端，使用电子地图实时监控出入控制点的人员、防止重复迁回出入及控制开闭的功能。

⑥ 检测系统对非法强行入侵及时报警的能力。

⑦ 检测系统对处理非法进入系统、非法操作、硬件失效等任何类型信息的及时报警能力。

⑧ 检测与本系统相关的综合安全防范管理系统、入侵报警系统及消防系统报警时的联动功能，以及本系统报警时与电视监控系统的联动功能。

⑨ 检测现场设备的接入率及完好率。

2）系统的软件检测

① 演示软件的所有功能，以证明软件功能与任务书或合同书要求一致。

② 根据需求说明书中规定的性能要求，包括精度、时间、适应性、稳定性、安全性以及图形化界面友好程度，对所验收的软件逐项进行测试，或检查已有的测试结果。

③ 对软件系统操作的安全性进行测试，包括系统操作人员的分级授权、系统操作人员操作信息的详细只读存储记录等。

④ 对所检测验收软件按《军用软件开发规范》GJB—437—1988 中的要求进行强度测试与降级测试。

⑤ 在软件测试的基础上，对被验收的软件进行综合评审，给出综合评价，包括软件设计与需求的一致性、程序与软件设计的一致性，以及文档（含培训软件、教材和说明书）描述与程序的一致性、完整性、准确性和标准化程度等。

（2）出入口控制器抽检的数量应不低于 10％，数量少于 10 台时全部检测。被抽检设备的合格率达到 90％时为合格。系统功能和软件全部检测，合格率达到 100％时为合格。

12. 停车管理系统

（1）检测内容

停车管理系统功能检测应分别对入口管理系统、出口管理系统和管理中心的功能进行检测。

1）车辆探测器对出入车辆的探测灵敏度检测，抗干扰性能检测。

2）自动栅栏升降功能检测，防砸车功能检测。

3）读卡器功能检测，对无效卡的识别功能检测；对非接触 IC 卡读卡器还应检测读卡距离和灵敏度是否与设计指标相符。

4）发卡（票）器功能检测，确定吐卡功能是否正常，入场日期、时间等记录是否正确。

5）满位显示器功能检测。

6）管理中心的计费、显示、收费、统计、信息储存等功能检测。

7）出入口管理工作站及与管理中心站的通信功能检测。

8）管理系统的其他功能检测，如"防折返"功能。

9）对具有图像识别功能的汽车库管理系统应分别检测出入口车牌和车辆图像记录的清晰度、调用图像信息的符合情况。

10）停车管理系统与入侵报警系统的联动控制功能检测，电视监视系统摄像机对进出车库的车辆的监视等功能检测。

11）空车位及收费显示功能检测。

12）管理中心工作站应保存至少1个月（或按合同规定）的车辆出入数据记录。

（2）停车管理系统功能应全部检测，合格率到100％时为合格；对车牌的识别率达到98％时为合格。

13. 综合管理系统

（1）检测内容

1）各子系统的数据通信接口：各子系统与综合管理系统以数据通信方式连接时，应能在综合管理工作站上观测到子系统的工作状态和报警信息，并与实际状态核实，确保准确性和实时性；对具有控制功能的子系统，应检测从综合管理工作站发送命令时，子系统的响应情况。

2）综合管理系统工作站：对综合管理系统工作站的软、硬件功能的检测，包括：

① 子系统监控站与综合管理系统工作站对系统状态和报警信息记录的一致性。

② 综合管理系统工作站对各类报警信息的显示、记录、统计等功能。

③ 综合管理系统工作站的数据报表打印、报警打印功能。

④ 综合管理系统工作站操作的方便性及人机界面的友好、汉化、图形化。

（2）综合管理系统功能应全部检测，合格率达到100％时为合格。

14. 系统验收的文件及记录应包括以下内容：

（1）工程设计说明，包括系统选型论证、系统监控方案和规模容量说明、系统功能说明和性能指标等。

（2）技防系统建设方案的审批报告。

（3）工程竣工图纸，包括系统结构图、各子系统监控原理图、施工平面图、设备电气端子接线图、中央控制室设备布置图、接线图、设备清单等。

（4）系统的产品说明书、操作手册和维护手册。

（5）工程检测记录，包括隐蔽工程检测记录、施工质量检查记录、设备功能检查记录、系统检测报告等。

（6）其他文件，包括工程合同、系统设备出厂检测报告和设备开箱验收记录、系统试运行记录、相关工程质量事故报告、工程设计变更单、工程决算书等。

（六）综合布线系统

1. 综合布线系统检测验收应采用专用测试仪器对系统的各条链路进行检测，评定系统的信号传输技术指标及工程质量。

2. 缆线敷设和终接的检测

（1）缆线的弯曲半径应符合下列规定：

1）非屏蔽4对对绞电缆的弯曲半径应至少为电缆外径的4倍。

2）屏蔽4对对绞电缆的弯曲半径应至少为电缆外径的6～10倍。

3）主干对绞电缆的弯曲半径应至少为电缆外径的10倍。

4）光缆的弯曲半径应至少为光缆外径的 15 倍。

（2）对绞电缆芯线终接应符合下列要求：

1）终接时，每对对绞线应保持扭绞状态，扭绞松开长度对于 5 类线不应大于 13mm。

2）对绞线在与 8 位模块式通用插座相连时，必须按色标和线对顺序进行卡接；在同一布线工程中两种连接方式不应混合使用。

3）卡入跳线架连接块内的单根线缆色标应和线缆的色标相一致，大多数电缆应按标准色谱的组合规定进行排序。

4）端接于 RJ45 口的配线架的线序及排列方式按有关国际标准规定的两种端接标准之一（T568A 或 T568B）进行端接，但必须与信息插座模块的线序排列使用同一种标准。

5）屏蔽对绞电缆的屏蔽层与接插件终接处的屏蔽罩必须以可靠的 360°圆周接触，接触长度不宜小于 10mm。

3. 施工单位必须对系统进行全部检测；验收机构验收光纤布线时应进行全部检测，验收对绞电缆布线链路时允许以不低于 10% 的比例进行随机抽样检测，抽样点必须包括最远布线点。

4. 竣工验收应严格按照下列步骤进行：

（1）首先必须检查是否具备验收条件：

1）相关专业应验收完毕。

2）系统工程施工单位应将工程实施过程中的各项施工检验的详细记录和各种技术资料准备充分，并在竣工验收前移交给建设单位。

（2）必须对竣工技术资料进行验收。

（3）对布线系统性能进行检测验收：验收机构进行竣工检测并做出评价，各项测试和评价应有详细记录，作为竣工资料的组成部分，并作为判定系统是否合格的重要依据。竣工检测合格判据包括单项合格判据和综合合格判据。

1）单项合格判据如下：

① 对绞电缆布线某一个信息端口及其水平布线电缆（信息点）按《综合布线系统工程验收规范》GB/T 50312—2016 中附录 B 指标要求，有一个项目不合格，则该信息点判为不合格；垂直布线电缆某线对按连通性、长度、衰减和串扰等进行验收，有一个项目不合格，则判该线为不合格。

② 光缆布线测试结果不满足《综合布线系统工程验收规范》GB/T 50312—2016 中附录 B 指标要求，则该光纤链路判为不合格。

③ 允许未通过检测的信息点、线对、光纤链路经修复后复验一次。

2）综合合格判据如下：

① 光缆布线全部检测时，如果系统中有一条光纤链路无法修复，则判为不合格。

② 对绞电缆布线全部检测时，如果无法修复的信息点或线对数目中有一项超过不合格信息点或线对数目总数的 1%，则判为不合格。

③ 对绞电缆布线抽样检测时，被抽样检测点（线对）不合格比例不超过 1%，则视为抽样检测通过，不合格点（线对）必须予以修复并复验。被抽样检测点（线对）不合格比例超过 1%，则视为一次抽样检测不通过，应进行加倍抽样。加倍抽样不合格比例不超过 1%，则视为抽样检测通过；如果不合格比例仍超过 1%，则视为抽样检测不通过，应进行全部检测，并按全部检测的要求进行判定。

④ 全部检测或抽样检测的结论为合格，则竣工检测的最后结论为合格；全部检测或抽样检测的结论为不合格，则竣工检测的最后结论为不合格。

5. 竣工技术资料的验收标准

（1）综合布线系统图：系统图应反映整个布线系统的物理连接拓扑结构，图中应注明光缆的数量、类别、路由，每根光缆的芯数，垂直布线对绞电缆的数量、类别、路由，每楼层水平布线对绞电缆的数量、类别、信息端口数，各配线区在建筑物中的楼层位置。

（2）综合布线系统信息端口分布图：分布图应反映每楼层信息端口在房间中的位置、类别及编号，不能使用的信息端口位置也应予以标出。

（3）综合布线系统各配线区布局图：布局图应反映电缆布线各配线区对绞电缆的数量、类别，配线连接硬件的数量、类别，进出线位置、编号及色标；光缆布线各配线区内光端口的编号，连接硬件的数量，光纤的数量、类别。若已做跳线，还要反映跳线的走向。

（4）信息端口与配线架端口位置的对应关系表：表中应严格给出信息端口编号与配线架端接位置编号之间的对应关系。

（5）综合布线系统路由图：路由图应反映路由的类型、接地情况，以及路由在楼层间、楼层内的走向及其占用情况。

（6）综合布线系统性能自测报告：自测报告应反映整个系统中的每一条链路，即每个信息端口及其水平布线电缆（信息点）、垂直布线电缆的每一对，以及光缆布线的每芯光纤通过测试与否的情况，未通过测试的，应在自测报告中注明。

（七）智能化集成系统（略）

（八）电源与接地

1. 电源检测、验收范围包括建筑物内各智能化子系统的供电装置和设备。

（1）正常工作状态下的供电设备，包括建筑物内各智能化子系统交、直流供电，以及供电传输、操作、保护和改善电能质量的全部设备和装置。

（2）应急工作状态下的供电设备，包括建筑物内各智能化子系统配备的应急发电机组、备用蓄电池组、充电设备和不间断供电设备等。

2. 防雷、接地的检测、验收，包括建筑物内各智能化子系统的防雷电波入侵装置、等电位联结、防电磁干扰接地和防静电干扰接地等。

3. 弱电系统自主配置的稳流稳压、不间断电源装置的检验，按《智能建筑工程质量验收规范》GB 50339—2013 中的相关内容执行。

弱电系统自主配置的应急发电机组的检验，按《智能建筑工程质量验收规范》GB 50339—2013 中的相关内容执行。

弱电系统自主配置的蓄电池组的检验，按《智能建筑工程质量验收规范》GB 50339—2013 中的相关内容执行。

对于弱电主机房设有集中供电专用电源设备独立供电的各楼层用户电源箱，安装检验按《智能建筑工程质量验收规范》GB 50339—2013 中的相关内容执行。

对于弱电主机房设有集中供电专用电源设备独立供电的电源线路，安装检验按《智能建筑工程质量验收规范》GB 50339—2013 中的相关内容执行。

4. 智能建筑中弱电系统的防雷、接地，应引接依《智能建筑工程质量验收规范》GB 50339—2013 中的相关内容验收合格的建筑物共用接地装置。

5. 智能建筑中弱电系统的单独接地装置，防过流、过压元件的接地装置，防电磁干扰屏蔽的接地装置，防静电接地装置的检验，依《智能建筑工程质量验收规范》GB 50339—2013 中的相关内容执行。

6. 弱电系统与建筑物等电位联结的检验，依《建筑电气工程施工质量验收规范》GB 50303—2015 中相关内容执行。

7. 智能建筑中弱电系统单独设置的接地，干线连续性检验、系统屏蔽的连续性检验，应符合设计文件及产品技术文件要求。

（九）环境

1. 环境包括建筑物的空间环境、室内空调环境、视觉照明环境和室内电磁环境。

2. 空间环境

（1）主要办公区域天花板净高不小于 2.5m。

（2）楼板应满足预埋地下线槽（线管）要求。

（3）为网络布线留有足够的配线间。

3. 室内空调环境

（1）实现对室内温度、湿度的自动控制并符合设计要求。

（2）室内温度，冬季 18℃，夏季 27℃。

（3）室内湿度，夏季≤65％。

4. 视觉照明环境

（1）水平面照度不小于 300lx。

（2）灯具眩光指数为Ⅱ级，以直接照明为主、间接照明为辅。

（3）灯具布置以线型为主，应消除频闪。

5. 室内电磁环境

智能建筑各弱电系统主机房及监控室室内场强应不大于 300mV/m。

（十）住宅（小区）智能化系统

1. 住宅（小区）智能化系统包括火灾自动报警及消防联动系统、安全防范系统、信息网络系统、物业管理系统等。

2. 安全防范系统的检测验收范围包括电视监控系统、入侵报警系统、保安巡更管理系统、出入口控制（门禁）系统、停车管理系统、访客对讲系统等各分系统。

3. 信息网络系统的检测验收范围包括有线和卫星电视系统、语音和数据网络系统、控制网系统、小区信息服务系统等分系统。

4. 住宅（小区）智能化系统工程检测时应具备以下技术文件：

（1）智能化系统工程设计说明文件。

（2）智能化系统工程竣工图纸。

（3）智能化系统工程招标文件。

（4）设备、产品合格证。

（5）设备、产品技术资料。

（6）系统测试记录。

（7）工程过程检测记录。

5. 设备功能和性能检测

住宅（小区）智能化系统设备应进行以下性能和指标的检测：

（1）设备接入率与完好率。

（2）设备功能。

（3）实时性能。

（4）可靠性。

（5）传感器精度。

（6）维护功能。

检测方法为抽检，以各分（子）系统为基础，按设备总数的 10% 抽检，且不得少于 10 台，设备总数不足 10 台时全部检测。

6. 检测结论的处理和判定

（1）住宅（小区）智能化系统检测结束时应有完整的检测报告，检测报告中要有明确的检测结论。

（2）住宅（小区）智能化系统的检测结论分为系统合格和系统不合格。

7. 火灾自动报警及消防联动系统功能检测：检测可燃气体泄漏报警系统的可靠性，

检测可燃气体泄漏报警时自动切断气源及电气装置的功能。

8. 入侵报警系统（包括周界防越系统）

（1）检测周界防越探测器发出警报时，系统在住宅（小区）物业管理中心的显示屏上显示报警区域、报警时间，并自动记录与保存的功能。

（2）检测住户室内家庭紧急求助报警装置的可靠性。

（3）检测家庭探测器布局的合理性、有效性以及安装隐蔽性。

（4）检测无线报警控制器的发射频率及功率是否符合国家及行业规范。

9. 访客对讲系统

访客对讲系统功能检测范围包括对室内机、门口机、电控锁、管理员机的功能。

（1）室内机

1）门铃提示及与门口机双方通话、与管理员通话的清晰度。

2）访客图像（可视对讲系统）的清晰度。

3）通话保密功能。

4）室内开锁功能。

（2）门口机和电控锁

1）呼叫住户和管理员机的功能。

2）CCD 红外夜视（可视对讲系统）功能。

3）门口机的防水、防尘、防震、防拆等功能。

4）密码开锁功能，对电锁的控制功能。

5）在有火警等紧急情况下电控锁应处于释放状态的功能。

（3）管理员机

1）与门口机的通信功能、联网管理功能。

2）与任一门口机、任一室内机互相呼叫和通话的功能。

（4）在停电后，备用电源应保证系统正常工作 8h 以上。

10. 家庭控制器系统

家庭控制器系统检测范围包括家庭报警、家用表具的现场计量与远程传输、家用电器的监控、信息服务、宽带接入网接口等。

（1）家庭报警

烟感探测器、燃气探测器、入侵报警探测器的检测按规范有关要求执行。

（2）家用表具的现场计量与远程传输

1）水、电、气、热等表具采用现场计量、数据远传，数据应保证计量精度（允许误差率≤2%），应做到管理可靠，并具备防破坏报警功能。

2）水、电、气、热等表具远程传输的各种数据，应可随时查询、统计、打印，并进行费用统计。

3）远程抄表系统中心可以监测系统运行状态，并及时进行故障报警。

（3）家用电器的监控

对家用电器监控的可靠、安全、联动、遥控、操作、报警等项进行检测。

（4）信息服务

1）信息处理中心要对数据的发布、回收、分类、查询、检索、存储、安全等项进行检测。

2）家庭控制器要对信息的显示、查询、存储、安全等项进行检测。

（5）宽带接入网接口

具有宽带接入网接口的家庭控制器，要对其接口进行检测。

（6）操作界面、外观检测

应对操作界面正常使用以及外观完好情况进行检测。

（7）容错、故障报警检测

应对误操作或出现故障时的报警和处理能力进行检测。

（8）安全和可靠检测

应对系统的安装、使用情况进行检测。

11．建筑设备监控系统

（1）公共照明

1）主要公共通道照明的开启、关闭时间设定。

2）主要公共通道照明的控制回路的开启设定。

（2）给水排水

1）给水排水设备运行状态显示、查询和故障报警。

2）蓄水池（含消防蓄水池）、污水池的水位检测和报警。

3）饮用水蓄水池过滤段、消毒设备的故障报警。

（3）电梯

电梯故障报警、电梯内人员求救信号指示或语音对讲。

（4）变配电设备

变配电设备故障报警。

12．系统验收的基本条件

（1）系统安装调试、试运行后的正常连续投运时间不少于3个月。

（2）检测结论全部合格或存在的问题已全部解决。

（3）文件和记录应完整、准确，包括以下技术文件：

1）过程检测时应具备的所有文件。

2）过程检测报告。

3）系统技术、操作和维护手册。

4）其他文件包括：

① 工程合同。

② 设备出厂测试报告及开箱验收记录。

③ 施工质量检查记录。

④ 隐蔽工程验收报告。

⑤ 相关工程质量事故报告。

⑥ 工程设计变更单。

⑦ 工程决算书和系统试运行记录等。

5）子系统已进行了系统管理人员和操作人员的培训，并有培训记录，系统管理人员和操作人员已可以独立工作。

13. 住宅（小区）智能化系统工程检测时应具备以下技术文件：

（1）工程设计说明文件，内容包括：

① 系统选型论证报告。

② 系统规模容量和控制方案说明。

③ 系统功能说明和性能指标等。

（2）竣工图纸，内容包括：

① 系统结构图。

② 各子系统控制原理图。

③ 设备布置与布线图。

④ 相关动力配电箱电气原理图。

⑤ 监控设备安装施工图。

⑥ 中央控制室设备布置图。

⑦ 监控设备电气端子接线图。

⑧ 监控设备清单等。

（3）工程过程检测记录，内容包括：

① 设备出厂质量记录。

② 现场开箱验收记录。

③ 施工质量检查记录。

④ 隐蔽工程验收记录。

⑤ 系统试运行记录。

第六节 施工监理资料内容及编写要求

施工监理资料内容及编写要求见表4-60～表4-67。

通信网络系统检测验收表　　　　　表 4-60

序号	检查内容	检查结果		备注
		合格	不合格	
1	安装验收检查内容			
(1)	机房环境要求			
(2)	设备器材清点			
(3)	设备机柜、加固安装			
(4)	设备模块配置			
(5)	设备间及机架内缆线布放			
(6)	电源及电力线布放			
(7)	设备至各类配线设备间缆线布放			
(8)	缆线导通			
(9)	各种标签			
(10)	接地电阻值			
(11)	接地引入线及接地装置			
(12)	机房内防火措施			
(13)	机房内安全措施			
2	通电测试前硬件检查			
(1)	按施工图设计要求检查设备安装情况			
(2)	设备接地良好			
(3)	供电电源电压及极性符合要求			
3	硬件测试			
(1)	设备供电正常			
(2)	报警指示工作正常			
(3)	硬件通电无故障			
4	系统测试			
(1)	系统功能			
(2)	中继电路			
(3)	用户连通性能			
(4)	基本业务与可选业务			
(5)	设备冗余倒换			
(6)	路由选择			
(7)	信号与接口			
(8)	过负荷			
(9)	计费功能			
5	系统维护管理			
(1)	软件版本符合合同规定			

续表

序号	检查内容	检查结果		备注
		合格	不合格	
(2)	人机命令核实			
(3)	报警系统			
(4)	故障诊断			
(5)	数据生成			
6	网络支撑			
(1)	网管功能			
(2)	同步功能			
7	模拟测试			
(1)	呼叫接通率			
(2)	计费准确率			

建筑设备监控系统功能检测表

表 4-61

项目	分项目	检测内容	抽查数量		合格率		检测结果
			规定值	实际值	规定值	实际值	
★1. 空调与通风系统	系统控制功能	温湿度自动控制	20%		100%		
		预定时间表自动启停	20%		100%		
		节能优化控制	20%		100%		
	系统巡检及报警功能	传感器	20%		100%		
		电动执行器	20%		100%		
		控制设备	20%		100%		
★2. 变配电系统	变配电系统参数准确性和真实性	各项参数测量	20%		90%		
		故障报警验证	20%		90%		
	高、低压配电柜	各项参数和工作状态	100%		100%		
		故障报警	100%		100%		
★3. 照明系统		公共照明设备	20%		100%		
★4. 给水排水系统	给水系统	数据、状态监测 设备控制 故障报警和保护	20%		100%		
	排水系统	状态监测 设备控制 故障报警	20%		100%		

续表

项目	分项目	检测内容	抽查数量		合格率		检测结果
			规定值	实际值	规定值	实际值	
★5. 热源和热交换系统		系统控制功能	20%		100%		
		运行参数及报警记录	20%		100%		
		能耗计量统计	20%		100%		
★6. 冷冻和冷却水系统		系统控制功能	50%		100%		
		运行参数及报警记录	50%		100%		
		能耗计量统计	50%		100%		
★7. 电梯和自动扶梯系统		运行状态检测	50%		100%		
		故障报警	50%		100%		
		通信接口	50%		100%		
★8. 中央管理工作站和操作分站		检测项目	设计要求及功能需求		实际检测结果		
		数据测量、故障报警、远程控制					
		数据存储统计、趋势图显示、报警存储显示					
		数据报表及打印、故障报警编辑及打印					
		操作方便性					
		权限认证（包括操作分站）					
★9. 数据通信接口		运行状态检测					
		报警信息					
		控制功能					
功能检验结论							
现场检验结论							
系统检验结论							

注：表中★为主控项目。

建筑设备监控系统现场检测表　　　　　　表 4-62

项目	检测内容	抽查数量		合格率		检测结果
		规定值	实际值	规定值	实际值	
★1. 现场设备安装质量检查	传感器	10%		90%		
	执行器	10%		90%		
	控制柜	20%		90%		

续表

项目	检测内容		抽查数量		合格率		检测结果
			规定值	实际值	规定值	实际值	
★2. 控制系统和控制单元现场测试	接入率和完好率		10%		90%		
	模拟信号精度测试		10%		90%		
	控制设备性能测试		20%		90%		
	实时性能测试	巡检速度	10%		90%		
		报警信号	20%		100%		
	分项		检查情况		检查结果		
	维护功能检验	应用软件在线编程					
		故障检测					
	可靠性测试	抗干扰性					
		备用电源切换					
现场评测一般项目	评测内容		评测意见				
	监控网络和数据库标准化						
	系统冗余配置						
	系统可扩充性						
	节能评价						
过程质量记录							
现场检测结论							

注：表中★为主控项目。

安全防范系统施工质量的检查   表 4-63

序号	项目	检查内容	抽查百分数（%）	检查记录							
				1	2	3	4	5	···	···	N
1	摄像机	设置位置、视野范围 安装质量及外观 镜头、防护罩、支撑装置、云台	30								
2	监视器	安装位置 设置条件	100								
3	各类探测器（包括探测器、巡更点、读卡器等）	安装位置 安装质量及外观	30								
4	控制器（包括矩阵、报警控制器、门禁控制器、车库控制器等）	安装位置 接线引入电缆 接地线情况	100								

续表

序号	项目	检查内容	抽查百分数（%）	检查记录							
				1	2	3	4	5	⋯	⋯	N
5	辅助电源	安装位置 接线引入电缆 接地线情况	30								
6	电锁	安装位置 安装质量及外观 开关性能、灵活性	30								
7	控制台与机架*	安装垂直度、水平度 设备安装位置 穿孔、连接处接触情况	100								
8	电（光）缆敷设*	敷设与布线 电缆排列位置，布放、绑扎质量 地沟、支架、桥架的安装质量 埋设深度及架设质量 焊接及插接头安装质量 接线盒接线质量	30								
9	接地*	接地材料 接地线焊接质量 接地电阻	30								

注：1. 摄像机和探测器总数在 10 台以下时 100％检测。

2. 表中* 为随工检测项目

安全防范系统部件的功能检测表　　　　表 4-64

序号	项目	检测内容	抽查百分数（%）	检查记录							
				1	2	3	4	5	⋯	⋯	N
1	摄像机	通电试验 防拆、防破坏功能 云台动作、镜头情况及视野范围 图像质量	100								
2	监视器	通电试验 显示清晰度	100								

续表

序号	项目	检测内容	抽查百分数（%）	检查记录							
				1	2	3	4	5	⋯	⋯	N
3	各类探测器（包括探测器、巡更点、读卡器等）	通电试验 探测器灵敏度调整 防拆、防破坏功能 环境对探测器工作有无干扰的情况	100								
4	控制器（包括矩阵、报警控制器、门禁控制器、车库控制器等）	通电试验 防拆、防破坏功能 控制功能 动作实时性	100								
5	后备电源	电源品质 电源自动切换情况 断电情况下电池工作状况	30								
6	电锁	通电试验 开关性能、灵活性	100								
7	自动栅栏（栏杆）	通电试验 栏杆升降情况 防砸车测试	100								

电视监控系统的质量主观评价功能检测表　　　　　　表 4-65

检测项目	检测内容	设计要求	检查记录							
			1	2	3	4	5	⋯	⋯	M
主观评价	云台水平转动									
	云台垂直转动									
	光圈调节功能									
	调焦功能									
	变倍功能									
	图像切换功能									
	录像功能									
	防护罩功能									
	其他									

续表

检测项目	检测内容	设计要求	检查记录							
			1	2	3	4	5	···	···	M
图像质量测试	信号幅度	1Vp-p/75Ω								
	黑白电视水平清晰度	400 线								
	彩色电视水平清晰度	270 线								
	灰度	8 级								
	黑白电视系统信噪比	37dB								
	彩色电视系统信噪比	36dB								
	黑白电视系统电源干扰	40dB								
	彩色电视系统电源干扰	37dB								
	黑白电视系统单频干扰	40dB								
	彩色电视系统单频干扰	37dB								
	黑白电视系统脉冲干扰	31dB								
	彩色电视系统脉冲干扰	198～242V								
	供电									
结论										

注：1. 图像质量的测试是在摄像机的标准照度下进行的。

　　2. 抽检百分数为 20%，被抽检设备总数在 10 台以下时 100%检测。

入侵报警系统控制功能及通信功能检测表　　　　表 4-66

检测项目	功能		技术要求	检查记录							
				1	2	3	4	5	···	···	N
报警管理	设防										
	撤防										
	防拆报警功能										
	系统自检、巡检功能										
	报警延时										
	报警信息查询										
	手/自动触发报警功能										
报警信息处理	报警打印										
	报警储存										
	报警显示	声音报警显示									
		光报警显示									
		电子地图显示									
		报警区域号显示									
	报警时间		<4s								
	报警接通率		>98%								
	监听、对讲功能										
	报警确认时间系统										
	统计功能、报表打印										

5 类光纤综合布线系统工程电气性能测试记录 表 4-67

序号	编号			内容								记录
				电缆系统						光缆系统		
	地址号	缆线号	设备号	长度	接线图	衰减	近端串音（2端）	电缆屏蔽层连通情况	其他任选项目	衰减	长度	
	测度日期、人员及测试仪表型号											
	处理情况											

第五章　建设工程监理案例分析

【背景一】

某业主开发建设 1 栋 20 层综合办公大楼，委托 A 监理公司进行该工程施工阶段监理工作。经过工程招标，业主选择了 B 建筑公司总承包工程施工任务。B 建筑公司自行完成该大楼主体结构的施工。获得业主许可后，B 建筑公司将水电、暖通工程分包给 C 安装公司，将装饰工程分包给 D 装修公司。在该工程中，监理单位进行了如下工作：

1. 总监理工程师组建了项目监理机构，采用直线制组织形式，设立了总监办公室，任命了总监理工程师代表。

2. 总监理工程师组织制定了监理规划，在监理规划中明确了监理机构的工作任务之一是做好与业主、承包商的协调工作。

3. 总监理工程师要求专业监理工程师在编制监理实施细则时，制定旁站监理方案，明确旁站监理的范围和旁站监理人员的职责。将此方案报送一份给业主，另抄送一份给工程师所在地的建设行政主管部门或其委托的工程质量监督机构。

4. 在监理机构制定的旁站监理方案中，旁站监理人员的职责有：

（1）核查进场材料、构配件、设备等的质量检验报告等，并在现场监督施工单位进行检验。

（2）做好旁站监理记录和监理日记，保存旁站监理原始资料。

【问题】

1. 总监理工程师应如何确定适合本工程实际的直线制监理组织形式，并画出图示。

2. 在施工阶段，项目监理机构与施工单位的协调工作应注意哪些内容？

3. 指出监理机构关于旁站监理方案制定、报送及其内容的不妥之处并予以改正。

4. 旁站监理方案中旁站监理人员的职责是否全面？若不全面，请补充其缺项。

【参考答案】

1. 总监理工程师应采用按专业内容分解的直线制监理组织形式，如图 5-1 所示。

2. 协调工作的主要内容有：与承包商项目经理关系的协调，进度问题的协调，质量问题的协调，对承包商违约行为的处理，合同争议的协调，对分包单位的协调，人际关系的处理。

3. （1）在编制监理实施细则时制订旁站监理方案不妥。应在编制监理规划中制订旁站监理方案。

（2）旁站监理方案的内容不妥，还应明确旁站监理的内容和程序。

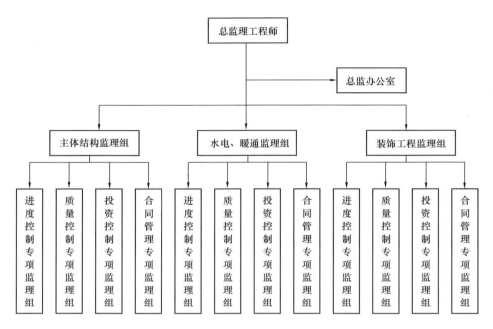

图 5-1　按专业内容分解的直线制监理组织形式

（3）旁站监理方案的报送不妥，还应报送施工单位。

4. 旁站监理人员的职责不全面。其缺项有：

（1）检查施工单位现场质检人员到岗、特殊工种人员持证上岗以及施工机械、建筑材料准备情况。

（2）在现场跟班监督关键部位、关键工序的施工，执行施工方案以及工程建设强制性标准的情况。

【背景二】

某监理单位承接了一项工程项目施工阶段监理工作，建设单位要求监理单位必须在监理进场后的 1 个月内提交监理规划，监理单位因此立即着手编制工作。

1. 为了使编制工作在要求时间内顺利完成，监理单位认为首先必须明确以下问题：

（1）编制工程建设监理规划的重要性。

（2）监理规划由谁来组织编制。

（3）规定其编制的程序和步骤。

2. 收集编制监理规划的依据资料：

（1）施工承包合同资料。

（2）建设规范、标准。

（3）反映项目法人对项目监理要求的资料。

（4）反映监理项目特征的有关资料。

（5）关于项目承包单位、设计单位的资料。

3. 监理规划编制如下基本内容：

（1）各单位之间的协调程序。

（2）工程概况。

（3）监理工作范围和工作内容。

（4）监理工作程序。

（5）项目监理工作责任。

（6）工程基础施工组织等。

【问题】

1. 工程建设监理规划的重要性是什么？

2. 在一般情况下，监理规划应由谁来组织编制？

3. 在所收集的制订监理规划的资料中，哪些是必需的？你认为还应补充哪些方面的资料？

4. 所编制的监理规划内容中，哪些内容应该编入监理规划中？并请进一步说明它们包括哪些具体内容？

5. 建设单位要求编制完成的时间合理吗？

【参考答案】

1. 工程建设监理规划的重要性：是监理工作的指导性文件，是监理组织有序开展监理工作的依据和基础。

2. 监理规划由监理单位在总监理工程师的组织下编写制定。

3. 第 2、3、4 条是必要的。还应补充的资料是：反映项目建设条件的有关资料，反映当地工程建设政策、法规方面的资料。

4. 应该编入的内容有第 2、3、4 条。

工程概况应包括：工程名称、建设地址；工程项目组成及建筑规模；主要建筑结构类型；预计工程投资总额；预计项目工期；工程质量等级；主体工程设计单位及施工总承包单位名称；工程特点的简要描述。

监理工作范围和工作内容应包括：施工阶段质量控制；施工阶段的进度控制；施工阶段投资控制；安全生产管理的监理工作；合同管理；信息管理及合同争议处理。

5. 不合理。应在召开第一次工地会议前报送建设单位。

【背景三】

某机械厂总装车间是一座典型的钢筋混凝土装配式单层工业厂房。基坑采用放坡大开挖；混凝土灌注桩基和杯形基础；预制钢筋混凝土柱、屋架和吊车梁；屋架和吊车梁用后张法就地预加应力；外购屋面板；钢支撑结构。建设单位与某监理单位签订了委托监理合同，与施工单位签订了施工合同。

项目总监理工程师主持编制了监理规划，上报监理单位审批。监理单位技术负责人建议总监修改或补充完善监理规划，具体修改内容如下：

1. 修改和完善旁站监理有关内容

（1）旁站监理范围和内容：厂房基础工程的混凝土灌注桩和杯形基础混凝土浇筑；厂房主体结构工程的柱、屋架、吊车梁混凝土浇筑，柱、屋架、吊车梁、屋面板吊装，钢支撑安装。

（2）旁站监理程序：监理单位制订旁站监理方案，并报送施工单位；施工单位在需要实施旁站的关键部位、关键工序进行施工前的 24h 书面通知监理机构，监理机构安排旁站人员按旁站监理方案实施监理。

（3）旁站监理人员主要职责有：

1）检查施工单位有关人员的上岗和到岗情况。

2）检查机械、材料准备情况。

3）检查旁站部位、工序是否执行强制性标准和施工方案。

4）检查进场材料、构配件、设备、商品混凝土的质量检测报告，监督施工单位检验或委托第三方复验。

（4）旁站人员发现施工单位有违反强制性标准的行为时，应立即报告监理工程师或总监理工程师处理。

……

2. 关于竣工验收阶段的监理工作，规划中有：

（1）认真审查施工单位提交的竣工资料，并提出监理意见。

（2）总监理工程师组织监理工程师对工程质量进行全面检查，并提出整改意见，督促其及时进行整改。

（3）工程预验收合格后，由总监理工程师签署竣工报验单，并向业主提交由总监理工程师签字的工程质量评估报告。

（4）协助建设单位在竣工报验单签署后 21d 内组织竣工验收。

（5）参加由建设单位组织的竣工验收，并签署监理意见。

……

3. 规划中有关监理资料及档案管理制度的内容如下：

（1）监理资料由项目总监负责管理，由某信息管理工程师具体实施。

（2）监理资料必须及时整理、真实完整、分类有序。

（3）监理资料应在各阶段监理工作结束后及时归档。

（4）监理档案的编制质量和组卷方法应满足国家有关要求。

（5）每位监理工程师都应该准确无误地填写和签发"监理单位用表（A 类表）"。

（6）每一位监理人员都应熟悉要在不同单位归档保存的六大类监理文件。

……

4. 监理单位技术负责人认为，监理规划中目标实现的风险分析部分是一个薄弱环节，建议补充以下内容：

（1）要根据本建设项目的工程情况和建设条件，列出投资、质量、进度三大目标控制的常见风险和主要风险。

（2）在正确认识风险的基础上，制定相应的风险对策。

【问题】

1. 在施工旁站监理各条内容中，有哪些不恰当？错误的请改正，不完整的请补充。

2. 竣工验收阶段的监理工作中，有哪些错误？并请指正。

3. 对照监理单位资料和档案管理的职责，请对规划内容进行补充。

4. 在监理用表（A类表）中，哪些必须由项目总监理工程师签发？

【参考答案】

1. （1）旁站监理内容不完整。应补充土方回填、混凝土屋架和吊车梁的预应力张拉。

（2）旁站程序不恰当。旁站监理方案还应抄送一份给建设单位和工程质量监督机构。

（3）旁站监理人员职责不完整。应补充做好旁站监理记录和监理日记，保存旁站监理原始资料。

（4）处理违规方式错误。应改为旁站监理人员有权责令施工单位立即整改。

2. 第（3）、（4）错误。（3）应改为工程质量评估报告要由总监理工程师和监理单位技术负责人签字。（4）应改为28d内组织竣工验收。

3. 应补充：（1）对施工单位工程文件的形成、积累、立卷、归档进行监督、检查；（2）监理文件应按照规定套数、内容在各阶段监理工作结束后及时移交建设单位汇总。

4. 工程暂停令、工程款支付证书、工程临时延期审批表、工程最终延期审批表和费用索赔审批表必须由项目总监理工程师签发。

【背景四】

某房地产公司开发一个框架结构高层写字楼工程项目，在委托设计单位完成施工图设计后，通过招标方式选择监理单位和施工单位。

中标的施工单位在投标书中提出了桩基础工程、防水工程等的分包计划。在签订施工合同时，业主考虑过多分包可能会影响工期，只同意桩基础工程的分包，而施工单位坚持都应分包。

在施工过程中，房地产公司根据预售客户的要求，对某楼层的使用功能进行了调整（工程变更）。

在主体结构施工完成时，房地产公司资金周转出现了问题，无法按施工合同及时支付施工单位的工程款。施工单位由于未得到房地产公司的工程款，从而也没有按分包合同规定的时间向分包单位付款。

由于该工程的钢筋混凝土工程比较多，项目监理部在总监理工程师的指导下，十分注重现场监理人员旁站监理工作的组织和实施，确保了工程质量和工期。

【问题】

1. 房地产公司应先选定监理单位还是施工单位？为什么？

2. 房地产公司不同意桩基础工程以外其他分包的做法合理吗？为什么？

3. 根据施工合同示范文本和监理规范，项目监理机构对房地产公司提出的工程变更应按什么程序处理？

4. 施工单位由于未得到房地产公司的工程款，从而也没有按分包合同规定的时间向分包单位付款，妥当吗？为什么？

5. 旁站监理人员的主要职责有哪些？

【参考答案】

1. 房地产公司应先选定监理单位，因为：

（1）先选定监理单位，可以协助业主进行招标，有利于优选出最佳施工单位。

（2）根据《建设工程监理合同（示范文本）》GF—2017—0201有关规定，应先选定监理单位。

2. 不合理。因为投标书是要约，房地产公司合法地向施工单位发出的中标通知书即为承诺，房地产公司应根据投标书和中标通知书为依据签订施工合同。

3. 根据《建设工程施工合同（示范文本）》GF—2017—0201，应在工程变更前14d以书面形式向施工单位发出变更的通知。根据《建设工程监理规范》GB/T 50319—2013，项目监理机构应按下列程序处理工程变更：

（1）建设单位应将拟提出的工程变更提交总监理工程师，由总监理工程师组织专业监理工程师审查；审查同意后由建设单位转交原设计单位编制设计变更文件；当工程变更涉及安全、环保等内容时，应按规定经有关部门审定。

（2）项目监理机构应了解实际情况并收集与工程变更有关的资料。

（3）总监理工程师根据实际情况、设计变更文件和有关资料，按照施工合同的有关条款，指定专业监理工程师就工程变更的费用和工期做出评估。

（4）总监理工程师就工程变更的费用和工期与承包单位和建设单位进行协调。

（5）总监理工程师签发工程变更单。

（6）项目监理机构应根据工程变更单监督承包单位实施。

4. 不妥。因为建设单位根据施工合同与施工单位进行结算，分包单位根据分包合同与施工单位进行结算，两者在付款上没有前因后果的关系，施工单位未得到房地产公司的工程款不能成为不向分包单位付款的理由。

5. 旁站监理人员的主要职责有：

（1）检查施工企业现场质检人员到岗、特殊工种人员持证上岗以及施工机械、建筑材料准备情况。

（2）在现场跟班监督关键部位、关键工序的施工，执行施工方案及工程建设强制性标准的情况。

（3）检查进场建筑材料、建筑构配件、设备和商品混凝土的质量检验报告等，并可在现场监督施工企业进行检验或者委托具有资格的第三方进行复检。

（4）做好旁站监理记录和监理日记，保存旁站监理原始资料。

【背景五】

某监理单位承担了 50km 高速公路工程施工阶段的监理业务，该工程包括路基、路面、桥梁、隧道等重要项目。业主分别将桥梁工程、隧道工程和路基路面工程发包给了三家承包商。针对工程特点和业主对工程的分包情况，总监理工程师拟定了将现场监理机构设置成矩阵形式和设置成直线制形式两种方案供大家讨论。

【问题】

若你作为监理工程师，推荐采用哪种方案？为什么？请给出组织结构示意图。

【参考答案】

监理工程师应推荐采用直线制的组织形式。矩阵制组织结构形式适合于大中型工程项目，具有较大的机动性，有利于解决复杂问题和加强各部门之间的协作，对于工程项目在地理位置上相对比较集中的工程来说较为适宜，便于部门之间的配合。然而本工程是公路工程，有 3 份工程承包合同，矩阵制组织结构形式的纵向与横向之间的相互配合有困难，不能发挥该组织结构形式的优点。直线制组织机构形式适合于大中型工程项目，并且结构形式简单、职责分明、决策迅速，特别是该工程有 3 份承包合同，可按合同段设置执行（协调）层，所以监理工程师应推荐采用直线制的监理组织结构形式。

组织结构如图 5-2 所示。

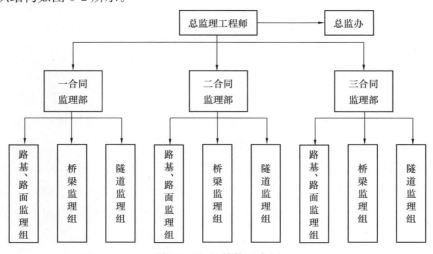

图 5-2 组织结构示意图

【背景六】

某工程项目业主与监理单位及承包商分别签订了施工阶段监理合同和工程施工合同。由于工期紧张，在设计单位仅交付地下室的施工图时，业主便要求承包商进场施工，同时向监理单位提出对设计图纸质量把关的要求，在此情况下：

1. 监理单位为满足业主要求，由项目土建监理工程师向业主直接编制并报送了监理规划，其部分内容如下：

（1）工程概况。

（2）监理工作范围和目标。

（3）监理组织。

（4）设计方案评选方法及组织设计协调工作的监理措施。

（5）因设计图纸不全，拟按进度分阶段编写基础、主体、装修工程的施工监理措施。

（6）对施工合同进行监督管理。

（7）施工阶段监理工作制度等。

2. 由于承包商不具备防水施工技术，故合同约定：地下防水工程可以分包。在承包商尚未确定防水分包单位的情况下，业主为保证工期和工程质量，自行选择了一家专业承包防水施工业务的施工单位，承担防水工程施工任务（尚未签订正式合同），并书面通知总监理工程师和承包商，已确定分包单位进场时间，要求配合施工。

【问题】

1. 你认为监理规划是否有不妥之处？为什么？

2. 你认为以上哪些做法不妥？

3. 总监理工程师接到业主通知后应如何处理？

【参考答案】

1. 工程建设监理规划应由总监理工程师组织编写，试题所给背景材料中是由土建监理工程师向业主"编制报送"。第二，本工程项目是施工阶段监理，监理规划中编写的"（4）设计方案评选方法及组织设计协调工作的监理措施"的内容是设计阶段监理规划编制的内容，不应该编写在施工阶段监理规划中。第三，"（5）拟按进度分阶段编写基础、主体、装修工程的施工监理措施"不妥，监理规划作为指导监理工作的纲领性文件，不应被肢解为基础、主体、装修工程分别编制，而应完整编写。

2. 不妥之处：业主违背了承包合同的约定，在未事先征得监理工程师同意的情况下，自行确定了分包单位；也未事先与承包单位进行充分协商，而是确定了分包单位以后才通知承包单位；在没有正式签订分包合同情况下，即确定了分包单位的进场作业时间。

3. 总监理工程师接到业主通知后：应及时与业主沟通，签发该分包意向无效的书面监理通知，尽可能采取措施阻止分包单位进场，避免问题进一步复杂化。总监理工程师应对业主意向的分包单位进行资质审查，若资质审查不合格，可与承包商协商，建议承包商与业主协商，由承包商另选合格的防水分包单位。总监理工程师应及时将处理结果报告业主备案。

【背景七】

某监理公司承担了一项综合写字楼工程实施阶段的监理任务，总监理工程师发现监理分解目标往往不能落实，总监理工程师立即组织召开了项目监理部专题工作会议，让大家针对存在的问题进行讨论。经过大家认真分析和讨论，会议结束时总监理工程师总结了大家的意见，提出三个应尽快解决的问题：

1. 纠正目标控制的不规范行为，制定目标控制基本程序框图。

2. 处理好主动控制的不规范行为，制定目标控制基本程序框图。

3. 目标控制的措施不可单一，应采取综合性措施进行控制。

【问题】

总监理工程师责成你具体落实三件事：

1. 请你绘出目标控制流程框图。

2. 请讲述主动控制与被动控制的关系，并给出两者关系的示意图。

3. 你认为"综合控制"的基本内容是什么？

【参考答案】

1. 目标控制流程框图如图 5-3 所示。

2. 主动控制与被动控制是控制实现项目目标必须采用的控制方式，两者应紧密结合起来，在重点做好主动控制的同时，必须在实施过程中进行定期连续的被动控制（图 5-4）。

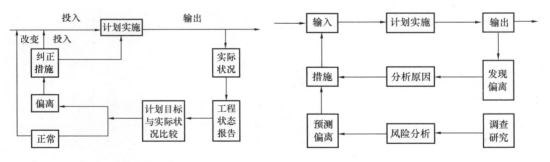

图 5-3　目标控制流程框图　　　　　图 5-4　主动控制与被动控制关系图

3. 目标控制的综合措施包括：

（1）组织措施

包括落实目标控制的组织机构和人员，明确监理人员任务和职能分工、权利、责任、监理考核、考评体系，采取激励措施发挥、调动人员积极性、创造性和工作潜力。

（2）技术措施

包括对技术方案的论证、分析、采用，科学试验与检验，技术开发创新与技术总结等。

（3）经济措施

包括技术、经济的可行性分析、论证、优化，乙级工程概预算审核资金使用计划，付款等的审查，未完工程投资预测等。

（4）合同措施

包括协调业主进行工程组织管理模式和合同结构选择预分析、合同签订、变更履行等的管理，依据合同条款建立相互约束机制。

【背景八】

某监理公司承担了一项大型石油化工工程项目施工阶段的监理任务，合同签订后，监理单位任命了总监理工程师，总监理工程师上任后计划重点抓好三件事。

1. 抓组织机构建设，并绘制了监理组织机构设立与运行程序框图（图 5-5）。

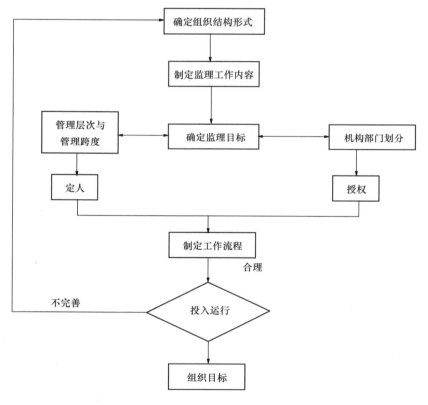

图 5-5　监理组织机构设立与运行程序框图

2. 落实各类人员工作职责：

（1）确定项目监理机构人员及其岗位职责。

（2）组织编制监理规划、审批监理实施细则。

（3）参与审查分包单位资格。

（4）审查承包单位提交的涉及本专业的报审文件，并向总监理工程师报告。

（5）组织召开监理例会。

（6）检查承包单位投入工作项目的人力、主要设备的使用及运行状况。

（7）负责本专业分项工程及隐蔽工程验收。

（8）按设计图纸及有关标准，对承包单位的工艺过程或施工工序进行检查和记录，对加工制作及工序施工质量检查结果进行记录。

（9）参与或配合工程质量事故的调查。

（10）核查进场材料、设备、构配件的原始凭证、检测报告等质量证明文件及其质量情况，根据实际情况认为有必要时对进场材料、设备、构配件进行平行检验，合格时予以签认。

（11）组织编写监理月报、监理工作总结。

（12）负责本专业的工程计量工作，审核工程计量的数据和原始凭证。

（13）做好监理日志和有关的监理记录。

3. 抓监理规划编制工作。

【问题】

1. 请改正监理组织机构设立与运行程序框图。

2. 题中所列监理职责中，哪些属于总监理工程师的职责？

3. 监理规划的编制内容有哪些？

【参考答案】

1. 组织机构建立与运行程序见图 5-6。

2. 总监理工程师的职责

（1）确定项目监理机构人员及其岗位职责。

（2）组织编制监理规划、审批监理实施细则。

（3）组织召开监理例会。

（4）参与或配合工程质量事故的调查。

（5）组织编写监理月报、监理工作总结。

3. 监理规划的编制内容

（1）工程概况。

（2）监理工作的范围、内容、目标。

（3）监理工作依据。

（4）监理组织形式、人员配备及进退场计划、监理人员岗位职责。

（5）监理工作制度。

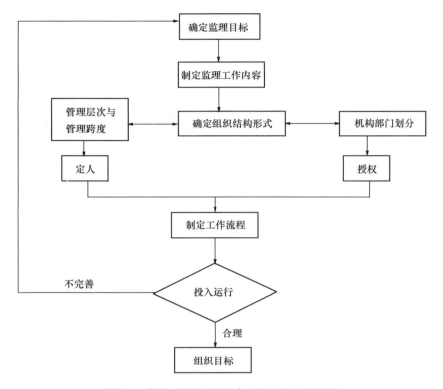

图 5-6　修改后组织机构建立与运行程序框图

（6）工程质量控制。

（7）工程造价控制。

（8）工程进度控制。

（9）安全生产管理的监理工作。

（10）合同与信息管理。

（11）组织协调。

（12）监理工作设施。

【背景九】

某工程项目建设单位与监理单位签订了施工阶段委托监理合同。委托监理合同签订后第 20d，监理单位将监理机构的组织形式、人员构成及总监理工程师和总监理工程师代表的任命通知了建设单位。监理机构组织形式如图 5-7 所示。

在监理工作开展过程中，总监理工程师因同时兼任其他两项工程的总监理工程师，故委托本工程总监理工程师代表主持编写监理规划、签发工程款支付证书、调解建设单位与承包单位合同争议等事宜。

建设单位对监理机构组织形式及总监理工程师的工作安排提出如下意见，要求监理单位整改：

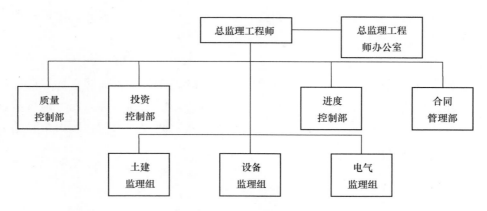

图 5-7　监理机构组织形式

1. 考虑到该监理单位是某科研机构的监理公司，技术专家较多，希望发挥科研机构的专业管理作用，请专家参加管理，减轻总监理工程师负担。

2. 总监理工程师应亲自处理重大监理问题，不应将总监理工程师工作委托总监理工程师代表去做。

【问题】

1. 如图 5-7 所示，监理单位采用的是何种监理机构组织形式？

2. 根据建设单位意见，监理单位应更改为何种监理机构组织形式？画出更改后的监理机构组织形式示意图。

3. 建设单位提出的第 2 条整改意见是否合理？

【参考答案】

1. 监理单位采用的是直线职能制监理组织形式。

2. 根据建设单位意见，应改为职能制监理组织形式，如图 5-8 所示。

3. 根据《建设工程监理规范》GB/T 50319—2013 规定，组织编写监理规划、签发工程款支付证书、调解建设单位与承包单位的合同争议等工作，应是总监理工程师的

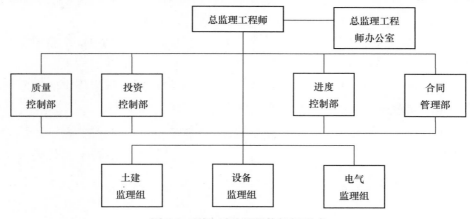

图 5-8　更改后监理机构组织形式

职责；总监理工程师不得将上述工作委托给总监理工程师代表。因此，监理单位应接受建设单位意见，并予以改正。

【背景十】

某工程建设单位与监理单位签订了设计和施工阶段建设工程监理合同。设计工作开始前，建设单位要求监理单位提交监理规划，总监理工程师解释，本工程目前设计工作还未开始，施工图纸还未完成，资料不全无法编写监理规划，须等施工开始前再提交监理规划，建设单位表示同意。

【问题】

总监理工程师的说法是否正确？为什么？

【参考答案】

总监理工程师的说法不正确。监理规划作为指导监理机构开展监理活动的领导性文件，应在监理工作开展前编制完成。该工程业主委托监理单位进行设计和施工两个阶段的监理工作，监理单位应在签订建设工程监理合同后编制监理规划。监理规划的内容应包括监理相关服务内容，本工程建设单位委托了设计阶段监理工作，应编制到监理规划中。

【背景十一】

某工程项目工业厂房于1998年3月15日开工，1998年11月15日竣工，验收合格后即投产使用。2001年2月，该厂房供热系统的供热管道部分出现漏水，业主进行了停产检修，经检查发现漏水的原因是原施工单位所用管材管壁太薄，与原设计文件要求不符。监理单位进一步查证施工单位向监理工程师报验的材料与其在工程上实际使用的管材不相符。如果全部更换厂房供热管道，需要工程费人民币30万元，同时造成该厂部分车间停产，损失人民币20万元。

业主就此事件提出如下要求：

1. 要求施工单位全部返工更换厂房供热管道，并赔偿停产损失的60%（计人民币12万元）。

2. 要求监理公司对全部返工工程免费监理，并对停产损失承担连带赔偿责任，赔偿停产损失的40%（计人民币8万元）。

施工单位对业主的要求答复如下：该厂房供热系统已超过国家规定的保修期，不予赔偿，也不同意返工，更不同意赔偿停产损失。

监理单位对业主的要求答复如下：监理工程师对施工单位报验的管材进行了检查，符合质量标准，已履行了监理职责。施工单位擅自更换管材，由施工单位负责，监理单位不承担任何责任。

【问题】

1. 依据现行法律和行政法规，请指出业主的要求和施工单位、监理单位的答复中有哪些错误？为什么？

2. 简述施工单位和监理单位各应承担什么责任？为什么？

【参考答案】

1. 业主要求施工单位"赔偿停产损失的 60％（计人民币 12 万元）"是错误的，应由施工单位赔偿全部停工损失（计人民币 20 万元）。业主要求监理单位"承担连带赔偿责任"也是错误的，依据有关法规，监理单位对因施工单位的责任引起的损失不应负连带赔偿责任。业主对监理单位"赔偿停产损失的 40％（计人民币 8 万元）"计算方法错误，赔偿金＝直接经济损失×正常工作酬金/工程概算投资额（或建筑安装工程费）。

施工单位"不予保修"的答复错误，因施工单位使用不合格材料造成的工程质量不合格，不应以有保修期限的规定为由而不承担责任。施工单位"不予返工"的答复错误，按现行法律规定，对不合格工程施工单位应予返工。"更不同意支付停产损失"的答复也是错误的，按现行法律，工程质量不合格造成的损失应由责任方赔偿。

监理单位答复"已履行了职责"不正确，在监理过程中监理工程师对施工单位使用的工程材料擅自更换的控制有失职。监理单位答复"不承担任何责任"也是错误的，监理单位应承担相应的监理失职责任。

2. 依据现行法律法规，施工单位应承担全部责任，因为施工单位故意违约，造成了工程质量不合格。依据现行法律法规（如《建设工程质量管理条例》第六十七条），监理单位虽未能及时发现管道施工过程中的质量问题，但监理单位未与施工单位故意串通、弄虚作假，也未将不合格材料按照合格材料签字，所以监理单位只承担失职责任。

【背景十二】

某工程项目，建设单位（发包人）根据工程建设管理的需要，将该工程分成三个标段进行施工招标。分别有 A、B、C 三家公司承担施工任务。通过招标，建设单位将三个标段的施工监理任务委托具有专业监理甲级资质的 M 监理公司独家承担。M 监理公司确定了总监理工程师，成立了项目监理部。监理部下设综合办公室监管档案、合同部监管投资和进度、质监部监管工地实验与检测，设立了 A、B、C 三个标段监理组，监理组设组长一人，负责监理组监理工作，并配有相应数量的专业监理工程师及监理员。

【问题】

1. M 公司对此监理任务非常重视，公司经理专门召开该项目监理工作会议，着重讲了如何贯彻公司内部管理制度和开展监理工作的基本原则。请回答：监理企业的内部管理规章制度应有哪些（答出其中四项即可）？建设工程监理实施的基本原则是什么？

2. 在确定了总监理工程师和监理机构之后，开展监理工作的程序是什么？

3. 为了充分发挥业务部门和监理组的作用，使监理机构具有机动性，应选择何种监理组织并说明理由，请绘出监理组织形式图。

4. 请说明该项目监理规划应由谁负责编制？谁审批？需要编写几个监理规划？为什么？

5. 在下面的监理资料中，哪些资料需要送地方城建档案馆保存？

（1）施工合同和建设工程监理合同。

（2）勘察设计文件。

（3）监理规划。

（4）监理实施细则。

（5）监理工作总结。

（6）质量事故报告及处理资料。

（7）监理工作日志。

（8）监理会议纪要。

【参考答案】

1. 本问题包括两问。

（1）监理企业内部管理规章制度有：

1）组织管理制度。

2）人事管理制度。

3）劳动合同管理制度。

4）财务管理制度。

5）经营管理制度。

6）项目监理机构管理制度。

7）设备管理制度。

8）科技管理制度。

9）档案文书管理制度。

（2）建设工程监理实施的基本原则有：

1）公平、独立、诚信、科学的原则。

2）权责一致的原则。

3）总监理工程师负责制的原则。

4）严格监理、热情服务的原则。

5）综合效益的原则。

2. 在确定总监理工程师、成立项目监理机构后的监理实施程序为：

（1）编制建设工程监理规划。

（2）制定各专业监理实施细则。

（3）规范化开展监理工作。

（4）参与验收，签署建设工程监理意见。

（5）向业主提交建设工程监理档案资料。

（6）监理工作总结。

3.（1）应选择矩阵制监理组织形式，理由是：这种形式既发挥了纵向智能系统的作用，又发挥了横向子项监理组的作用，把上下、左右集权与分权实行最优的结合，有利于解决复杂问题，且有较大的机动性和适用性。

（2）监理组织形式图见图 5-9。

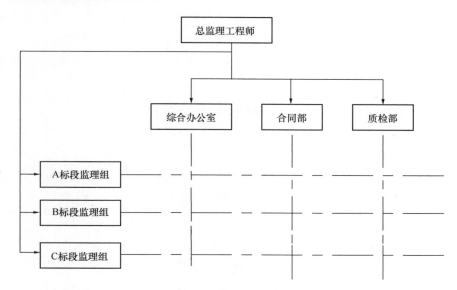

图 5-9 监理组织形式图

4.（1）监理规划由项目总监理工程师主持编写，监理企业技术负责人审批。

（2）应按监理合同编写一个监理规划。

5. 需送地方城建档案馆保存的资料为：

（1）监理规划。

（2）监理实施细则。

（3）监理工作总结。

（4）质量事故报告及处理资料。

【背景十三】

某业主投资建设一个工程项目，该工程是列入城建档案管理部门接受范围的工程。该工程由 A、B、C 三个单位工程组成，各单位工程开工时间不同。该工程由一家承包单位承包，业主委托某监理公司进行施工阶段监理。

【问题】

1. 监理工程师在审核承包单位提交的"工程开工报审表"时，要求承包单位在"工程开工报审表"中注明各单位工程开工时间。监理工程师审核后认为具备开工条件时，由总监理工程师或由经授权的总监理工程师代表签署意见，报建设单位。监理单位的以上做法有何不妥？应该如何做？监理工程师在审核"工程开工报审表"时，应从哪些方面进行审核？

2. 建设单位在组织工程验收前，应组织监理、施工、设计各方进行工程档案的预验收。建设单位的这种做法是否正确？为什么？

3. 监理单位在进行本工程的监理文件档案资料归档时，将下列监理文件做选择性保存：

（1）监理规划；（2）监理实施细则；（3）监理旁站记录；（4）监理工程师通知单及回复。

以上四项监理文件中，哪些监理单位必须保存？

【参考答案】

1. 监理单位的做法不妥之处有：

（1）"要求承包单位在'工程开工报审表'中注明各单位工程开工时间"不妥。

（2）"由总监理工程师或由经授权的总监理工程代表签署意见"不妥。

监理单位应该：

（1）要求承包单位在每个单位工程开工前都应填报一次"工程开工报审表"。

（2）由总监理工程师签署意见，不得由总监理工程师代表签署。

监理工程师在审核"工程开工报审表"时，应从以下几方面进行审核：

（1）设计交底和图纸会审已完成。

（2）施工组织设计已由总监理工程师签认。

（3）施工单位现场质量、安全生产管理体系已建立，管理及施工人员已到位，施工机械具备使用条件，主要工程材料已落实。

（4）进场道路及水、电、通信等已满足开工要求。

2. 建设单位的这种做法不正确。

原因是：建设单位在组织工程竣工验收前，应提请城建档案管理部门对工程档案进行预验收。

3. 监理单位必须保存的有：监理规划、监理实施细则、监理旁站记录。

【背景十四】

某监理单位承担了国内某工程的施工监理任务，该工程由甲施工单位总包，经业主同意，甲施工单位选择了乙施工单位作为分包单位。监理工程师在审图时发现，基础工程的设计有部分内容不符合国家的工程质量标准，因此，总监理工程师立即致函设计单位要求改正。设计单位研究后，口头同意了总监理工程师的改正要求，总监理工程师随即将更改的内容写成监理指令通知甲施工单位执行。

【问题】

1. 请指出上述总监理工程师行为的不妥之处并说明理由。

2. 在施工到工程主体时，甲施工单位认为，变更部分主体设计，可以使施工更方便，质量更可以得到保证，因而向监理工程师提出了设计变更的要求。

按现行国家标准《建设工程监理规范》GB/T 50319—2013，监理工程师应按什么程序处理施工单位提出的设计变更要求？

3. 施工过程中，监理工程师发现乙施工单位分包的某部位存在质量隐患，因此，总监理工程师同时向甲、乙施工单位发出了整改通知。甲施工单位回函称：乙施工单位分包的工程是经业主同意进行分包的，所以甲单位不承担该工程的质量责任。

甲施工单位的答复有何不妥之处？为什么？总监理工程师的整改通知应如何签发？为什么？

4. 监理工程师在检查时发现，甲施工单位在施工中，所施工的材料和报验合格的材料有差异，若继续施工，该部位将被隐蔽。因此，总监理工程师立即向甲施工单位下达了暂停施工的指令（因甲施工单位的工作对乙施工单位有影响，乙施工单位也被迫停工），同时，将该材料进行了有监理见证的抽检。抽检报告出来后，证实材料合格，可以使用，总监理工程师随即指令施工单位恢复了正常施工。

总监理工程师签发本次暂停令是否妥当？程序上有无不妥之处？请说明理由。

【参考答案】

1. 总监理工程师不应直接致函设计单位，因监理并未承担设计监理任务。发现的问题应向业主报告，由业主向设计单位提出更改要求。总监理工程师不应在取得设计变更文件之前签发变更指令，总监理工程师也无权替代设计单位进行设计变更。

2. 总监理工程师应组织专业监理工程师对变更要求进行审查，通过后报业主转交设计单位，当变更涉及安全、环保等内容时，应经有关部门审定，取得设计变更文件后，总监理工程师应结合实际情况对变更费用和工期进行评估，总监理工程师就评估情况和业主、施工单位协调后签发变更指令。

3. 甲施工单位答复的不妥之处：工程分包不能解除承包人的任何责任与义务，分包单位的任何违约行为导致工程损害或给业主造成的损失，承包人承担连带责任。

总监理工程师的整改通知应发给甲施工单位，不应直接发给乙施工单位，因为乙施工单位和业主没有合同关系。

4. 总监理工程师有权签发本次暂停令，因为合同有相应的授权。程序有不妥之处，监理工程师应在签发暂停令后24h内向业主报告。

【背景十五】

某工程将要竣工，为了通过竣工验收，质监部门要求先进行工程档案验收，建设单位要求监理单位组织工程档案验收，施工单位提出，请监理工程师告诉他们应该如何准备档案验收。

【问题】

1. 工程档案应该由谁主持验收？

2. 工程档案由谁编制？由谁进行审查？

3. 工程档案如何分类？

4. 工程档案应该准备几套？

5. 分包单位如何形成工程文件？向谁移交？

【参考答案】

1. 在组织工程竣工验收前，工程档案经建设单位汇总后，由建设单位主持，监理、施工单位参加，提请当地城建档案管理机构对工程档案进行预验收，并取得工程档案验收认可文件。

2. 工程档案由建设单位编制。监理单位根据城建档案管理机构要求，按照《建设工程文件归档规范》GB/T 50328—2014 对档案文件的完整、准确、系统情况和案卷质量进行审查，并接受城建档案管理机构的监督、检查和指导。

3. 工程档案按照《建设工程文件归档规范》GB/T 50328—2014 附录 A 中建设工程文件归档范围表可以分为：工程准备阶段文件、监理文件、施工文件、竣工图、竣工验收文件五类。

4. 工程档案一般不宜少于两套，具体由建设单位与勘察、设计、施工、监理等单位签订协议、合同时，对套数、费用、质量、移交时间等提出明确要求。

5. 分包单位应独立完成所分包部分工程的工程文件，把形成的工程档案交给总承包单位，由总承包单位汇总各分包单位的工程档案并检查后，再向建设单位移交。

【背景十六】

某工程施工中，施工单位对将要施工的某分部工程提出疑问，认为原设计选用图集有问题，设计图不够详细，无法进行下一步施工。监理单位组织召开了技术方案讨论会，会议由总监理工程师主持，建设、设计、施工单位参加。

【问题】

1. 会议纪要由谁整理？

2. 会议纪要的主要内容有什么？

3. 会议上出现不同意见时，纪要中应该如何处理？

4. 纪要写完后如何处理？

5. 归档时该会议纪要是否应该列入监理文件？

【参考答案】

1. 会议纪要由监理部的资料员根据会议记录负责整理。

2. 会议纪要的主要内容有：会议地点及时间；主持人和参加人员姓名、单位、职务；会议主要内容、决议事项及其落实单位、负责人、时限要求；其他事项。

3. 会议上有不同意见时，特别是有意见不一致的重大问题时，应该将各方主要观点，特别是相互对立的意见计入"其他事项"中。

4. 纪要写完后，首先由总监审阅，再给各方参加会议的负责人审阅，确认是否如实记录了他们的观点，如有出入应根据当时发言记录修改，没有不同意见时分别签字认可。全部签字完毕，会议纪要分发给各有关单位，并应有签收手续。

5. 该会议纪要属于有关质量问题的纪要，应该列入归档范围，放入监理文件档案中，移交给建设单位、城建档案管理部门。

【背景十七】

某石化总厂投资建设一项乙烯工程。项目立项批准后，业主委托监理公司对工程的实施阶段进行监理。双方拟订设计方案竞赛、设计招标和设计过程各阶段的监理任务时，业主方提出了初步的委托意见，内容如下：

1. 编制设计竞赛文件。

2. 发布设计竞赛公告。

3. 对参赛单位进行资格审查。

4. 组织对参赛设计方案的评审。

5. 决定工程设计方案。

6. 编制设计招标文件。

7. 对招标单位进行资格审查。

8. 协助业主选择设计单位。

9. 签订工程设计合同。

10. 工程设计合同实施过程中的管理。

......

【问题】

从监理工作的性质和监理工程师的责权角度出发，监理单位在与业主进行合同委托内容磋商时，对以上内容应提出哪些修改建议？

【参考答案】

监理单位在与业主进行合同委托内容磋商时，应向业主讲明有些内容关系到投资方的切身利益，即会对工程项目有重大影响，必须由业主自行决策确定，监理工程师可以提出参考意见，但不能代替业主决策。

第5条，"决定工程设计方案"不妥。因工程项目的方案关系到项目的功能、投资和最终效益，故设计方案的最终确定应由业主决定，监理工程师可以通过组织专家进行综合评审，提出推荐意见，说明优缺点，提交业主决策。

第9条，"签订工程设计合同"不妥。工程设计合同应由业主与设计单位签订，监理工程师可以通过设计招标，协助业主择优评选设计单位，提出推荐意见，同时其可协助业主起草设计委托合同，但不能代替业主签订设计合同。

【背景十八】

某工程项目业主委托一监理单位进行监理，在委托监理任务之前，业主与施工单位已经签订施工合同。监理单位在执行合同中陆续遇到一些问题需要进行处理，若你作为监理工程师，对遇到的下列问题，请提出处理意见。

【问题】

1.（1）在施工招标文件中，按工期定额计算，工期为550d。但在施工合同中，开工日期为1997年12月15日，竣工日期为1999年7月20日，日历天数为581d，请问监理的工期目标应为多少天？为什么？

（2）施工合同中规定，业主给施工单位供应图纸7套，施工单位在施工中要求业主再提供3套图纸，施工图纸的费用由谁来支付？

2.（1）在基槽开挖土方完成后，施工单位未按施工组织设计对基槽四周进行围栏防护，业主代表进入施工现场且不慎掉入基坑摔伤，由此发生的医疗费用应由谁来支付？为什么？

（2）在结构工程施工中，施工单位需要在夜间浇筑混凝土，经业主同意并办理了有关手续。按地方政府有关规定，在晚上11点以后一般不得施工，若有特殊情况需施工，应给受影响居民补贴，此项收费应由谁承担？

3.在结构工程施工中，由于业主供电线路事故原因，造成施工现场连续停电3d。停电后施工单位为了减少损失，经过调剂，工人尽量安排其他生产工作。但现场1台塔吊、2台混凝土搅拌机不能参加工作，施工单位按规定时间就停工情况和经济损失向监理工程师提出索赔报告，要求索赔工期和费用，监理工程师应如何批复？

【参考答案】

1.（1）按照合同文件的解释顺序，协议条款与招标文件在内容上有矛盾时，应以协议条款为准。故监理的工期目标应为581d。

（2）合同规定业主供应图纸7套，施工单位再要3套图纸，超出合同规定，故总价的图纸费用应由施工单位支付。

2.（1）基槽开挖土方后，在四周设置围栏，按合同文件规定是施工单位的责任。未设围栏而发生人员摔伤事故，所发生的医疗费应由施工单位支付。

（2）超过正常夜间施工时间以外的特殊情况需要施工，一般是施工单位的安排，此项费用应由施工单位承担。

3. 由施工单位以外的原因造成连续停电，在 1 周内超过 8h，施工单位可按规定提出索赔，监理工程师应批复工期延长。由于工人已安排进行其他生产工作，监理工程师应批复因改换工作引起的生产效率降低的费用。造成施工机械停止工作，监理工程师应按合同约定批复机械设备租赁费或折旧费的补偿。

【背景十九】

在某段高速公路工程施工招标（资格预审）的开标大会上，除到会的 10 家投标单位的有关人员外，招标办请来了市公证处法律顾问参加大会。开标前，公证处法律顾问提出对各投标单位提交的资质进行审查。当时有人对这一程序提出质疑。在开标中，评标委员会对一建筑公司的投标提出疑问，虽然这个公司所提交的资质材料种类与份数齐全，也有单位盖的公章与项目负责人签字，可是评标委员会认为该单位不符合招标文件要求，取消了该标书。

【问题】

1. 开标会上能否有"审查投标单位资质"这一程序？为什么？

2. 为什么该单位不符合投标资格？

【参考答案】

1. 不能。因为本工程为高速公路工程，投标单位的资质审查应在发售招标文件之前进行，即资格预审。一般在开标会议上不再进行。

2. 该单位没有企业法人签字，项目负责人签字是没有法律效力的。

【背景二十】

某工程项目，经过有关部门批准后，决定由业主自行组织施工公开招标。该工程项目为政府的公共工程，已经列入地方的年度固定资产投资计划，概算已经主管部门批准，但征地工作尚未完成，施工图及有关技术资料齐全。因估计除本市施工企业参加投标外，还可能有外省市施工企业参加投标，因此业主委托咨询公司编制了两个标底，准备分别用于对本市和外省市施工企业投标的评定。业主要求将技术标和商务标分别封装。某承包商在封口处加盖了本单位的公章，并由项目经理签字后，在投标截止日期的前一天将投标文件报送业主，当天下午，该承包商又递交了一份补充材料，声明将原报价降低 5%，但是业主方的有关人员认为，一个承包商不得递交两份投标文件，因而拒收承包商的补充材料。开标会议由市招投标管理机构主持，市公证处有关人员到会。开标前，市公证处人员对投标单位的资格进行了审查，确认所有投标文件均有效后正式开标。业主在评标之前组建了评标委员会，成员共 8 人，其中业主方人员占 5 人，招标工作的主要内容如下：

（1）发投标邀请函。

（2）发放招标文件。

（3）进行资格后审。

（4）召开投标质疑会议。

（5）组织现场勘察。

（6）接收投标文件。

（7）开标。

（8）确定中标单位。

（9）评标。

（10）发出中标通知书。

（11）签订施工合同。

【问题】

1. 招标活动中有哪些不当之处？

2. 招标工作的内容是否正确？如果不正确，请改正，并排出正确顺序。

【参考答案】

1. 招标活动中的不当之处体现在：

（1）因征地工作尚未完成，不能进行施工招标。

（2）一个工程不能编制两个标底，只能编制一个标底。

（3）在招标过程中，业主违反了招标法的规定，以不合理的条件排斥了潜在的投标人。

（4）承包商的投标文件不是由项目经理签字，应由法定代表人签发授权委托书。

（5）在投标截止日期之前的任何一天，承包商都可以递交投标文件，也可以对投标文件做出补充与修正，业主不得拒收。

（6）开标工作应由业主主持，而不应由招投标管理机构主持。

（7）市公证处人员无权对投标单位的资格进行审查。

（8）评标委员会必须是5人以上的单数，而且业主方的专家最多占1/3，本项目评标委员会不符合要求。

2. 招标工作内容中的不正确之处为：

（1）不应发布投标邀请函，因为是公开招标，应改为发招标广告。

（2）应进行资格预审，而不能进行资格后审，施工招标的正确排序为：

（1）→（3）→（2）→（5）→（4）→（6）→（7）→（9）→（8）→（10）→（11）

【背景二十一】

某厂与某建筑公司签订了建造厂房的建筑工程承包合同。开工一个月，厂方因资金紧缺，口头要求建筑公司暂停施工，建筑公司也口头答应停工一个月。工程按合同规定期限验收时，厂方发现工程质量存在问题，要求返工。两个月后，返工完毕。结算时，厂方认为建筑公司延迟交付工程，应偿付逾期违约金。建筑公司认为：厂方要求临时停工并不得顺延完工日期，建筑公司为抢工期才出现了质量问题，因而延迟交付的责任不在建筑公司。厂方认为：临时停工和不顺延工期是当时建筑公司答应的，其应当履行承诺，承担违约责任。

【问题】

此争议依据《中华人民共和国合同法》规定应如何处理？

【参考答案】

1.《中华人民共和国合同法》规定，变更合同应当采取书面形式，本案中厂方要求临时停工并不得顺延工期，是厂方与建筑公司的口头协议。其变更协议的形式违法，是无效的变更，双方仍应按合同规定执行。

2. 施工期间，厂方未能及时支付工程款，应对停工承担责任，故应当赔偿建筑公司停工一个月的实际损失。

3. 工程因质量问题返工，造成逾期交付，责任在建筑公司，建筑公司应当支付逾期违约金。

【背景二十二】

某工程项目是钢筋混凝土框架结构多层办公楼，施工图纸已齐备，现场已完成三通一平工作，满足开工条件。该工程由业主自筹建设资金，实行邀请招标发包。

业主要求工程于 1997 年 5 月 15 日开工，至 1998 年 5 月 14 日完工，总工期 1 年，共计 365 个日历天。按国家工期定额规定，该工程的定额工期为 395 个日历天。

该工程的质量等级为合格，业主要求尽量达到优质。如达到优质，则业主另付施工单位合同价 3% 的优质奖励费。

某监理单位承担了该项目实施阶段的全过程监理工作，其监理规划已得到业主的认可以及相应的授权。

【问题】

1. 本工程向招标管理部门申请招标以前，监理工程师应协助业主取得以下哪几项批准手续及证明：

（1）招标工程已列入地方的基建计划，取得当地发改委下达的计划批文。

（2）建筑工程投资许可证。

（3）建筑用地规划许可证。

（4）施工许可证。

（5）房屋产权证。

（6）契税完税证明。

2. 根据该工程的具体情况，简述监理工程师为业主编制的招标文件中，应包括哪些基本内容？

3. 根据该工程的具体条件，监理工程师应向业主推荐采用哪种计价方式的合同格式？为什么？

4. 根据该工程的特点及业主的具体要求，在工程的标底中是否应增加赶工措施费？为什么？

5. 简述监理工程师对投标单位进行资质审查，应包括哪些主要内容？

6. 当施工单位已进入现场，临建设施已经搭设，但尚未破土动工，材料及机具尚未进场以前，在对建筑物地基进行补充勘察时，发现原地质勘察资料不准确。经共同协商，须将原设计中的钢筋混凝土基础改为桩基础。因此，施工单位对业主要求索赔如下：

（1）预计桩基施工须增加工期 2 个月（61 个日历天），故施工单位要求将原合同工期延长 61 个日历天。

（2）由于工期延长，业主需赔偿施工单位额外增加的间接费，即：

$$间接费索赔值＝\frac{原施工图预算间接费（元）×延长的工期（天）}{合同工期（天）}$$

（3）由于工期延长，业主须赔偿施工单位流动资金的积压损失费（按银行贷款利率计算）。

试问监理工程师应对施工单位的索赔要求提出怎样的评审意见？

7. 本工程在业主与施工单位签订《建筑工程施工合同》时，约定按工程合同价款的 5% 由业主预留为工程保留金，待工程竣工后双方再行结算。此项保留金业主该如何扣留？

8. 该工程由于设计变更致使工程延长 2 个月（由 1998 年 5 月 14 日至 1998 年 7 月 13 日），延长的工期正值雨期施工。因此，竣工结算时施工单位向业主提出索赔雨期施工增加费。试问监理工程师对索赔要求应如何提出评审意见？

【参考答案】

1. 监理工程师应协助业主取得计划批文、投资许可证、规划许可证。

2. 该工程属于中小型建筑项目，招标文件中一般应包括：①工程概况；②工程范围；③工程承包方式；④材料及设备供应方式；⑤工程质量要求及保修期；⑥工程价款与结算方式；⑦建设工期；⑧奖励与罚款；⑨设计图纸与规范；⑩投标者须知。

3. 因该工程施工图纸齐备，现场施工条件完全满足开工要求，任务明确，故应尽量采用总价合同，有利于业主控制投资。

4. 国内的投标工程，其施工工期一般应以国家规定的定额工期为准。本工程业主要求 365d 竣工，比定额工期（395d）短 30d，故在标底中增加赶工措施费是合理的。

5. 对投标企业进行资质审查，主要内容包括：①企业的营业执照、注册资金、近两年经审计的财务报表；②企业的开户银行及账号、可用于投标工程的资金状况；③企业的等级、生产能力及设备情况；④企业的技术力量；⑤企业的简历、承包类似工程的经验；⑥企业的质量意识及质量保证体系；⑦企业的履约情况、近两年介入诉讼的情况等。

6. 因为工期延长是非施工单位原因造成，故施工单位有权提出索赔。其中：

（1）属于工期延长索赔，是合理要求。

（2）基础形式改变，如果导致直接费增加，可按有关规定补偿。

（3）由于工程尚未破土动工，材料及机具尚未进场，不存在流动资金的积压，不应提出索赔。

7. 工程保留金按合同约定扣留。宜在中间支付工程进度款时分批扣留，这样可以避免工程款的多付超支现象，有利于业主的投资控制。

8. 施工单位提出的索赔要求是不合理的。理由是：①在施工图预算中的其他直接费内已包括了冬、雨期施工增加费，不应再单独索取雨期施工增加费；②出现索赔事项应在约定时间内提出此项索赔要求，竣工结算时无权再重复提出索赔。

【背景二十三】

某国修建一座核电站，按国际惯例采用 FIDIC 合同条件签订合同。在施工建设中，发现高程产生差错，监理工程师书面发出暂时停工指令。事件发生 15d 后，承包商根据重新放线复查的结果，用正式函件通知监理工程师，声明对此事要求索赔，在事件发生后第 35d 承包商再次提出了索赔的论证资料和索赔款数。监理工程师根据 FIDIC 合同条件有关条款及索赔程序进行了处理。

【问题】

1. 监理工程师认为承包商第二次提交的索赔论证报告，超过了 28d 的时数，不予索赔，是否正确？

2. 监理工程师审查索赔事实应做哪些查证工作？各做何处理？

3. 若监理工程师批准承包商的费用索赔，则这类费用：

（1）如果由于监理工程师提供有差错的资料而导致承包商的工作量大大增加，由此而产生费用索赔是否应包括利润？

（2）如果承包商按照监理工程师提供的有差错的放线资料已经实施了，承包商对已完工程进行改正或补救而增加的费用是否应包括利润？

【参考答案】

1. 不正确。

2. 监理工程师应做的查证工作及相应的处理：

（1）应检查承包商对地面桩（或控制点）的保护工作及有关资料。若属保护不善，则应由承包商承担纠正差错的费用。

（2）应检查承包商施工放线的方法、仪器和精度，因此而导致的差错，由承包商负责。

（3）由于监理工程师提供资料有差错，故应批准费用索赔。

3.（1）不应包括利润；（2）应包括利润。

【背景二十四】

某高速公路工程，承包商为了避免今后可能支付延误索赔金的风险，要求将路基的完工时间延长 6 个星期，承包商的理由如下：

（1）特别严重的降雨。

（2）现场劳务不足。

（3）业主在原工地现场之外的另一地方追加了一项额外工作。

（4）无法预见的恶劣土质条件使路基施工难度加大。

（5）施工场地使用权提供延误。

（6）工程款不到位。

【问题】

1. 监理工程师认为以上哪些原因所引起的延误是非承包商承担风险的延误，可批准延长工期？

2. 若以上现场劳务不足问题监理工程师认为属于承包商自己的责任，由此引起的延误是不可原谅延误，不同意就此延长工期，这样处理对吗？

3. 哪些是业主的责任？监理工程师该如何处理？

【参考答案】

1. 特别严重的降雨；业主追加的额外工作；无法预见的恶劣土质条件；施工场地使用权提供延误；工程款不到位。

2. 对。现场劳力不足是承包商内部组织管理不当，不能给予工期延长。

3. 业主的责任是：①追加额外工作；②施工场地使用权提供延误；③工程款不到位。

监理工程师应：①要求业主适当增加工程款或者适当延长工期；②要求业主按场地使用权提供延误时间顺延工期；③要求业主按合同规定准时拨付工程款。

【背景二十五】

某中外合资项目，业主代表为外籍人士，监理单位为中方甲级监理公司，承建商为我国一级大型施工企业。工程开工后，业主代表、项目总监、承建商项目经理在"监理合同"及"施工合同"的原则下，参照国际惯例，使各项工作进展得比较顺利。在监理中发生如下事件，监理方该如何处理。

【问题】

1. 项目在基础施工过程中，由于班组违章作业，基础插筋移位，出现质量事故，监理方发现后通知承建商整改，直至合格为止。承建商已执行监理方的指令，造成的一切损失均由承建商承担，监理方将此事故的出现及处理情况向业主做了报告，而业主代表向监理方行文："项目基础工程出现质量事故，作为监理公司也有一定的责任，现通知你们扣 1％的监理费。"监理方是接受还是不接受？理由是什么？

2. 为了确保现场文明施工，业主代表行文要求各承建商须将项目多余土方运到指定地点（合同规定），若发现承建商任意卸土，卸一车罚款 1 万元（合同无此规定）。某承建商违背了这一指令任意卸土 15 车。当月业主代表在监理审定的监理月报中扣款 15 万元。承建商申述不同意扣款。

你认为扣进度款 15 万元应该吗？为什么？监理方在工程结算时应如何处理这 15 万元？

3. 项目屋顶已封顶，屋面排水面积为 $65000 m^2$，雨水管已全部安装完毕。总图雨水主干管也已施工完毕，但由于工程项目较大，设计单位分工细，加之出图程序不能满足施工进度，该车间雨水支管没有设计，屋面雨水排不出去。为了应急，监理方与承建商在征得设计院的同意后，确定了施工方案，在没有设计资料的情况下，就施工完毕。此事已在周例会上向业主做了报告，也有会议记录备案。时过两年工程结算时才发现，仍没有正式的设计资料，监理方进行了签证，业主代表称此变更违背了设计变更程序，而且时间已过两年（业主代表没有换人），不承认此设计变更有效，也没有支付费用。承建商无奈，向监理方报告，认为此变更没按程序办理，而且事件拖得太长，属工作失误，若业主代表继续拒绝支付，其将拆除该车间的全部雨水支管，作为监理方应该如何协调上述纠纷？

4. 项目在回填土时，承建商不够认真，主要是分层填土厚度超过规范规定，夯实也不够认真。但承建商报送的干容重资料均符合设计要求，监理方不予认可，要求承建商按监理方批准的取样方案进行干容重复检。承建商接受了监理方的这一指令。但业主代表不相信承建商的试验报告，要求监理方自行组织检测回填土干容重。监理方为了尊重业主代表的意见，编制了一个干容重检测费预算共 2.5 万元报送给业主，业主代表批准后，监理方即组织检测。

请问监理方这种处理方法是对还是不对？为什么？

【参考答案】

1. 监理方不能接受。因为这是承建商的质量事故，不是由执行监理方的错误指令而形成的。监理方没有过失，因而扣 1％的监理费不能接受。

2. 扣 15 万元的做法是不应该的，因为它不符合合同规定。在承建商处理完乱卸的土后，在工程结算时应该向承建商支付这 15 万元。

3. 监理方应向业主报告，监理报告基本内容如下：

关于雨水支管的设计补充资料迟到了两年，纯属工作失误，责任在设计院，业主方也应该承担责任。作为监理方处理该技术问题的过程有文字记载（附×××会议纪要），但设计院没有及时处理，责任应由设计单位承担。作为承建商提出"不支付费用就拆支管"的申报是不明智的，已要求他们改变态度，承建商已接受。为了履行合同条款，请你认可设计变更，并批准监理方已审定的预算。

4. 监理方的这种处理方法是对的。因为这是监理合同的规定，业主若不支付费用，监理方不承担"检测"方面的业务。

【背景二十六】

某监理公司与业主签订的两幢大楼桩基监理合同已履行完毕。上部工程监理合同尚未最后正式签字。此时业主与施工单位签订的地下室挖土合同在履约之中，一幢楼挖土已近尾声。业主为了省钱，自己确定了一套挖土方案，挖土单位明知该方案欠妥，会造成桩基破坏，而没进行任何反映（方案未经监理审查），导致多数工程桩在挖土过程中桩顶偏移断裂。在大量的检测数据证明下，监理单位建议业主通知挖土单位停止挖土，重新讨论挖土方案。改变了挖土方案后，另一幢楼桩基未受任何破坏。但前一幢楼须补桩加固，花费 160 余万元，耽误工期近 8 个月。

【问题】

1. 此时你认为监理单位应该做的工作是什么？依据是什么？

2. 由于补桩等原因，多花费 160 余万元，你认为这部分钱应该由谁来承担？

3. 业主是否应给总包方延长工期？

【参考答案】

1.（1）先签监理合同，再行使监理权。

（2）从工程质量考虑，应先建议业主通知挖土单位停工，然后抓紧签订监理合同，继而正式行使监理权。

（3）监理单位无权监理，不得过问。

（4）从工程质量重要性出发，直接责令施工单位停止挖土、改变方案。

因为此时监理合同尚未正式签订，即业主尚未授权对施工单位进行监理，也就是说监理单位无权对施工单位进行监理。但从工程质量大计出发，本着良好服务的精神，监理单位应向业主建议，妥善处理此事。况且监理合同已商讨，只需签字即成立，只是从程序出发，建议业主通知施工方（挖土单位）停工是恰当的，既不违反监理程序，又杜绝了工程桩的进一步破坏。

2. 应由双方合理分担。该工程的主要责任方是决定挖土方案的业主方，次要责任是施工方（挖土单位），因为挖土单位在接受该方案时，明知不妥，却照此施工，造成多数工程桩断裂。因此这部分花费应由双方协商解决。

3. 应适当延长工期。

【背景二十七】

1995 年 8 月 10 日，某钢铁厂与某市政工程公司签订钢铁厂地下大排水工程总承包合同，总长 5000m，市政工程公司将任务下达给该公司第四施工队。事后，第四施工队又与某乡建设工程队签订分包合同，由乡建筑工程队分包 3000m 任务，价格 35 万元，9 月 10 日正式施工。1995 年 9 月 20 日，市建委主管部门在检查该项工程施工中，发现某乡建筑工程队承包手续不符合有关规定，责令停工。某乡建设工程队不予理睬。10 月 3 日，市政工程公司下达停工文件，某乡建筑工程队不服，以合同经双方自愿签订，并有营业执照为由，于 10 月 10 日诉至人民法院，要求第四施工队继续履行合同或承担违约责任，并赔偿经济损失。

【问题】

1. 总、分包合同是否有法律效力？

2. 该合同的法律效力应由哪些（机构）确认？

3. 某乡建筑工程队提供的承包工程法定文书完备吗？为什么？

4. 某市建委主管部门是否有权责令停工？

5. 合同纠纷的法律责任如何裁决？

【参考答案】

1. 总包合同有效，分包合同无效。因为：

第四施工队不具备法人资格，不能合法授权。

第四施工队将总体工程 1/2 以上的施工任务分包给某乡建设工程队施工，依据《建筑法》第二十九条的规定：主体结构必须由总承包单位自行完成。

2. 该合同应由人民法院或仲裁机构确认。

3. 不完备。某乡建筑工程队只交验了营业执照，并未交验建筑企业资质证书。

4. 某市建委主管部门有权责令停工。

5. 双方均有过错，分别承担相应的责任，依法宣布分包合同无效，终止合同，由市政工程公司按规定支付已完工程量的实际费用（不含利润），不承担违约责任。

【背景二十八】

某项工程建设项目，业主与施工单位依据《建设工程施工合同（示范文本）》GF—2017—0201 签订了工程施工合同，工程未投保。在施工过程中，工程遭受了暴风雨不可抗力的袭击，造成了相应的损失，施工单位及时向监理工程师提出索赔要求，并附与索赔有关的资料和证据。索赔报告中的基本要求如下：

（1）遭暴风雨袭击造成的损失不是施工单位的责任，故应由业主承担赔偿责任。

（2）给已建部分工程造成损失 18 万元，应由业主承担修复的经济责任，施工单位不承担修复的经济责任。

（3）施工单位人员因此灾害导致数人受伤，处理伤病医疗费用和补偿金总计 3 万元，业主应给予赔偿。

（4）施工单位进场的在使用机械、设备受到损坏，造成损失 8 万元，由于现场停工造成台班费损失 4.2 万元，业主应负担赔偿和修复的经济责任。工人窝工费 3.8 万元，业主应予支付。

(5) 因暴风雨造成现场停工 8d，要求合同工期顺延 8d。

(6) 由于工程破坏，清理现场需花费 2.4 万元，业主应予支付。

【问题】

1. 监理工程师接到施工单位提交的索赔申报后，应进行哪些工作（请详细分条列出）？

2. 因不可抗力发生的风险承担的原则是什么？对施工单位提出的要求，应如何处理（请逐条回答）？

【参考答案】

1. 监理工程师接到索赔申请通知后应进行以下主要工作：

(1) 进行调查、取证。

(2) 审查索赔成立条件，确定索赔是否成立。

(3) 分清责任，认可合理索赔。

(4) 与施工单位协商，统一意见。

(5) 签发索赔报告，处理意见报业主核准。

2. 不可抗力风险承担责任的原则：

(1) 永久工程、已运至施工现场的材料和工程设备的损坏，以及因工程损坏造成的第三方人员伤亡和财产损失由发包人承担。

(2) 承包人施工设备的损坏由承包人承担。

(3) 发包人和承包人承担各自人员伤亡和财产的损失。

(4) 因不可抗力影响承包人履行合同约定的义务，已经引起或将引起工期延误的，应当顺延工期，由此导致承包人停工的费用损失由发包人和承包人合理分担，停工期间必须支付的工人工资由发包人承担。

(5) 因不可抗力引起或将引起工期延误，发包人要求赶工的，由此增加的赶工费用由发包人承担。

(6) 承包人在停工期间按照发包人要求照管、清理和修复工程的费用由发包人承担。

处理方法如下：

(1) 经济损失按上述原则由双方分别承担，工期延误应予签证顺延。

(2) 因工程修复、重建的 18 万元工程款应由业主支付。

(3) 索赔不予认可，由施工单位承担。

(4) 索赔不予认可，由施工单位承担。

(5) 认可顺延合同工期 8d。

(6) 清理现场费用由业主承担。

【背景二十九】

某厂房工程，业主与监理单位和承包商分别签订了施工阶段监理合同和工程施工合同，其前期的施工进度安排如图 5-10 所示：

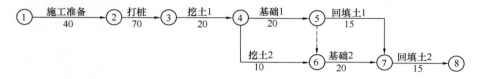

图 5-10　施工进度安排

在施工过程中，发生了下列事件：

1. 打桩工程由于施工方法不当导致质量较差，需要进行补桩处理。共计补桩费用 50 万元，且打桩工程的作业时间由原来的 70d 增加到 95d。

2. 在挖土 2 工程施工中，由于连降暴雨，使局部土体塌方，造成损失 10 万元，同时挖土 2 的作业时间也由原来的 10d 增加到 20d。

3. 在基础 1 施工完毕后，施工单位为了抢工期，自检以后，马上进行了回填土 1 的施工。

【问题】

1. 在打桩工程完成后，施工单位要求工期延期，问监理单位该做何种决定？补桩费用该由哪一方承担？

2. 在挖土 2 工程结束后，施工单位又要求工期延期，问监理单位又该做何种决定？塌方造成的费用该由哪一方承担？

3. 在回填土 1 施工到一半时，监理单位要求挖开重新检查基础质量，施工单位认为要求不合理。那么监理单位的要求是否合理？重新挖开的返工费用该由哪一方承担？

4. 为了抢回延误的工期，在以后的结构工程施工中，谁有权下达赶工令？赶工所增加的费用该由哪一方承担？

【参考答案】

1. 由于是施工单位施工方法不当造成了工程质量事故而导致工期延误，故监理工程师不能批准施工单位工期延期的要求；补桩费用由施工单位承担。

2. 由于是天气的原因造成塌方，故应根据合同条件所约定的界定标准来决定是属于工程延期还是误期；塌方造成的费用也应根据合同条件来决定责任承担方。

3. 由于基础工程未经监理工程师质量检验，施工企业就进行了回填，故监理单位要求重新开挖检查属于正当要求；返工费用由施工单位承担。

4. 监理工程师有权下达赶工令；工程延误的赶工所增加的费用由施工企业承担。

【背景三十】

某工程甲乙双方按照《建设工程施工合同（示范文本）》GF—2017—0201 签订了

施工合同。合同价为 2600 万元，合同工期 600d。在合同中，业主与施工单位双方约定："每提前或推后工期一天，按合同价的万分之二进行奖励或扣罚。"工程施工到 100d 时，监理工程师经材料复试发现甲方所供的部分钢材不合格，造成乙方停工待料 19d；之后，在工程进行到 150d 时，因甲方变更设计，又造成部分工程停工 16d。工程最终工期为 620d。

【问题】

1. 乙方在第一次停工后 10d，向监理方提出索赔要求，索赔停工损失的人工费、机械闲置费等 6.8 万元；第二次停工后 12d，乙方提出因停工损失索赔 7 万元。两次索赔乙方均提交了有关文件作为证据，监理工程师应如何处理？

2. 工程竣工结算时，乙方提出工期索赔 35d。同时，乙方认为工期实际提前了 15d，要求甲方奖励 7.8 万元。甲方认为乙方当时未进行工期索赔，仅进行停工损失索赔，说明乙方默认停工不会引起工期延长。因此，实际工期延长 20d，应扣罚乙方 10.4 万元。你认为监理工程师应如何处理？

【参考答案】

1. 监理工程师的处理如下：

（1）确认乙方提出索赔理由正当。

（2）确认乙方具有当时的证据。

（3）确认索赔提出时间未超过合同规定的时限。

（4）核准索赔金额。

（5）停工损失索赔成立，总监理工程师签发付款凭证。

2. 监理工程师的处理如下：

（1）确认乙方提出工期索赔时间已超过合同规定时限 28d。

（2）确认乙方工期索赔不成立。

（3）确认甲方罚款理由充分，符合合同规定。

（4）确认甲方罚款金额计算符合合同规定。

（5）总监理工程师确认甲方反索赔成立，从工程结算签证中扣减工程应付款 10.4 万元。

【背景三十一】

某工程项目监理公司承担施工阶段监理，该工程项目已交工并已投产半年。在承包商保修时间内，监理方的服务已经结束，但由于结算没有最后审定，监理费的尾款业主也没有支付。在这种情况下，发生以下问题，业主代表要求监理方处理。作为监理方应该如何协调处理这些问题？

【问题】

1. 该车间在使用循环水过程中，1 个 DN300 的阀门爆裂，铸铁盖破碎后坠落，险些伤人。业主方作为重大事故处理，要求设计、施工、监理、用户各自申述报告，找出阀门破裂的原因，作为监理方应该怎样写出自己的报告？

2. 上述项目在晚上工人下班后，车间内发水，积水 10cm 左右，给办公用品造成损失，有些设备也被水浸，但没有造成报废，只是停产 4h 清理积水，经查是消防水箱处一个活接头（共 160 个接头）偶然脱丝所致。业主向承包商提出索赔，作为监理方应如何处理上述事件？

3. 在审查结算时，承包商对 1 台小天车的报价请监理方进行了确认。按合同规定设备订货价格以承包商与供应商签订的合同为凭证，该天车订货合同价为 95000 元/台，生产厂家是业主及设计方指定的，监理方没有再进行询价工作就确认了合同价。在工程结算过程中，业主方预算审定部门对天车价表示怀疑，经业主方询价，同型号、同厂天车为 25000 元/台。经了解证实，该天车订货合同是个假合同，因出现一份假合同，业主方对其他合同也表示怀疑。作为监理方对上述事件是否承担部分责任？如果需要承担，那承担什么责任？监理方应该如何处理以上事件？

【参考答案】

1. 监理方的报告内容如下：

该车间已经投产，该管道阀门在安装后，测试打压均符合设计要求，监理方及业主代表已验收签证。在保修阶段阀门破裂，建议业主代表主持召开由用户、设计、承建商参加的技术会议，分析事故原因，提出整改方案，尽快进行修复。作为监理方可表示在不收取报酬的前提下，参加事故分析会。若事故责任与监理方有关，将无偿予以监理；若事故责任与监理方无关，当业主代表同意增加服务报酬后，可进行监理。

2. 该项目已经竣工，监理方服务已结束。活接头脱丝跑水属于偶然事故，建议用户与承包商共同检查全部活接头，避免类似事故再次发生。关于业主提出的索赔问题，应由业主方与承建商双方协商，监理方不能处理。

3. 监理方应承担部分责任。其应承担没有向生产小天车厂家询价的责任。监理方应建议业主扣除承包商 1 台小天车的价差 7 万元。

【背景三十二】

某业主贷款建设综合大楼，贷款年利率为 12%。银行给出两个还款方案：甲方案为第 5 年年末一次偿还 5000 万元；乙方案为第 3 年年末开始偿还，连续 3 年每年年末偿还 1500 万元。业主要求承包商加快施工进度，如提前产生效益，奖励承包商 50 万元，并签有协议。承包商擅自使用某整体提升脚手架专利，并向别人推荐使用，收取费用，造成侵权，引起纠纷，法院判决承包商赔偿专利权人 60 万元。工期提前，提前产生了效益，但业主以承包商侵权引起纠纷为由，拒付奖金 50 万元。

【问题】

1. 监理工程师应建议业主采用哪种还款方案？

2. 承包商若不向别人推广使用专利并收费，就不会造成侵权，不应赔偿，这种说法对吗？为什么？

3. 业主拒付奖金恰当吗？

【参考答案】

1. 甲方案第 5 年年末还款 5000 万元，以此为标准计算一下乙方案到第 5 年年末的还款值，按等额年金终值公式：

$$F = A\left[\frac{(1+i)^n - 1}{0.12}\right] = 1500\left[\frac{(1+0.12)^3 - 1}{0.12}\right] = 5061.6(\text{万元})$$

故建议采用甲方案还款。

2. 不对。不向别人推广使用并收取费用，也是侵权。因为擅自使用别人的专利，而没有经专利权人授权，等于剽窃专利，就是侵权。如专利权人追究，侵权人应赔偿。

3. 业主拒付奖金不对，应按协议执行。承包商侵权不是侵犯业主权利，这不能作为拒付奖金的理由。

【背景三十三】

某工程项目土方工程施工中，承包商在合同中标明有松软石的地方没有遇到松软石，因此工期提前 1 个月。但在合同中另一未标明有坚硬岩石的地方遇到更多的坚硬岩石，开挖工作变得更加困难，因此工期拖延了 5 个月。由于工期拖延，使得后续施工不得不在雨期进行，按一般公认标准推算，影响工期 2 个月。由于实际遇到的地质条件比原合理预计得复杂，造成了实际生产率比原计划低得多，推算影响工期 3 个月。为此承包商准备提出索赔。

【问题】

1. 该项施工索赔能否成立？为什么？

2. 在该索赔事件中，应提出的索赔内容包括哪些方面？

3. 在工程施工中，通常可以提供的索赔证据有哪些？

【参考答案】

1. 该项施工索赔能成立。施工中在合同未标明有坚硬岩石的地方遇到更多的坚硬岩石，属于施工现场的施工条件与原来的勘察条件有很大差异，属于甲方的责任范围。

2. 本事件使承包商由于意外地质条件造成施工困难，导致工期延长，相应产生额外工程费用，因此，应包括费用索赔和工期索赔。

3. 可以提供的索赔证据有：

（1）招标文件、工程合同及附件、经审批的施工组织设计与施工方案、工程图纸、技术规范等。

（2）工程各项有关设计交底记录、变更图纸、变更施工指令等。

（3）工程各项经业主与监理工程师签认的签证。

（4）工程各项往来信件、指令、信函、通知、答复等。

（5）工程各项会议纪要。

（6）施工计划及现场实施情况记录。

（7）施工日志及工长工作日志、备忘录。

（8）工程送电、送水、道路开通与封闭的日期及数量记录。

（9）工程停水、停电和干扰事件影响的日期及恢复施工的日期记录。

（10）工程预付款、进度款拨付的数额及日期记录。

（11）工程图纸、图纸变更、交底记录的送达份数及日期记录。

（12）工程有关施工部位的照片及录像等。

（13）工程现场气候记录，有关天气的温度、风力、雨雪等。

（14）工程验收报告及各项技术鉴定报告等。

（15）工程材料采购、订货、运输、进场、验收、使用等方面的凭据。

（16）工程会计核算资料。

（17）国家、省、市有关影响工程造价、工期的文件、规定等。

【背景三十四】

某工业设备振动试验台为大体积钢筋混凝土结构。负责该项目的专业监理工程师开工前审查了承包人的施工方案，编制了监理实施细则，设置了质量控制点。

【问题】

1. 请给出质量控制点的选择标准和质量控制点的重点控制对象的主要内容。

2. 承包单位为抢进度，在完成钢筋工程后马上派质检员到监理办公室请负责该项目监理的专业监理工程师进行隐蔽工程验收。该监理工程师立即到现场进行检查，发现钢筋焊接接头、钢筋间距和保护层等方面不符合设计和规范要求，随即口头指示承包单位整改。

（1）如此进行隐蔽工程验收，在程序上有何不妥？正确的程序是什么？

（2）监理工程师要求承包单位整改的方式有何不妥之处？

3. 承包单位在自购钢筋进场前按要求向专业监理工程师提交了合格证，在监理员的见证下取样、送样，进行复试，结果合格，专业监理工程师经审查同意该批钢筋进场使用。但在隐蔽验收时，发现承包单位未做钢筋焊接试验，故专业监理工程师责令承包单位在监理人员见证下取样送检，实验结果发现钢筋母材不合格。经对钢筋重新检验，最终确认该批钢筋不合格。监理工程师随即发出监理通知单，要求承包单位拆除不合格钢筋，并重置，同时报告了业主代表。承包单位以本批钢筋已经监理人员验收为由，不同意拆除，并提出若拆除，应延长工期 10d、补偿直接损失 40 万元的索赔要求。业主得知此事后，认为监理有责任，要求监理单位按委托监理合同约定的比例赔偿业主损失 6000 元。

（1）监理机构是否应承担质量责任？为什么？

（2）承包单位是否应承担质量责任？为什么？

（3）业主对监理单位提出的赔偿要求是否合理？为什么？

（4）监理工程师对承包单位的索赔要求应如何处理？为什么？

【参考答案】

1.（1）质量控制点的选择标准为：保证质量难度大的、对质量影响大的、发生质量问题时危害大的。

（2）质量控制点的重点控制对象：重点部位、重点工序和重点质量因素。

2.（1）如此进行隐蔽工程验收不妥，正确的验收程序为：隐蔽工程结束后，承包单位先自检，自检合格后，填写《报验申请表》并附证明材料，报监理机构；监理工程师收到《报验申请表》后，先审查质量证明资料，并在合同约定时间内到场检查；检查合格后，在报验申请表及检查证上签字确认，进行下一道工序；否则，签发不合格项目通知，要求承包人整改。

（2）监理工程师要求承包人整改的方式不妥，理由是监理工程师应按规范要求下发"监理通知单"，书面指令承包人整改。

3.（1）监理机构不承担质量责任，因为监理机构没有违背《建筑法》和《建设工程质量管理条例》有关监理单位质量责任的规定。

（2）承包单位应承担责任，因为承包单位购进了不合格材料。

（3）业主对监理单位提出赔偿要求不合理，因为其质量责任不在监理单位，且也没有给业主造成直接损失。

（4）监理工程师不应同意承包单位的索赔要求，因为承包单位购进了不合格材料，尽管该批钢筋已经监理工程师检验，但根据《建设工程施工合同》约定，不论监理工程师是否参加了验收，当其对某部分的工程质量有怀疑时，有权要求承包人重新检验。检验合格，发包人承担由此发生的全部合同价款，赔偿承包人损失，并相应顺延工期；检验不合格，承包人承担发生的全部费用，工期不予顺延。

【背景三十五】

监理工程师在某工业工程施工过程中进行质量控制，控制的主要内容有：

1. 协助承包商完成工序控制。

2. 严格控制工序间的交接检查。

3. 对重要的工程部位或专业工程进行旁站监督与控制，还要亲自试验或技术复核，见证取样。

4. 对完成的分项、分部（子分部）工程按相应的质量检查、验收程序进行验收。

5. 审核设计变更和图纸修改。

6. 按合同行使质量监督权。

7. 组织定期或不定期的现场会议，及时分析、通报工程质量情况，并协调有关单位间的业务活动。

【问题】

1. 分部工程质量如何验收？分部工程质量验收内容是什么？

2. 监理工程师在工序施工之前应重点控制哪些影响工程质量的因素？

3. 监理工程师现场监督和检查哪些内容？质量检验采用什么方法？

【参考答案】

1. 分部工程应由总监理工程师组织施工单位项目负责人和技术、质量负责人等进行验收。由于地基基础、主体结构技术性能要求严格、技术性强，关系到整个工程的安全，因此两个分部工程相关勘察、设计单位项目负责人和施工单位技术、质量部门负责人也应参加验收。

分部工程质量验收的内容如下：

（1）分部（子分部）工程所含分项工程的质量均应验收合格。

（2）质量控制资料应完整。

（3）地基与基础、主体结构和设备安装等分部工程有关安全及功能的检验和抽样检测的结果应符合要求。

（4）观感质量验收应符合要求。

2. 人、机、料、法、环。

3. （1）开工前的检查。

（2）工序施工中跟踪监控。

（3）重要的部位旁站监控。

质量检验采用目测法、量测法、试验法。

【背景三十六】

某工业厂房工程，在杯形基础施工过程中，一批水泥已送样，由于工期较紧，施工单位负责人未经监理工程师许可便指令施工，已浇筑 15 个杯形基础，之后发现水泥检测报告中某项目质量不合格。如果 15 个杯形基础返工重做，工期将延误 12d，经济损失 0.81 万元。

【问题】

1. 监理工程师应如何处理该问题？

2. 对该部分工程质量如何验收？

3. 监理工程师对进场原材料、半成品或构配件如何控制质量？

【参考答案】

1. 监理工程师对水泥检测报告中某项目质量不合格的处理：首先应下达该部分

《工程暂停令》，要求采取必要的措施，并经法定检测单位鉴定。如果施工质量达到设计要求，或经原设计单位核算能满足结构安全和使用功能，可不做处理。如果鉴定达不到设计要求，或经原设计单位核算满足不了结构安全和使用功能要求，应进行事故调查，组织相关单位研究，并责成提出处理方案，并予以审核签认。监理工程师应要求施工单位对施工质量事故进行处理，并旁站监督，处理、检查、验收、鉴定、签发《工程复工令》。

2. 经有资质的检测单位鉴定达到设计要求，应予以验收。如果鉴定达不到设计要求但能满足安全使用要求，可按技术处理方案和协商文件处理。如果鉴定达不到设计要求，经验收满足不了结构安全使用要求，严禁验收，待按处理方案处理后，或重新施工后，可重新验收。

3. 进场的原材料、半成品或构配件，进场前应向项目监理机构提交《工程材料/构配件/设备报审表》，同时附有产品出厂合格证、技术说明书，以及施工承包单位按规定要求进行检验的检验或试验报告，经监理工程师审查并确认其质量合格后，方准进场。凡是没有产品出厂合格证明及检验不合格者，不得进场。如果监理工程师认为承包单位提交的有关产品合格证明的文件以及施工承包单位提交的检验和试验报告，仍不足以说明到场产品的质量符合要求时，监理工程师可以另行组织复检或见证取样试验，确认其质量合格后方允许进场，并使用于拟定部位。

【背景三十七】

某业主开发建设一栋 24 层综合办公写字楼，委托 A 监理公司进行监理，经过施工招标，业主选择了 B 建筑公司承担工程施工任务。B 建筑公司拟将基础工程分包给 C 地基基础工程公司，拟将暖道、水电工程分包给 D 安装公司。

在总监理工程师组织的现场监理机构工作会议上，总监理工程师要求监理人员在 B 建筑公司进入施工现场到工程开工这一段时间内，要熟悉有关资料，认真审核施工单位提交的有关文件、资料等。

【问题】

1. 在这段时间内监理工程师应熟悉哪些主要资料？

2. 监理工程师应重点审核施工单位的哪些技术文件与资料？

【参考答案】

1. 监理工程师应熟悉的资料包括：

（1）工程项目有关批文、报告文件（各种批文、可行性研究报告、勘察报告等）。

（2）工程设计文件、图纸等。

（3）施工规范、验收标准、质量评定标准等。

（4）有关法律法规文件。

（5）合同文件（监理合同、承包合同等）。

2. 监理工程师在施工单位进入施工现场到工程开工这一阶段应重点审查：

（1）施工单位编制的施工方案和施工组织设计文件。

（2）施工单位质量保证体系或质量保证措施文件。

（3）分包单位的资质。

（4）进场工程材料的合格证、技术说明书、质量保证书、检验或试验报告等。

（5）主要施工机具、设备的组织配备和技术性能报告。

（6）拟采用的新材料、新结构、新工艺、新技术的技术鉴定文件。

（7）施工单位开工报告，开工应准备的各项条件。

【背景三十八】

某输气管道工程在施工过程中，施工单位未经监理工程师同意，订购了一批钢管，钢管运抵施工现场后监理工程师进行了检验，检验中监理人员发现钢管质量存在以下问题：

1. 施工单位未能提交产品合格证、质量保证书和检验证明资料。

2. 实物外观粗糙、标识不清，且有锈斑。

【问题】

监理工程师应如何处理上述问题？

【参考答案】

1. 该批材料由施工单位采购，监理工程师检验时发现外观不良、标识不清且无合格证等资料，应书面通知施工单位不得将该批材料用于工程，并抄送业主备案。

2. 监理工程师应要求施工单位提交该批产品的产品合格证、质量保证书、材质化验单、技术指标报告和生产厂家生产许可证等资料，以便监理工程师对生产厂家和材质保证等方面进行书面资料的审查。

3. 如果施工单位提交了以上资料，经监理工程师审查符合要求，则施工单位应按技术规范要求对该产品进行有监理人员见证的取样送检。如果经检验后证明材料质量符合技术规范、设计文件和工程承包合同的要求，则监理工程师书面通知施工单位同意该批管材使用于拟定部位。

4. 如果施工单位不能提供第 2 条所述的资料，或虽提供了上述资料，但经抽样检测后质量不符合技术规范、设计文件或工程承包合同的要求，则监理工程师应书面通知施工单位不得将该批管材用于工程，并要求施工单位将该批管材运出施工现场。

5. 监理工程师应将处理结果书面通知业主。工程材料的检测费用由施工单位承担。

【背景三十九】

某工程项目施工阶段，业主与监理单位、施工单位分别签订了监理合同、施工合同。在主体施工阶段（12 层框架-剪力墙结构），施工之前监理工程师对施工单位现场存放的一批钢材进行了检查。施工单位出具了钢材的试验报告（合格），专业监理工程师同意使用该批钢材进行施工。在施工过程中监理工程师现场旁站监督，并对某检验批完成后进行了验收，其主控项目和一般项目经抽样检验合格。施工单位又进场一批同规格的钢筋（同上一批钢筋，为同一厂家），监理工程师发现后，要求施工单位出具书面材料，施工单位出具进场材料的出厂合格证、技术说明书、材质化验单等质量保证文件（齐全）。施工单位认为长期使用该厂家材料，且该厂家信誉较好，所以该批钢筋可以免检，由于工期较紧，施工单位取得专业监理工程师同意指令后使用该批钢材进行施工。

【问题】

1. 你认为上述问题中监理工程师处理是否妥当？说明理由。

2. 如果该批材料存在质量问题，监理工程师是否有责任？说明理由。

3. 监理工程师如何进行见证取样？

【参考答案】

1. 不妥。原因：

（1）主体施工前监理工程师应对该批材料检查验收，三证应齐全，且应见证取样，经试验合格后才允许使用。

（2）该批材料不能免检，因为是工程重要部位使用的材料，应按一定比例抽样检验，且见证取样，经抽样检验合格后方可使用。

（3）检验批验收，除主控项目和一般项目抽样检验合格外，还应资料完整，该检验批质量才算合格。

2. 应该有责任。原因：监理工程师对现场的原材料应严格检查验收，且应见证取样，试验合格后方可使用。上述问题中监理工程师没有见证取样，并且没有进行必要的抽样检验，便同意施工单位使用。如果该批材料存在质量问题，引起工程质量问题，监理工程师在质量控制方面应负有责任。

3. 见证取样的工作程序：

（1）工程项目施工开始前，项目监理机构要监督承包单位尽快落实见证取样的送检试验室。

（2）项目监理机构要将选定的试验室上报负责本项目的质量监督机构备案并得到认可，同时要将项目监理机构中负责见证取样的监理工程师在该质量监督机构备案。

（3）承包单位在对进场原材料、试块、试件、钢筋接头等实施见证取样前，要通知负责见证取样的监理工程师，在该监理工程师现场监督下，承包单位按相关规范的要求，完成材料、试块、试件等的取样过程。

（4）完成取样后，由监理工程师进行封样，并与施工单位试验人员共同到指定的试验室进行送样。

【背景四十】

某框架-剪力墙结构（12层）工程，业主与监理单位签订了监理合同，该项目监理班子设总监理工程师1名和专业监理工程师若干名。专业监理工程师例行在现场监理过程中，发现以下问题：

1. 施工单位将支模板工程分包给某一单位施工，该分包单位未经资质验证认可便进行施工，并已开展了一层模板施工。

2. 在钢筋骨架焊接过程中，施工单位有两名电焊工因病请假，施工单位负责人从另一工地借调两名电焊工顶替，没有通知监理工程师。

3. 某层钢筋混凝土墙体，由于设备安装应预留300mm×400mm洞口，而设计图纸上显示无洞口，施工单位未通报监理工程师在施工中预留了此洞口，且在该墙体钢筋绑扎后未经检查签证。

4. 某层现浇钢筋混凝土墙体，拆模后发现局部出现胀模、蜂窝、麻面的现象。

【问题】

1. 监理工程师对上述问题应如何处理？

2. 监理工程师应如何对分包单位资格进行审核确认？

3. 监理工程师对钢筋隐蔽工程进行验收的要点有哪些？

【参考答案】

1. 监理工程师应按下述方式进行处理：

（1）通知施工单位让分包单位立即停止施工，检查完成部位，责成施工单位报送分包单位资质资料。若审查合格后，通知施工分包单位可以进场施工；若审查资质不符合要求，通知施工分包单位必须立即退场，对所完成工程进行质量鉴定。

（2）通知该两名电焊工立即停止操作，并全部检查已完成焊接的质量。

（3）指示停工，该部位后续施工不得进行，应与设计单位联系变更设计。通知施工单位按图返工，经隐检认可后，再通知施工单位复工。

（4）监理工程师立即向施工单位发出《监理通知单》，要求施工单位报送质量缺陷修补方案，经审批后按照方案对质量问题进行处理；施工单位填写《监理通知回复单》（附修补方案），报监理工程师审核后，由施工单位按照方案要求进行处理，处理完成后应重新报监理工程师验收。

2.（1）承包单位提交的《分包单位资质报审表》，应包括以下方面：拟分包工程的名称、数量、合同额等，分包单位的资质材料、业绩等，分包协议草案。

（2）监理工程师审查总承包单位提交的《分包单位资质报审表》。若监理工程师认为该分包单位基本具备分包条件，符合有关规定后，由总监理工程师予以书面确认；否则不予确认。

3. 钢筋隐蔽工程验收要点：

（1）按施工图检查绑扎成型的钢筋骨架，检查钢筋品种、直径、数量、间距、形状。

（2）检查骨架外型、尺寸的偏差是否超过规定，检查保护层厚度及构造筋是否符合构造要求。

（3）检查锚固长度、箍筋加密区及加密间距是否符合要求。

（4）检查钢筋接头：如绑扎搭接，要检查搭接长度、接头位置和数量（错开长度、接头百分率）；如为焊接接头或机械连接，要检查外观质量、取样试件力学性能试验报告、接头位置（相互错开）和数量（接头百分率）。

【背景四十一】

某建筑工程项目为框架结构，主体结构正在施工。在现浇钢筋混凝土柱的施工过程中，监理工程师在对 24 根柱子的检查中发现有 6 根柱子拆模后存在轻度蜂窝、麻面问题，有 13 根柱子混凝土强度严重不足且存在表面蜂窝、麻面的质量问题，有 5 根柱子存在局部露筋，蜂窝、麻面较严重问题。

【问题】

1. 监理工程师对拆模后 6 根柱子的轻度蜂窝、麻面的质量问题应如何处理？

2. 监理工程师对 13 根柱子混凝土强度严重不足及蜂窝、麻面的质量问题应如何处理？

3. 监理工程师对 5 根柱子局部露筋，蜂窝、麻面较严重的问题应如何处理？

4. 对于隐蔽工程，监理工程师应如何验收？

【参考答案】

1. 监理工程师对拆模后存在蜂窝、麻面的质量不合格问题，应填写《不合格项处置记录》，要求施工单位及时采取措施予以整改，监理工程师应对补救方案进行确认，跟踪处理过程，对处理结果进行验收。

2. 总监理工程师签发《工程暂停令》，组织事故调查，组织相关单位研究，并责成相关单位完成处理方案，并予以审核签认。监理工程师要求施工单位对工程质量事故进行处理，并旁站监督、处理、检查、验收、鉴定、签发《工程复工令》。

3. 监理工程师立即向施工单位发出《监理通知单》，要求施工单位对质量问题进行补救处理，填写《监理通知回复单》报监理工程师审核后，批复承包单位处理，处理结果应重新验收。

4. 隐蔽工程施工完毕，承包单位先自检，自检合格后，填写《报验申请表》，附相应的工程检查证明（或隐蔽工程检查记录）及有关材料证明。监理工程师收到报验申请后首先对质量证明材料进行审查，再到现场检查（检测或核查），承包单位的专职质检员及相关施工人员应随同一起到现场。经现场检查，如符合质量要求，监理工程师在《报验申请表》及工程检查证（或隐蔽工程检查记录）上签字确认，准予承包单位隐蔽、覆盖，进入下一道工序施工；如检查不合格，监理工程师应要求施工单位整改，并在整改完成后进行复验，复验合格才能进行下一道工序施工。

【背景四十二】

某监理公司承担了某办公楼施工阶段的监理任务，该楼土建工程是由工程指挥部工程处招标进场的六建公司来施工，施工合同中明确有 800m² 的铝合金窗安装任务；而该指挥部设备材料处与某钢窗厂签订供销合同时，又明确由该厂派队伍进行铝合金窗安装施工。该厂在铝合金窗安装过程中，没有落实"按铝合金窗工艺规程安装"的合同要求。其他单位也无人过问窗框与墙体洞口没做缝隙密封处理这一关键质量问题。而六建公司在明知该铝合金窗框没做嵌缝密封的情况下，为了抢工期进行了抹灰、贴面砖施工，留下了质量隐患。该楼在验收前梅雨季期间发现有 60％铝合金樘窗严重渗水。该质量事故发生后，指挥部负责人找到监理单位要求进行事故分析和处理，并追查责任。

【问题】

1. 工程质量事故处理的一般程序是什么？

2. 工程质量事故处理的基本要求是什么？

3. 人们对该办公楼铝合金窗安装所发生的质量事故，有如下一些不同的议论和看法，你认为哪些是正确的或错误的？

（1）该办公楼大面积樘窗渗水事故的基本原因是：指挥管理系统为多中心，管理混乱，互不通气；铝合金窗的施工单位未按有关工艺规程要求施工，窗框与墙洞没做嵌缝密封处理；施工单位为了抢工期，明知窗洞没做嵌缝处理就做面层，导致留下了质量隐患；监理有失职行为，未按监理程序和有关规定进行监控。

（2）根据该楼铝合金窗渗水事故的原因分析，工程指挥部、两个施工单位和监理单位各方都有责任，但是指挥部应负主要责任。

（3）工程指挥部所属各职能业务处选定的施工单位进驻该楼施工，必须经过监理同意，但该工程指挥部没有通知监理单位厂家进场施工一事，故此事故监理无责任。

（4）监理对进驻该办公楼施工的各单位，应及早查看他们与甲方签订的施工合同中所承包的项目，以及明确监理内容，以防项目重叠。

（5）应由工程指挥部出面协调和理顺各单位之间的工作关系，以免造成现场管理混乱，各行其是。

（6）该楼铝合金窗施工是属于监理被委托的工程范围，发现施工质量有问题时，监理有权下停工令，让施工单位进行停工整改。

（7）该门窗施工队也是经指挥部职能业务处招进的施工单位，它不属于"擅自让未经同意的分包单位进场作业者"，因此监理无权指令该施工单位停工整改。

（8）如果该施工单位对监理指令置之不理或未采取有效改正措施而继续施工时，监理应以书面形式发布停工令。

（9）监理工程师应及时向总监理工程师报告，由总监理工程师向业主建议撤换不合格的施工单位或有关人员。

【参考答案】

1. 工程质量事故处理的一般程序是：

（1）工程质量事故发生后，总监理工程师签发《工程暂停令》，要求施工单位保护现场及向主管部门报告。

（2）协助事故调查组开展工作。

（3）核签技术处理方案。

（4）对技术处理施工质量进行监理。

（5）组织有关各方面进行检查和验收。

（6）核签技术处理报告。

2. 工程质量事故处理的基本要求是：

（1）安全可靠，不留隐患，满足建筑功能和使用要求。

（2）处理要做到技术可行、经济合理、施工方便。

3. 质量事故判断如下：

（1）对；（2）错；（3）错；（4）对；（5）错；（6）对；（7）错；（8）对；（9）对。

【背景四十三】

某高速公路施工中，监理工程师确认的混凝土试配强度为 26.5MPa，已知 T_u＝31MPa；T_L＝23MPa，混凝土拌制工序的施工采用两班制，监理工程师收集了 1 个月的混凝土试块强度资料，画出直方图，图 5-11 为第五标段的直方图，图 5-12 为第六标段的直方图，试对这两个直方图进行分析。

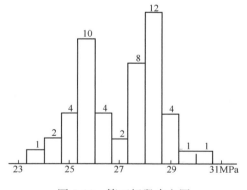 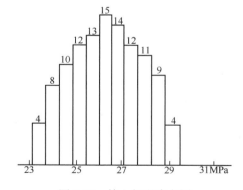

图 5-11　第五标段直方图　　　　图 5-12　第六标段直方图

【参考答案】

图 5-11：

（1）直方图呈双峰型，可能是由于两班的数据混在一起所致，应加以分层，分别画出直方图，然后再进行分析。

（2）画直方图时，数据不应少于 50 个，分层后若每组数据少于 50 个，应再收集些数据，使每组数据大于 50 个，分别画直方图，然后再进行分析。

图 5-12：

（1）直方图基本呈对称分布，接近于正态分布形状，说明生产是正常的、稳定的。

（2）生产向下波动时，会出现不合格品。因此，不满足质量要求。

（3）试配强度不当，应适当提高试配强度，使其处于公差带中心。

【背景四十四】

某工程项目的承包商给监理工程师提供的桥梁工程施工网络计划如图 5-13 所示。监理工程师在审核中发现该施工计划安排不能满足施工总进度计划对桥梁施工工期的要求（总进度计划要求 $T_r = 60d$）。监理工程师向承包商提出质疑时，承包商解释，由于该计划中的每项工作作业时间均不能够压缩，且工地施工桥台的钢模板只有一套，两个桥台只能顺序施工，若一定要压缩工作时间，可将西侧桥台基础的挖孔桩改为预制桩，但要修改设计，且需要增加 12 万元的费用。监理工程师提出不同的看法。

经监理工程师批准，该桥的基础工程分包给了建华基础工程公司，在东侧桥台的扩大基础施工时，建华基础工程公司发现地下有污水管道，但设计文件和勘察资料中均未有说明。由于处理地下污水管道，使东侧桥台的扩大基础施工时间由原来计划的 10d 延长到 13d，建华基础工程公司根据监理工程师签认的处理地下污水管道增加的工程量，向监理工程师提出增加分包合同外工作量费用和延长工期 3d 的索赔要求。

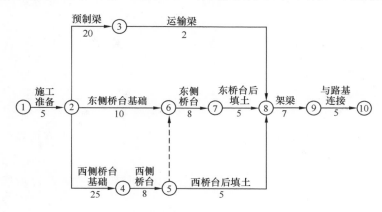

图 5-13　桥梁工程施工网络计划图

【问题】

1. 监理工程师应对该桥的网络进度计划提出什么建议？

2. 监理工程师应如何处理以上索赔要求？

【参考答案】

1. 监理工程师应建议在桥台的施工模板仅有 1 套的条件下，合理组织施工。因为西侧桥台基础为桩基，施工时间长（25d），而东侧桥台为扩大基础，施工时间短（10d），所以应将原计划图中"在西侧桥台和东侧桥台基础施工完毕后，组织东侧桥台施工"的组织方案改为"在东侧桥台和西侧桥台基础施工完毕后，组织施工西侧桥台（图 5-14）"。这样改变一下组织方式可以将该计划的计划工期缩短到 $T_c = 55d$，小于要求工期 $T_r = 60d$，也不需要增加费用。

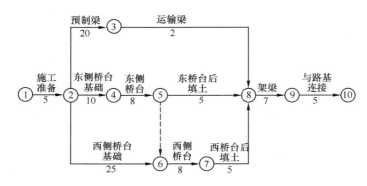

图 5-14 更改后桥梁工程施工网络计划图

2. 索赔处理

（1）建华基础工程公司不可直接向监理工程师提出索赔要求，应向总包单位提出，由总包单位向监理工程师提出索赔要求。

（2）若总承包单位向监理工程师提出上述索赔要求，监理工程师应同意费用补偿，不应同意工期索赔，因为东侧桥台基础施工增加了 3d 后也不成为关键工作，不影响工期。

（3）由于勘察设计未探明地下障碍物致使费用增加，业主宜和勘察设计单位协商解决，监理工程师提供证据材料。

【背景四十五】

某单项工程，按图 5-15 所示进度进行。图中箭线上方数字为工作缩短 1d 须增加的费用（元/d），箭线下方括弧外数字为工作正常施工时间，箭线下方括弧内数字为工作最快施工时间。原计划工期为 170d，在第 75d 检查时，工作 1-2（基础工程）已全部完成，工作 2-3（构件安装）刚刚开工。由于工作 2-3 是关键工作，所以拖后 15d 将导致总工期延长 15d 完成。

【问题】

为使计划按原工期完成，则必须调整原计划，问应如何调整原计划，既经济，又能保证计划在 170d 内完成？

【参考答案】

1. 余下的关键工作中，工作 2-3 赶工费率最低，故可压缩工作 2-3，40 - 35 = 5（d）。

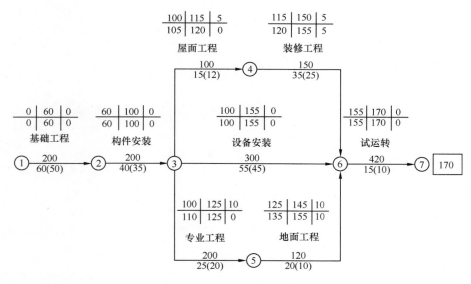

图 5-15 工程进度计划图

增加费用为 $5 \times 200 = 1000$（元）。

总工期为 $185 - 5 = 180$（d）。

2. 其次，工作 3-6 的赶工费率最低，但必须考虑与工作 3-6 平行的各项工作，压缩时间不能超过平行工作的最小总时差，故只能压缩 5d。

增加费用为 $5 \times 300 = 1500$（元）。

总工期为 $180 - 5 = 175$（d）。

3. 此时关键工作又增加了工作 3-4 和工作 4-6，必须同时压缩工作 3-6 和工作 3-4 或工作 3-6 和工作 4-6，工作 3-6 与工作 3-4 的赶工费率和最低：$300 + 100 = 400$（元/d），但工作 3-4 只能压缩 3d，同时压缩工作 3-6 与工作 3-4，3d，增加费用 $3 \times (300 + 100) = 1200$（元）。

总工期为 $175 - 3 = 172$（d）。

4. 此时关键工作 6-7 赶工费率最低，

压缩工作 6-7，2d，增加费用为 $2 \times 420 = 840$（元）。

工期为 $172 - 2 = 170d$。

通过以上工期调整，可将拖延的 15d 全部找回来，工期仍为 170d。

但增加了赶工费 $1000 + 1500 + 1200 + 840 = 4540$（元）。

调整后的网络计划如图 5-16 所示。

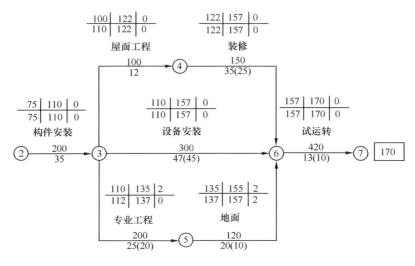

图 5-16 调整后网络计划图

【背景四十六】

某单项工程的施工进度计划如图 5-17 所示，该图是按各项工作的正常持续时间和最早时间参数绘制的双代号时标网络计划。图中箭线上方括号内数字为工期优化调整计划时压缩工作持续时间的次序号，箭线下方括号外数字为该工作的正常持续时间，括号内的数字为该工作的最短持续时间。工作日第 5 天下班后检查施工进度完成情况，发现 A 工作已完成，D 工作尚未开始，C 工作进行 1d，B 工作进行 2d。

【问题】

1. 绘制实际进度前锋线记录实际进度执行情况，并说明前锋线的绘制方法。

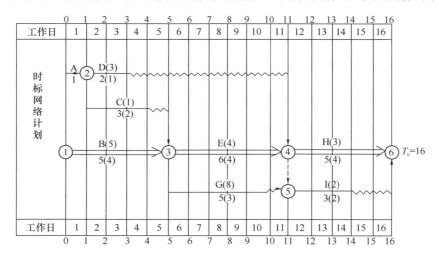

图 5-17 施工进度计划网络图

2. 对实际进度与计划进度进行对比分析，填写网络计划检查结果分析表（表 5-1）。

网络计划检查结果分析表 表 5-1

工作代号	工作名称	检查计划时尚需作业天数	到计划最迟完成时尚有天数	原有总时差	尚有总时差	情况判断
①	②	③	④	⑤	⑥	⑦

注：1. 表中③、④、⑤栏必须有数据的来源及计算式。

2. 表中⑦栏写明"正常"和"影响工期多少天"。

3. 根据检查结果分析的数据绘制未调整前的双代号时标网络计划。

4. 若要求按原工期目标完成，不允许拖延工期，按工期优化的思路、各工作的压缩次序号调整计划，绘制调整后的双代号时标网络计划，并说明其调整计划的基本思路。

【参考答案】

1. 绘制实际进度前锋线，如图 5-18 所示。

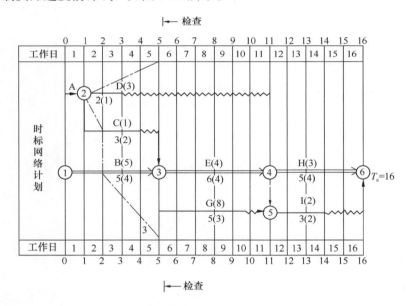

图 5-18 时标网络进度计划与实际进度前锋线

前锋线绘制法：应自上而下从计划检查的时间刻度线出发，用点划线依次连接各项工作的实际进度前锋，最后达到计划检查时的时间刻度线为止。

2. 网络计划检查结果分析如表 5-2 所示。

3. 根据表中检查结果分析，第 5d 下班检查实际进度工期影响 3d，未调整前的时标网络计划如图 5-19 所示。

绘制方法：

（1）按实际进度前锋线拉直，即第 5d 的点划线。

（2）按时标网络计划绘制的方法，确定关键线路 $T_c = 19d$，与分析结果相符。

网络计划检查结果分析表　　　　　　　　　　　表 5-2

工作代号	工作名称	检查计划时尚需作业天数	到计划最迟完成时尚有天数	原有总时差	尚有总时差	情况判断
①	②	③	④	⑤	⑥	⑦
2-4	D	2−0=2	11−5=6	8	6−2=4	正常
2-3	C	3−1=2	5−5=0	1	0−2=−2	影响工期 2d
1-3	B	5−2=3	5−5=0	0	0−3=−3	影响工期 3d

注：从时标网络计划中判读有关时间参数：

$$F_{2-4}^T = \min[F_{4-5}^T, F_{4-6}^T] + F_{2-4}^F = \min[2,0] + 8 = 8$$

$$F_{2-3}^T = \min[F_{3-4}^T, F_{3-5}^T] + F_{2-3}^F = \min[0,3] + 1 = 1$$

$$F_{1-3}^T = \min[F_{3-4}^T, F_{3-5}^T] + F_{1-3}^F = \min[0,3] + 0 = 0$$

$$F_{2-4}^{LF} = F_{2-4}^{EF} + F_{2-4}^T = 3 + 8 = 11 \quad F_{2-3}^{LF} = F_{2-3}^{EF} + F_{2-3}^T = 4 + 1 = 5$$

$$F_{1-3}^{LF} = F_{1-3}^{EF} + F_{1-3}^T = 5 + 0 = 5$$

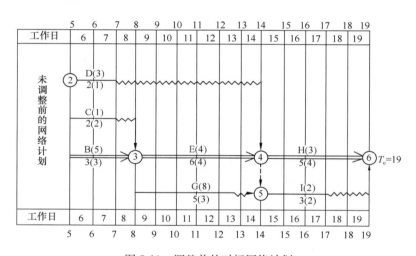

图 5-19　调整前的时标网络计划

4. 原工期为 16d，须压缩工期 3d，压缩关键工作的持续时间才能压缩总工期。根据题意，箭线上方的压缩次序为：第一步压缩 H 工作持续时间 1d，利用 I 工作时差 1d；第二步压缩 E 工作持续时间 2d，利用 G 和 D 工作时差 2d，此时 G 工作仍有总时差为 0d，E 和 H 工作均已达到最短工期不能再压缩，但 G 和 I 也成了关键工作。共计压缩关键工作持续时间 3d，满足要求，计划调整完毕，调整后的计划如图 5-20 所示。

【背景四十七】

某工程项目的原施工进度双代号网络计划如图 5-21 所示。该工程总工期为 19 个月。在上述网络计划中，B、F、J 三项工作均为土方工程，土方工程量分别为 8000m³、12000m³、4000m³，共计 24000m³，土方单价为 17 元/m³。合同中规定，土方工程量增加超出原估算工程量 15% 时，新的土方单价可从原来的 17 元/m³ 调整到 15 元/m³。

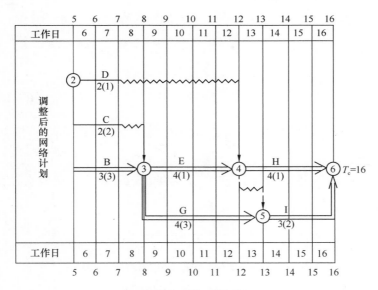

图 5-20　调整后的时标网络计划

在工程按计划进行 3 个月后（已完成 A 工作的施工），业主提出增加一项新的土方工程 R，该项工作要求在 F 工作结束以后开始，并在 G 工作开始前完成，以保证 G 工作在 E 和 R 工作完成后开始施工。根据承包商提出并经监理工程师审核批复，该项 R 工作的土方工程量为 $10000m^3$，施工时间需要 3 个月。

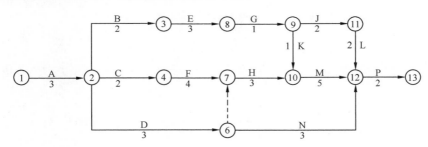

图 5-21　原施工进度双代号网络计划图

根据施工计划安排，B、F、J 工作和新增加的土方工程 R 使用同一台挖土机先后施工，承包商提出增加土方工程 R 后，使租用的挖土机增加了闲置时间，要求补偿挖土机的闲置费用（每台闲置 1d 为 800 元）和延长工期 3 个月。

【问题】

1. 增加一项新的土方工程 R 后，土方工程的总费用为多少？

2. 监理工程师是否同意给予承包方施工机械闲置补偿？应补偿多少费用？

3. 监理工程师是否同意给予承包方工期延长？应延长多少时间？

【参考答案】

1. 增加 R 工作后，土方工程总费用计算：

（1）增加 R 工作后，土方工程总量：24000＋10000＝34000（m³）。

（2）超出原估算土方工程量：$\frac{34000-24000}{24000}\times100\%=41.67\%>15\%$，土方单价应进行调整。

（3）超出 15％的土方量为 34000－24000×115％＝6400（m³）（图 5-22）。

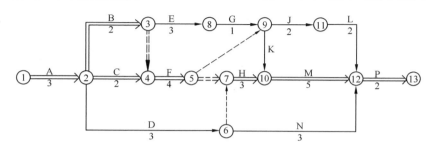

图 5-22　调整后的施工进度双代号网络计划图（1）

（4）土方工程的总费用为：24000×115％×17＋6400×15＝56.52（万元）。

2.（1）施工机械闲置时间（不增加 R 工作的原计划）

因 E 和 G 工作的时间合计为 4 个月，F 工作时间为 4 个月，按 B、F、J 顺序可使机械不闲置。

（2）增加了 R 工作后机械闲置时间（图 5-23）

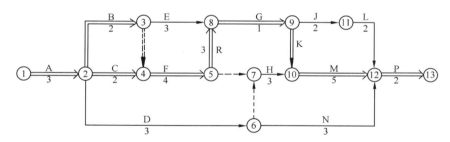

图 5-23　调整后的施工进度双代号网络计划图（2）

安排挖土机按 B、F、R、J 顺序施工，由于 R 工作完成后到 J 工作开始前需完成 G 工作，所以造成机械闲置 1 个月。

（3）监理工程师应批准给予承包方施工机械闲置补偿费：30×800＝2.4（万元）

3. 经计算，工期由原来 19 个月延长到 21 个月，所以监理工程师应批准承包商工期顺延 2 个月。

【背景四十八】

某项建设工程可分解为 15 个工作，根据工作的逻辑关系绘成的双代号网络如图 5-24 所示。工作实施至第 12d 末进行检查时，A、B、C 三项工作已完成，D 和 G 工作分别实际完成 5d 的工作量，E 工作完成了 4d 的工作量，请分析判断。

第五章　建设工程监理案例分析

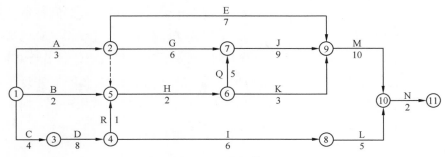

图 5-24　双代号网络计划图

【问题】

1. 按工作最早完成时刻计，D、E、G 三项工作是否已推迟？各为多少天？

2. 哪一个工作对工程如期完成会构成威胁？工期是否要推迟？可能推迟多少天？

3. 在 J、K、L 三个工作不能缩短持续时间的情况下，要调整哪些工作的持续时间最有可能使工程如期竣工？

4. 分析工程现状发现：A 工作期间，因暴风雨停工 3d；B 工作期间，因烧毁吊车电机停工 4d；C 工作期间，因施工图变更停工 2d。如果后续工作都不可能缩短持续时间，那么工期推迟的责任该由谁承担？施工方有无提出工期索赔的可能？

【参考答案】

1. D、E、G 都已推迟，因为 D 的 TEF＝12，G 的 TEF＝9，故 3 个工作分别推迟：D 为 3d，G 为 4d，E 为 5d。

2. 根据标号法（图 5-25）探得 D 为关键工作，因此 D 对工程如期完成构成威胁。工期推迟 3d。

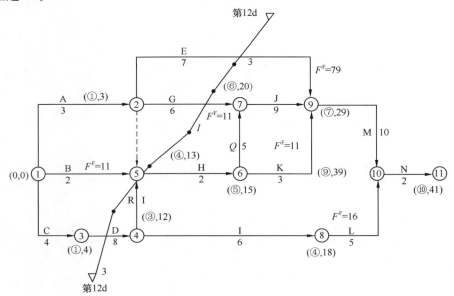

图 5-25　双代号网络计划

279

3. 在 K、L、J 三个工作中，只有 J 为关键工作，K、L 的持续时间长短对工期暂不产生影响。除 J 以外，后续关键工作有 F、H、Q、M 和 N。其中 Q、M 的持续时间较长，比较容易采取技术措施，减少持续时间，使建设项目仍按原计划工期竣工。

4. C 和 D 都是关键工作，且 C 是 D 的紧前工作，它推迟 2d 和停工对 D 工作将产生直接影响，D 的另一天推迟（因为 D 共推迟 3d）不是由施工方所致，工期推迟的全部责任由业主承担，因此施工方有理由提出工期索赔。

【背景四十九】

某工程合同工期为 17 个月，其初始计划（双代号网络计划）如图 5-26 所示。

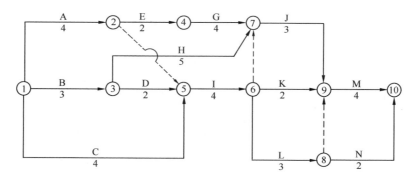

图 5-26　初始计划

由于工作 A、I、J 均为突发工程，必须使用同一台挖土机顺序施工，则调整后的施工进度计划如图 5-27 所示。

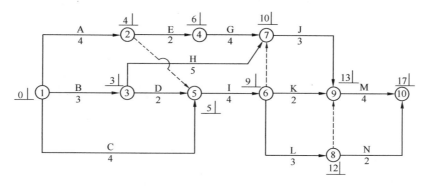

图 5-27　调整后施工进度计划

【问题】

1. 该计划是否可行、合理？为什么？挖土机在现场闲置时间为多少？

2. 如果监理工程师批准了调整后的施工进度计划，当该计划执行 2 个月后，业主提出增加一项新的工作 P。根据施工工艺要求，工作 P 必须安排工作 A 完成之后开始，并在工作 I 开始之前完成。经过监理工程师确认，工作 P 的持续时间为 2 个月，试绘制相应的双代号网络计划，并确定其计算工期。

3. 根据上述问题 2 所给条件，如果承包商提出工程延期 2 个月及补偿挖土机闲置 2 个月的索赔申请，监理工程师应如何处理？为什么？

4. 增加 P 工作后，承包商按调整后的进度计划实施时，由于业主原因使工作 G 拖延半个月，承包商自身原因是工作 I 拖延 1 个月，事后承包商立即提出工期延期申请，监理工程师应批准工程延期多少时间？为什么？

5. 根据上述问题 4 所给条件，该工程实际工期为多长？如果工作 I 所拖延的时间是由于与承包商签订供货合同的材料供应商未按要求供货而引起（其他条件同上）的，监理工程师应批准工程延期多长时间？为什么？

【参考答案】

1. 计划的可行性、合理性分析：

通过计算，计算工期为 17 个月，满足合同工期要求。挖土机施工顺序 A-I-J 可满足要求（图 5-28）。

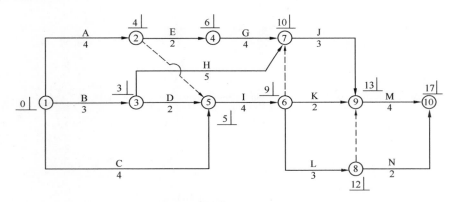

图 5-28　挖土机施工顺序为 A-I-J 的施工进度

挖土机在现场闲置时间为：

A-I：$ESI-EFA=5-4=1$（月）

I-J：$ESJ-EFI=10-9=1$（月）

合计闲置 2 月。

2. 增加工作 P 后计算工期仍为 17 个月，如图 5-29。

3. 如果承包商提出工期延期 2 个月的索赔申请，监理工程师应不予批准，因增加工作 P 工作并未导致计算工期的延长，故承包商仍应按原计划工期完成。

如果承包商提出因增加工作 P 增加挖土机机械闲置时间 2 个月：

增加工作 P 后，机械闲置时间为：

A-I：$ESI-EFA=6-4=2$（月）

I-J：$ESJ-EFI=10-10=0$（月）

机械闲置时间仍是 2 个月，并未增加。

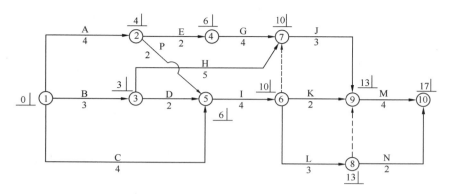

图 5-29 增加工作 P 后的施工进度

4. 工作 G、I 拖延的工期监理工程师不应批准（图 5-30）。由于业主原因和不可抗力使工作时间拖延导致总工期延长的，监理工程师应批准工期延期；由于承包商原因使工作时间拖延导致总工期延长的，监理工程师不批准延期。

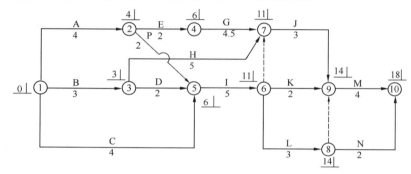

图 5-30 不应批准工期延期

5. 根据 4 所给条件，该工程实际工期为 18 个月。

如果工作 I 所拖延的时间是由于与承包商供货合同的材料供应商未按要求供货而引起的话，监理工程师应批准的工期延期仍为 1 个月，因为监理工程师处理索赔事宜不应以承包商与材料供应商的供货合同为依据，承包商的损失应向供货单位进行索赔（图 5-31）。

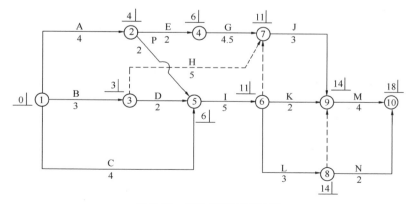

图 5-31 应批准的工期延期

批准：18－17＝1（月）

【背景五十】

某建设监理公司承担了一项工程建设项目的施工全过程监理任务。施工过程中，由于建设单位、施工单位的直接原因以及不可抗力原因，致使施工网络计划（图 5-32）中各项工作的持续时间受到影响（如表 5-3 所示，正负数分别表示工作天数延长和缩短），从而使网络计划工期由计划工期（合同工期）84d 变为实际工期 95d。建设单位和施工单位由此发生了争议：施工单位要求建设单位顺延工期 22d，建设单位只同意顺延工期 11d。因此，双方要求监理单位从中进行公正调解。

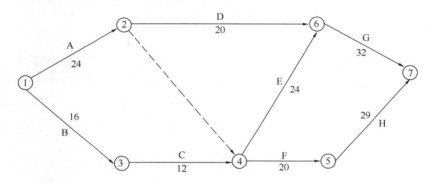

图 5-32　施工网络计划（工作时间单位：d）

影响工作时间表（单位：d）　　　　　　　　　　　　　　　　表 5-3

工作代号	建设单位原因	施工单位原因	不可抗力原因
A	0	0	2
B	3	1	0
C	2	−1	0
D	2	2	0
E	0	−2	2
F	3	0	3
G	0	0	3
H	3	4	0
合计	13	4	9

【问题】

1. 监理工程师处理工期顺延的原则是什么？应如何进行考虑来处理总工期顺延？

2. 监理工程师调解以后应给予施工单位顺延工期几天？

【参考答案】

1.（1）监理工程师应掌握这样的原则：由于非施工单位原因引起的工期延误，建设单位应给予顺延工期。

（2）确定工期延误的天数应考虑受影响的工作是否位于网络计划的关键线路上。

如果由于非施工单位原因造成的各项工作的延误并未改变原网络计划的关键线路，则监理工程师应认可的工期顺延时间，可按位于关键线路上属于非施工单位原因导致的工期延误之和求得。

2．监理工程师调解以后应给予施工单位顺延工期为：

3（B）+2（C）+2（E）+2（G）=9（d）

【背景五十一】

某单项工程按图 5-33 进度计划正在进行施工。图中箭线上方数字为工作缩短一天须增加的费用，箭线下方括弧外数字为工作正常施工时间，箭线下方括弧内数字为工作最快施工时间。原计划工期是 220d，在第 110d 检查时，工作 2-3（构件安装）已全部完成，工作 3-5（专业工程）刚刚开始施工，3-4 按计划进行。由于 3-5 是关键工作，所以它拖后 10d，将导致工期延长 10d 完成。

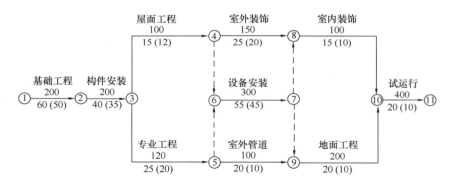

图 5-33　工程进度计划

【问题】

1．绘制该计划的初始时标网络，用进度前锋线表示当前的进度。判断初始网络计划的关键线路及工作 4-8 的总时差和自由时差。

2．为使计划按原工期完成，应如何调整原计划，才能既经济又能保证施工任务在 220d 完成？

【参考答案】

1．初始时标网络计划如图 5-34，关键线路如图中所示。工作 4-8 总时差为 45d，自由时差为 40d。

2．可压缩关键工作持续时间来调整计划。关键工作 3-5 赶工费最低（余下工作中），故可压缩工作 3-5，25-20=5（d），因此增加费用为 5×200=1000（元）

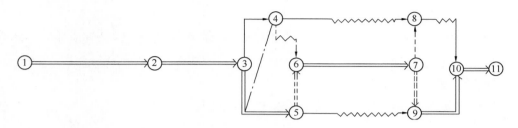

图 5-34　初始时标网络计划

后期关键工作时间为：20＋55＋15＋20＝110（d），满足合同工期要求。关键工作增加 8-10，调整后的网络计划如图 5-35 所示。

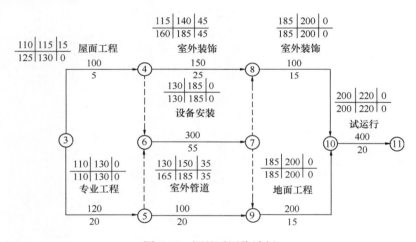

图 5-35　调整后网络计划

【背景五十二】

某工程合同工期为 22 个月，双代号初始施工网络计划如图 5-36 所示（时间单位：月）。

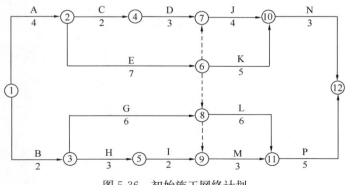

图 5-36　初始施工网络计划

【问题】

1. 该网络计划是否合理、可行？为什么？关键工作有哪些？并判断 C、K 和 G 的总时差、自由时差。

2. 如果工作 C 和工作 G 因共用一台机械而必须顺序施工时，该计划应如何安排更合理？

【参考答案】

1. 计算该网络计划的工期和确定关键工作，如图 5-37 所示。

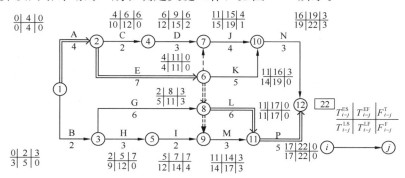

图 5-37　网络计划的工期与关键工作

（1）工期：$T=22$，合理、可行。

（2）关键工作：A、E、L、P，关键线路如双箭线所示。

工作 C：$F_{2-4}^{T} = 6$；$F_{2-4}^{F} = 0$

工作 K：$F_{6-10}^{T} = 3$；$F_{6-10}^{F} = 0$

工作 G：$F_{3-8}^{T} = 3$；$F_{3-8}^{F} = 3$

2. 工作 C 和工作 G 因共用一台施工机械而必须顺序施工时，有两种方案：

（1）先 C 后 G 顺序施工，网络计划调整如图 5-38 所示。

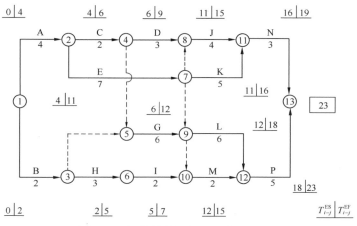

图 5-38　网络计划调整图（先 C 后 G）

工期：$T_1＝23$（月）

关键线路：1—4—5—9—12—13，关键工作为 A、C、G、L、P。

（2）先 G 后 C 顺序施工，网络计划调整如图 5-39 所示。

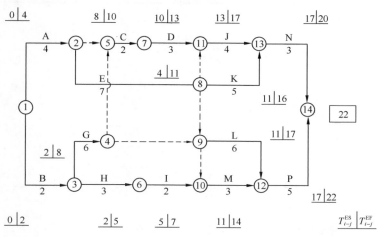

图 5-39　网络计划调整图（先 G 后 C）

工期：$T_2＝22$

由此可见：先 G 后 C 顺序能保证工期不变，应选择先 G 后 C 方案。

【背景五十三】

某工程的分部工程网络进度计划工期即要求工期 29d，网络计划如图 5-40 所示。在施工过程中，各工作的持续时间发生改变，具体变化及原因见表 5-4。该分部工程接近要求工期时，承包商按索赔程序的规定提出工期延期 19d 的索赔要求。

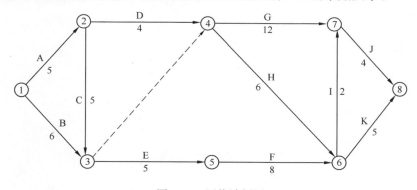

图 5-40　网络计划图

施工中各工作持续时间变化的原因　　　　　　　　表 5-4

工作代号	持续时间延长原因及天数			持续时间延长值
	业主原因	不可抗力原因	承包商原因	
A	1	1	1	3
B	2	1	0	3

工作代号	持续时间延长原因及天数			持续时间延长值
	业主原因	不可抗力原因	承包商原因	
C	0	1	0	1
D	1	0	0	1
E	1	0	2	3
F	0	1	0	1
G	2	4	0	6
H	0	0	2	2
I	0	0	1	1
J	1	0	0	1
K	2	1	1	4

【问题】

总监理工程师批准的工期延期为多少天？为什么？

【参考答案】

1. 计算由于业主原因、不可抗力原因使工期延后的总工期。

（1）确定以上非承包商原因使各工作延后的持续时间（该时间也可直接标注在网络图上或用文字说明）。

$D_A = 7$ $D_B = 9$ $D_C = 6$ $D_D = 5$ $D_F = 9$

$D_G = 18$ $D_H = 6$ $D_I = 2$ $D_J = 5$ $D_K = 8$

（2）写（标）出正确的计算过程（用工作时间法计算参数和用节点时间法计算参数均可）。

1）六时标注计算法（图 5-41）：

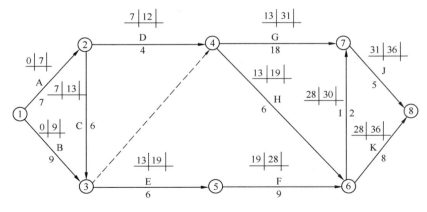

图 5-41　六时标注计算法

2）四时标注计算法（图 5-42）：

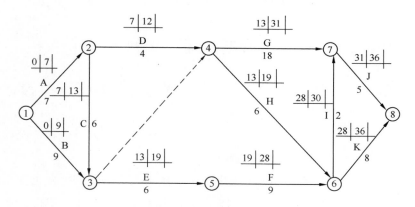

图 5-42　四时标注计算法

3) 节点时间参数计算法（图 5-43）：

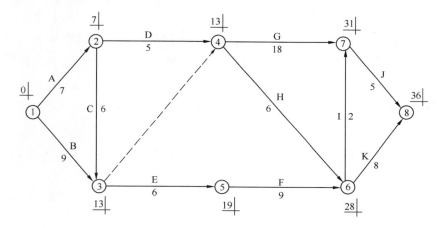

图 5-43　节点时间参数计算法

（3）通过计算确定由于业主原因、不可抗力原因延后的总工期为 36d。

2. 总监理工程师批准的工期延期为：

$$36-29=7（d）$$

【背景五十四】

2018 年 3 月 3 日，某公司熟料车间窑尾烟囱管道防腐维修过程中发生脚手架坍塌事故，造成 2 人死亡，1 人受伤，直接经济损失 171 万元。通过调查询问，发生事故前烟囱内脚手架搭设还原如下：施工单位在直径为 4.4m 的烟囱内搭设一六边形扣件式单钢管脚手架，井架高 85.5m，水平管步距为 2m，立杆相邻间距 1.8m，架体侧向无剪刀撑，每三步设一道（约 6m）十字形水平撑，一端顶在烟囱内壁上，在水平钢管两侧均搁置两块长约 2.4m、宽 0.25m、厚 3～4cm 的竹串片脚手板。

【问题】

1. 生产安全事故有哪几个等级？本事故属于哪个等级？

2. 事故调查中"四不放过"的原则是什么？

3. 该工程应该编制脚手架工程专项施工方案，其编审的基本程序是什么？

【参考答案】

1.（1）生产安全事故一般分为四个等级，分别为：特别重大事故、重大事故、较大事故、一般事故；（2）本事故属于一般事故。

2.（1）事故原因未查清不放过；（2）责任人员未处理不放过；（3）整改措施未落实不放过；（4）有关人员未受到教育不放过。

3.（1）施工单位应当在工程施工前组织工程技术人员编制脚手架工程专项施工方案；（2）专项施工方案应当由施工单位技术负责人审核签字、加盖单位公章，并由总监理工程师审查签字、加盖执业印章；（3）施工单位应当组织召开专家论证会，对专项施工方案进行论证；（4）专家论证会后，应当形成论证报告，对专项施工方案提出通过、修改后通过或者不通过的一致意见，专家对论证报告负责并签字确认；（5）专项施工方案经论证需修改后通过的，施工单位应当根据论证报告修改完善后，重新履行（2）的程序；专项施工方案经论证不通过的，施工单位修改后应当重新组织专家论证。

【背景五十五】

2019 年 1 月 23 日，某在建工程项目 10 号楼塔式起重机在进行拆卸作业时发生坍塌事故，事故造成 2 人当场死亡，3 人受伤送医院经抢救无效后死亡，事故直接经济损失 580 余万元。

【问题】

1. 塔式起重机拆卸前，监理单位应审核哪些资料？

2. 参与塔式起重机拆卸的安装单位管理人员及特种作业人员有哪些？

【参考答案】

1.（1）拆卸单位资质证书、安全生产许可证；（2）拆卸单位特种作业人员证书；（3）起重机械拆卸工程专项施工方案；（4）拆卸单位与施工总承包单位签订的拆卸合同和安全协议书；（5）安装单位负责建筑起重机械拆卸工程专职安全生产管理人员、专业技术人员名单；（6）起重机械拆卸作业生产安全事故应急救援预案。

2.（1）管理人员有专业技术人员、专职安全生产管理人员、技术负责人；（2）特种作业人员有建筑起重机械安装拆卸工、起重信号工、起重司机、司索工。

【背景五十六】

2019 年 4 月 10 日，某拆迁安置小区四期 B2 地块一停工工地，施工单位擅自进行基坑作业时发生局部坍塌，造成 5 人死亡、1 人受伤。经事故调查发现如下情况：

1. 深基坑专项施工方案、专家论证会签到表及后期涉及的《土方开挖安全验收表》《基坑支护、降水安全验收表》《深基坑检查用表》《分部（分项）工程安全技术交底表》等工程资料中，监理单位存在人员冒充签字现象。监理会议记录中，监理员冯某冒充备案监理工程师陈某签字。

2. 监理公司在发现存在基坑未按坡比放坡等安全隐患的情况下，未采取有效措施予以制止；对坡面挂网喷浆混凝土未按方案采用钢筋固定，且混凝土质量不符合标准，未采取措施。

【问题】

1. 专项施工方案审查应包括哪些基本内容？

2. 项目监理机构在实施监理过程中发现工程存在安全事故隐患时，应如何处置？

【参考答案】

1. （1）编审程序应符合相关规定；（2）安全技术措施应符合工程建设强制性标准。

2. 项目监理机构在实施监理过程中发现工程存在安全事故隐患时，应签发《监理通知单》，要求施工单位整改；情况严重时，应签发《工程暂停令》，并应及时报告建设单位。施工单位拒不整改或不停止施工时，项目监理机构应及时向有关主管部门报送《监理报告》。

【背景五十七】

某乡镇高层办公楼，总建筑面积$137500m^2$，地下3层，地上25层，深基坑（自然地坪下8.5m），基坑周围地下管线复杂，需要保护。业主与施工总承包单位签订了施工总承包合同，并委托了工程监理单位。合同工期为18个月。

施工过程中，发生了以下事件：

事件一：施工总承包单位完成桩基工程后，将深基坑支护工程的设计委托给了专业设计单位，并自行决定将基坑支护和土方开挖工程分包给了一家专业分包单位施工。专业设计单位根据业主提供的勘察报告完成了基坑支护设计后，即将设计文件直接给了专业分包单位。专业分包单位在收到设计文件后编制了基坑支护工程和降水工程专项施工组织方案，方案经施工总承包单位项目经理签字后即由专业分包单位组织了施工，安全员在施工前进行了安全技术交底，并双方签字后备案。

事件二：第三方监测机构在进行基坑监测时发现周边地面突发较大沉降，立即将此异常情况报告给施工单位。施工单位立即停工，并要求提高监测频率。

【问题】

1. 请指出事件一中的不妥之处，并写出正确的做法。

2. 事件二中，变形测量发现异常情况后，第三方监测机构应及时采取哪些措施？有哪些情况时应提高监测频率（至少写出四项）？

【参考答案】

1. 整个事件中下列做法不妥：

（1）施工总承包单位自行决定将基坑支护和土方开挖工程分包给专业分包单位施工不妥。正确做法是按合同规定的程序选择专业分包单位或得到业主同意后分包。

（2）专业设计单位将设计文件直接交给专业分包单位不妥。正确做法是设计单位将设计文件提交给总承包单位，经总承包单位组织专家进行论证，审查同意后由总承包单位交给专业分包单位实施。

（3）专业分包单位编制的基坑支护工程和降水工程专项施工组织方案经由施工总承包单位项目经理签字后即由专业分包单位组织施工不妥。正确做法是专项施工组织方案应先经总承包单位技术负责人审核签字，再经总监理工程师审核签字后，再由专业分包单位组织施工。

（4）安全员做技术交底且仅两方签字备案不妥。应由施工技术负责人做交底，安全技术交底应由交底人、被交底人、专职安全员进行三方签字确认。

2. 当变形量发生异常后，第三方监测机构必须立即报告建设单位及相关单位。当出现下列情况之一时，应提高监测频率：

（1）监测数据达到报警值。

（2）监测数据变化较大或者速率加快。

（3）基坑附近地面荷载突然增大或超过设计限值。

（4）周边地面突发较大沉降、不均匀沉降或出现严重开裂。

（5）支护结构出现开裂。

（6）邻近建筑突发较大沉降、不均匀沉降或出现严重开裂。

（7）基坑底部、侧壁出现管涌、渗漏或流砂等现象。

（8）存在勘察未发现的不良地质。

【背景五十八】

某装配整体式剪力墙结构办公楼工程，地下1层，地上28层，其中4～28层为标准层。标准层层高3m，装配率50％，采用的预制构件包括外墙板、叠合板、叠合梁、预制楼梯段、飘窗板、预制风道等。该工程由某施工单位总承包，按照《装配式混凝土建筑技术标准》GB/T 51231—2016施工。

开工前，施工现场根据施工平面规划设置了运输通道和存放场地。项目技术部特别强调了吊装工程的安全性，并交底了竖向预制构件安装和水平预制构件安装采用临时支撑时的安全控制要点。

【问题】

1. 装配式建筑施工现场应符合哪些规定？

2. 预制构件吊装作业安全应符合哪些规定？

3. 竖向预制构件安装采用临时支撑时，应符合哪些规定？

4. 水平预制构件安装采用临时支撑时，应符合哪些规定？

【参考答案】

1. 施工现场应根据施工平面规划设置运输通道和存放场地，并应符合下列规定：

（1）现场运输道路和存放场地应坚实平整，并应有排水措施。

（2）施工现场内道路应按照构件运输车辆的要求合理设置转弯半径及道路坡度。

（3）预制构件运送到施工现场后，应按规格、品种、使用部位、吊装顺序分别设置存放场地。存放场地应设置在吊装设备的有效起重范围内，且应在堆垛之间设置通道。

（4）构件的存放架应具有足够的抗倾覆性能。

（5）构件运输和存放对已完成结构、基坑有影响时，应经计算复核。

2. 吊装作业安全应符合下列规定：

（1）预制构件起吊后，应先将预制构件提升300mm左右后，停稳构件，检查钢丝绳、吊具和预制构件状态，确认吊具安全且构件平衡后，方可缓慢提升构件。

（2）吊机吊装区域内，非作业人员严禁进入；吊运预制构件时，构件下方严禁站人，应待预制构件降落至距地面1m以内时方准作业人员靠近，就位固定后方可脱钩。

（3）高空应通过缆风绳改变预制构件方向，严禁高空直接用手扶预制构件。

（4）遇到雨、雪、雾天气，或者风力大于5级时，不得进行吊装作业。

3. 竖向预制构件安装采用临时支撑时，应符合下列规定：

（1）预制构件的临时支撑不宜少于2道。

（2）对预制柱、墙板构件的上部斜支撑，其支撑点与板底的距离不宜小于构件高度的2/3，且不应小于构件高度的1/2，斜支撑应与构件可靠连接。

（3）构件安装就位后，可通过临时支撑对构件的位置和垂直度进行微调。

4. 水平预制构件安装采用临时支撑时，应符合下列规定：

（1）首层支撑架体的地基应平整坚实，宜采取硬化措施。

（2）临时支撑的间距及其与墙、柱、梁边的净距应经设计确定。

（3）叠合板预制底板下部支架宜选用定型独立钢支柱，竖向支撑间距应经计算确定。

【背景五十九】

某工程，建设单位通过公开招标与甲施工单位签订了施工总承包合同，依据合同，甲施工单位通过招标将钢结构工程分包给乙施工单位。施工过程中发生了以下事件：

事件一：甲施工单位项目经理安排技术员兼施工现场安全员，并让其负责编制悬挑脚手架工程专项施工方案，项目经理对该施工方案进行审核后，即组织现场施工，并将施工方案报送项目监理机构。

事件二：乙施工单位采购的特殊规格钢板，因供应商未能提供出厂合格证明，乙施工单位按规定要求进行了检验，检验合格后向项目监理机构报验。为不影响工程进度，总监理工程师要求甲施工单位在监理人员的见证下取样复检，复检结果合格后，同意该批钢板进场使用。

事件三：为满足钢结构吊装施工的需要，甲施工单位向设备租赁公司租用了一台重型塔式起重机，委托一家有相应资质的安装单位进行安装。安装完成后，由甲、乙施工单位对该塔式起重机共同进行验收，验收合格后投入使用，并到有关部门办理了登记。

事件四：钢结构工程施工中，专业监理工程师在现场发现乙施工单位使用的高强螺栓未经报验，存在严重的质量隐患，即向乙施工单位签发了《工程暂停令》，并报告了总监理工程师。甲施工单位得知后也要求乙施工单位立刻停工整改。乙施工单位为赶工期，边施工边报验，项目监理机构及时报告了有关主管部门。报告发出的当天，发生了因高强螺栓不符合质量标准导致的钢梁高空坠落事故，造成一人重伤，直接经济损失达 4.6 万元。

【问题】

1. 指出事件一中的不妥之处，并写出正确做法。

2. 事件二中，总监理工程师的处理是否妥当？请说明理由。

3. 指出事件三中塔式起重机验收中的不妥之处。

4. 指出事件四中专业监理工程师做法的不妥之处，并说明理由。

5. 事件四中的生产安全事故，甲施工单位和乙施工单位各承担什么责任？监理单位是否有责任？请说明理由。

【参考答案】

1. （1）安排技术员兼施工现场安全员不妥，施工单位应配备专职安全生产管理人员；（2）专项施工方案应当由施工单位技术负责人审核签字、加盖单位公章，并由总监理工程师审查签字、加盖执业印章后方可实施。

2. 不妥。因为没有出厂合格证明的原材料不得进场使用。

3. 只有甲、乙施工单位对该塔式起重机共同进行验收，出租单位、安装单位、监理单位未参加不妥。

4. 不妥。因为《工程暂停令》应由总监理工程师向甲施工单位签发。

5. （1）甲施工单位承担连带责任，乙施工单位承担主要责任；（2）监理单位没有责任，因为项目监理机构已履行了监理职责（已及时向有关主管部门报告）。

【背景六十】

某工程，监理单位承担了施工招标代理和施工监理任务。工程实施过程中发生如下事件：

事件1：施工招标过程中，建设单位提出的部分建议如下：

（1）省外投标人必须在工程所在地承担过类似工程。

（2）投标人应在提交资格预审文件截止日前提交投标保证金。

（3）联合体中标的，可由联合体代表与建设单位签订合同。

（4）中标人可以将某些非关键性工程分包给符合条件的分包人完成。

事件2：施工合同约定，空调机组由建设单位采购，由施工单位选择专业分包单位安装。空调机组订货时，生产厂商提出由其安装更能保证质量，且安装资格也符合国家要求。于是，建设单位要求施工单位与该生产厂商签订安装工程分包合同，但施工单位提出已与甲安装单位签订了安装工程分包合同。经协商，安装单位将部分安装工程分包给空调机组生产厂商。

事件3：建设单位与施工单位按照《建设工程施工合同（示范文本）》GF—2017—0201进行工程价款结算时，双方对下列工作的费用产生争议：①办理施工场地交通、施工噪声有关手续；②项目监理机构现场临时办公用房搭建；③施工单位采购的材料在使用前的检验或试验；④项目监理机构影响正常施工的检查检验；⑤设备单机无负荷试车。

事件4：工程完工时，施工单位提出主体结构工程的保修期限为20年，并待工程竣工验收合格后向建设单位出具工程质量保修书。

【问题】

1. 逐条指出事件一中监理单位是否应采纳建设单位提出的建议，并说明理由。

2. 分别指出事件二中建设单位和甲安装单位做法的不妥之处，说明理由。

3. 事件三中，各项工作所发生的费用分别应由谁承担？

4. 根据《建设工程质量管理条例》，事件四中施工单位的说法有哪些不妥之处？说明理由。

【参考答案】

1.（1）不能采纳。理由：招标人不得以本地区工程业绩限制或排斥潜在投标人。

（2）不能采纳。理由：投标人应在提交投标文件截止日前随投标文件提交投标保证金。

（3）不能采纳。理由：联合体中标的，联合体各方应当共同与招标人签订合同，就中标项目与招标人承担连带责任。

（4）可以采纳。理由：投标人根据招标文件载明的项目实际情况，拟在中标后将中标项目的部分非主体、非关键性工作进行分包的，应当在投标文件中载明。

2. 建设单位不妥之处：要求施工单位与该生产厂商签订安装工程分包合同。理由：招标人不得直接为施工总包单位指定分包单位。

甲安装单位不妥之处：将部分安装工程分包给空调机组生产厂商。理由：甲安装单位是分包单位，根据《建筑法》规定，禁止分包单位将其承包的工程再分包。

3. （1）办理施工场地交通、施工噪声有关手续费，由建设单位承担。理由：根据施工合同规定，承包人遵守政府有关主管部门对施工场地交通、施工噪声及环境保护和安全生产等的管理规定，按规定办理有关手续，并以书面形式通知发包人，发包人承担由此产生的费用，因承包人责任造成的罚款除外。

（2）项目监理机构现场临时办公用房搭建费，由建设单位承担。理由：此费用属于建设单位临时设施费或工程监理费。

（3）施工单位采购的材料在使用前的检验或试验费，由施工单位承担。理由：材料检验费由采购供货方承担。

（4）项目监理机构影响正常施工的检查检验费，由建设单位承担。理由：工程师的检查检验不应影响施工正常进行。如影响施工正常进行，检查检验不合格时，影响正常施工的费用由承包人承担。除此之外，影响正常施工的追加合同价款由发包人承担，相应顺延工期。

（5）设备单机无负荷试车费，由施工单位承担。理由：此费用包括在安装工程费中。

4. （1）不妥：主体结构工程的保修期限为 20 年。理由：在正常使用条件下，建设工程的最低保修期限为基础设施工程、房屋建筑的地基基础工程和主体结构工程为设计文件规定的该工程的合理使用年限。

（2）不妥：待工程竣工验收合格后向建设单位出具工程质量保修书。理由：承包单位在向建设单位提交工程竣工验收报告时，应当向建设单位出具工程质量保修书。

【背景六十一】

某工程项目在施工单位向监理工程师提交的施工组织设计中，基础工程分 3 段进行施工，相应的横道图（图 5-44）和网络图（图 5-45）如下：

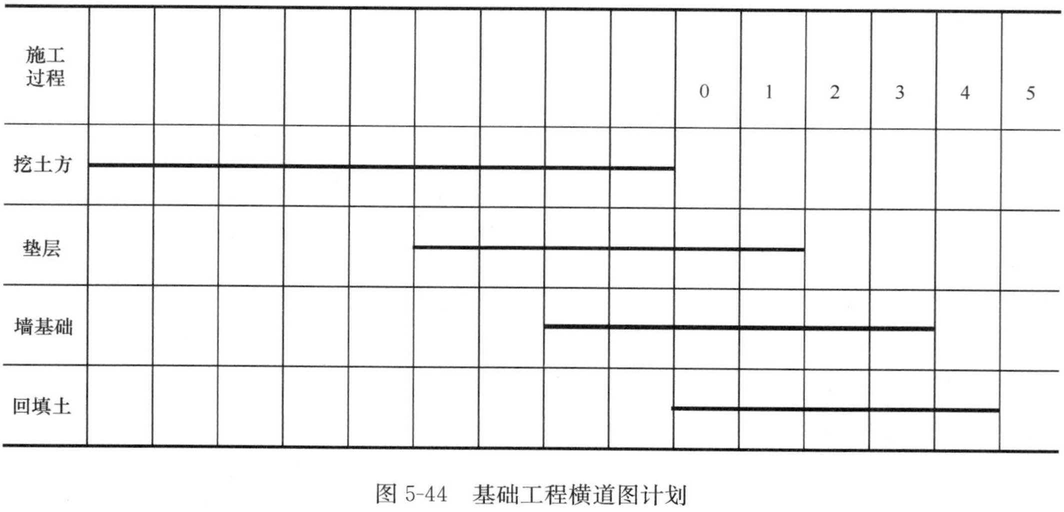

施工过程								0	1	2	3	4	5
挖土方													
垫层													
墙基础													
回填土													

图 5-44　基础工程横道图计划

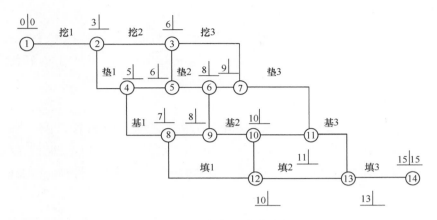

图 5-45　基础工程网络计划

【问题】

1. 监理工程师发现横道图与网络图在工序时间表示上不同，为什么？

2. 监理工程师发现网络图绘制有问题，参数计算不完整，请指出。

3. 如果垫层需要拖延 1d 时间，在横道图和网络图上对工期有什么影响？监理工程师应如何控制这一天时间，使其对工期影响最小？

4. 施工过程中，网络图中垫 1 拖延了 1d，此时业主要求 12d 做完基础，监理工程师应如何对工期进行优化？

【参考答案】

1. 横道图与网络图在工序时间表示上不同的原因是：

（1）横道图中工序是分段表示的，每一工序的起止时间可从图中看出。

（2）网络图中工序是分段表示的，每一施工段的起止时间都需要计算。

（3）横道图中垫层从第 6d 开始投入；而网络图中垫 1 从第 3d 开始工作。

（4）横道图中墙基础从第 8d 开始投入；而网络图中墙基从第 5d 开始工作。

（5）横道图中回填土从第 10d 开始投入；而网络图中填 1 从第 7d 开始工作。

2. 网络图中的错误有：

（1）网络图中箭线都缺少箭头，缺少工作持续时间，3—5、4—5、6—7、6—9、8—9、10—11、10—12 应为虚工作。

（2）网络图时间参数未计算完，缺最迟时间参数、总时差和自由时差。

（3）网络图中关键线路未画出。

3. 如果垫层需要拖延 1d 时间，在横道图和网络图上对工期的影响有：

（1）在横道图中，垫层在任意阶段拖延 1d 才会影响工期。

（2）在网络图中，只有垫 3 拖延 1d 才会影响工期。

（3）监理工程师应将拖延的 1d 时间控制在网络计划的垫 1 和垫 2，对工期无影响。

4. 监理工程师对工期优化的策略：

（1）按工期优化原则，有选择地压缩关键线路上的工作。

（2）每压缩一次都要重新计算时间参数，以免关键工作压缩时间太多转变成非关键工作。

【背景六十二】

某开发商开发甲、乙、丙、丁 4 幢住宅，分别与监理单位和施工单位签订了监理合同和施工合同。地下一层为地下室，2～3 层为框架结构，4～6 层为砖混结构，合同工期为 32 周。开工前施工单位已向总监理工程师提交了施工进度计划并经总监理工程师审核批准。施工单位提交基础进度计划如图 5-46 所示。

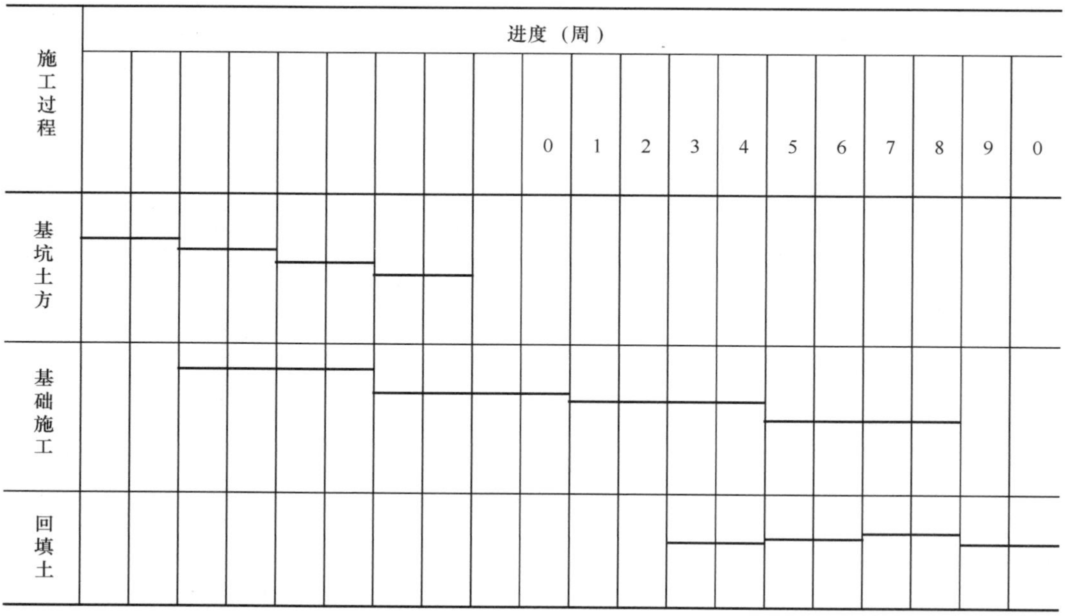

施工过程	进度（周）											
		0	1	2	3	4	5	6	7	8	9	0
基坑土方												
基础施工												
回填土												

图 5-46　基础进度计划图

【问题】

1. 如果在资源有保障的情况下，想缩短基础工程施工工期，你认为如何组织该部分施工更为合理？请绘制进度计划表。

2. 原计划执行过程中，甲幢基坑土方因土质不好，需在基坑一侧（临街）打护桩，致使甲幢基坑土方施工时间增加 1 周。且业主对乙、丁两幢地下室要求设计变更，即将原来地下室改为地下车库，增加了工程量。丙幢取消了地下室，改为条形基础，一层以上全部为砖混结构。由于工程发生变化，作业时间也发生变化，乙、丁两幢基坑土方作业均为 2 周时间，基础施工均为 5 周时间，回填土均为 2 周时间；丙幢基坑土方为 1 周时间，基础为 2 周时间，回填土方为 1 周时间。你认为该基础工程进度计划应如何安排才合理？

3. 业主提出的设计变更，监理工程师应如何处理？

4. 试对设计变更后的进度计划用单代号网络图表达，并确定哪些工作应为在进度控制中重点控制的对象？

【参考答案】

1. 如果想缩短基础工程施工工期，基础部分进度计划采用成倍节拍流水施工更为合理。

基坑土方、基础施工、回填土 3 项工作的流水节拍分别为 2、4、2。

（1）确定流水步距 $K=2$。

（2）计算各施工过程所需班组数：

$b_1=2/2=1$　　$b_2=4/2=2$　　$b_3=2/2=1$

总班组：

$$\sum_{i=1}^{3} b_i =4$$

计算基础部分流水工期：

$T=(M+\sum b_i-1)\times K=(4+4-1)\times2=14$(周)，如图 5-47 所示。

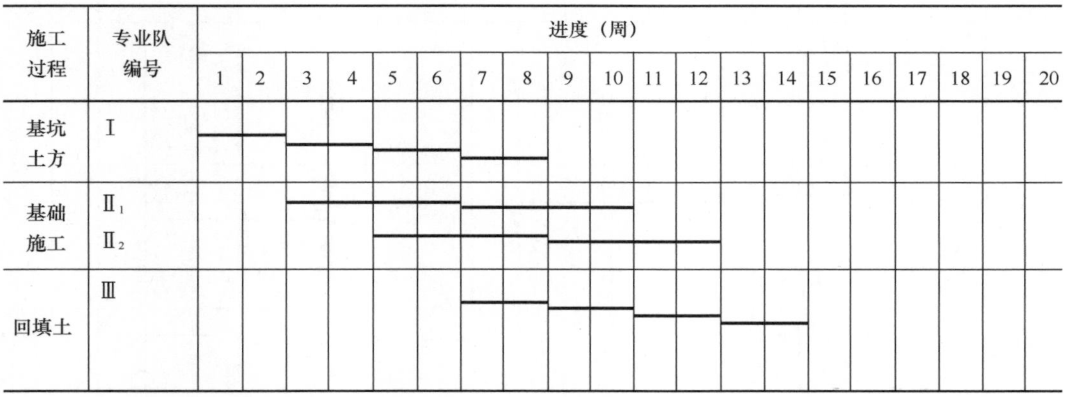

施工过程	专业队编号	进度（周）																			
		1	2	3	4	5	6	7	8	9	10	11	12	13	14	15	16	17	18	19	20
基坑土方	Ⅰ																				
基础施工	Ⅱ₁																				
	Ⅱ₂																				
回填土	Ⅲ																				

图 5-47　基础部分流水工期

2. 该基础工程进度按非节奏专业流水施工更为合理。

（1）各施工过程流水节拍的累加数列：

施工过程　Ⅰ　3　5　6　8

　　　　　Ⅱ　4　9　11　16

　　　　　Ⅲ　2　4　5　7

（2）错位相减求流水步距：

$$\text{I 与 II：}\quad \begin{array}{ccccc} & 3 & 5 & 6 & 8 \\ -) & 4 & 9 & 11 & 16 \\ \hline 3 & 1 & -3 & -3 & -16 \end{array}$$

$$K_{1,2} = \max\,[3,\ 1,\ -3,\ -3,\ -16] = 3$$

$$\text{II 与 III：}\quad \begin{array}{ccccc} & 4 & 9 & 11 & 16 \\ -) & 2 & 4 & 5 & 7 \\ \hline 7 & 7 & 7 & 11 & -7 \end{array}$$

$$K_{2,3} = \max\,[4,\ 7,\ 7,\ 11,\ -7] = 11$$

（3）计算流水工期：

$$T = \sum K + \sum t_n = (3+11) + (2+2+1+2) = 21\ (\text{周}),\ \text{如图 5-48 所示}.$$

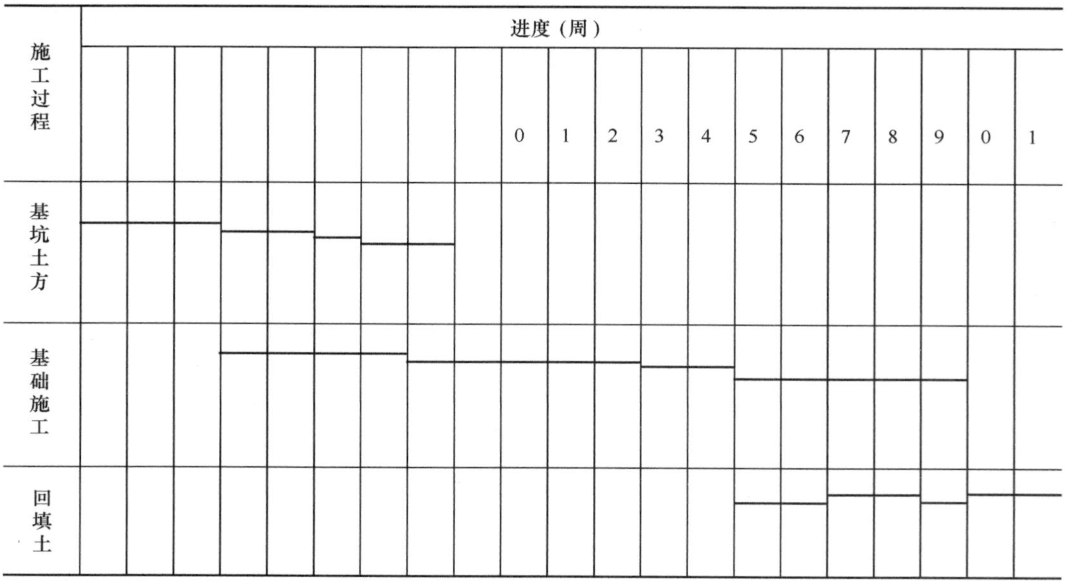

图 5-48　流水工期计算

3. 对要求变更的处理。

（1）建设单位将变更的要求通知总监理工程师，总监理工程师组织专业监理工程师审查，审查同意后，由建设单位转交设计单位。

（2）监理机构收集资料并对工程变更的费用和工期做出评估，由总监理工程师和建设单位进行协商。

（3）监理工程师签发《工程变更单》，指示承包单位按变更的决定组织施工，并进行全过程监理。

4. 单代号网络图如图 5-49 所示。

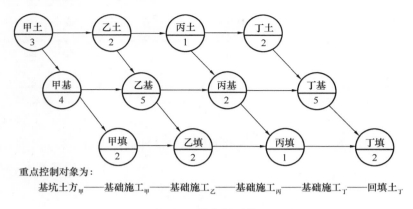

重点控制对象为：

基坑土方$_甲$——基础施工$_甲$——基础施工$_乙$——基础施工$_丙$——基础施工$_丁$——回填土$_丁$

图 5-49　单代号网络图

【背景六十三】

某建设工程合同工期为 25 个月，其双代号网络计划如图 5-50 所示。该计划已经监理工程师批准。

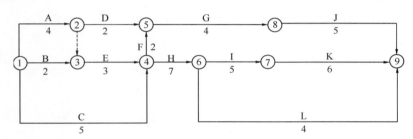

图 5-50　双代号网络计划图

【问题】

1. 该网络计划的计算工期是多少？为保证工程按期完工，哪些施工过程应作为重点控制对象？为什么？

2. 当该计划执行 7 个月后，经监理工程师检查发现，施工过程 C 和施工过程 D 已完成，而施工过程 E 将拖后 2 个月。此时施工过程 E 的实际进度是否影响总工期？为什么？

3. 如果施工过程 E 的拖后 2 个月是由于 50 年一遇的大雨造成的，那么承包单位可否向建设单位索赔工期及费用？为什么？

4. 如果实际进度确定影响总工期，为保证总工期不延长，对原进度计划有如下两种调整方案：

（1）组织施工过程 H、I、J、K 进行流水施工。各施工过程中的施工段及流水节拍见表 5-5。

各施工过程中的施工段及流水节拍 表 5-5

施工过程	施工段及其流水节拍（月）		
	①	②	③
H	2	3	3
I	2	2	3
J	2	1	3
K	2	3	1

按照原计划中的逻辑关系，组织施工过程 H、I、J、K 进行流水施工的方案有哪些？试比较各方案的流水施工工期，并判断调整后的计划能否满足合同工期的要求？

（2）压缩某些施工过程的持续时间。各施工过程的直接费用及最短持续时间见表 5-6。

各施工过程的直接费用及最短持续时间 表 5-6

施工过程	F	G	H	I	J	K	L
直接使用费（万元/月）	—	10.0	6.0	4.5	3.5	4.0	8.5
最短持续时间（月）	2	3	5	3	3	4	3

在不改变各施工过程逻辑关系的前提下，进度计划的最优调整方案是什么？为什么？此时直接费用将增加多少万元？

【参考答案】

1. 用标号法确定关键线路和工期。

（1）计算工期：25 个月（图 5-51）。

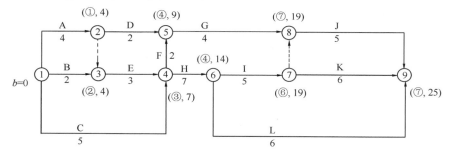

图 5-51　工期计算图

（2）为确保工期，A、E、H、I、K 施工过程应作为重点控制对象。

（3）由于 A、E、H、I、K 这 5 项工作无机动时间（无时差），为关键工作，所以应重点控制，以便确保工程工期。

2. E 拖后 2 个月，影响总工期 2 个月。因为 E 工作为关键工作，总时差为 0。

3. 可以索赔工期 2 个月。50 年一遇的大雨是由于自然条件的影响，这是有经验的工程师无法预料的。因此可索赔工期，事件导致的费用损失，应按合同约定由双方分别承担。

4. 略。

【背景六十四】

某工程单代号搭接网络计划如图 5-52 所示。

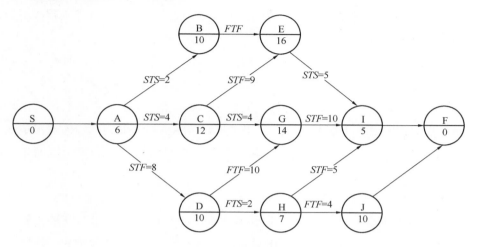

图 5-52　单代号网络计划图

【问题】

1. 找出关键线路，求出计算工期。

2. 由于业主原因导致 I 工作停工 3d，承包商要求延长工期 3d，并提出人工费、设备费、保函手续费、间接费及利润的索赔。请问监理工程师应如何处理？并说明原因。

3. 对于持续影响时间超过 28d 以上的工期延误事件，当工期索赔条件成立时，监理工程师该如何处理？

【参考答案】

1. 六时标注法解答如图 5-53 所示。

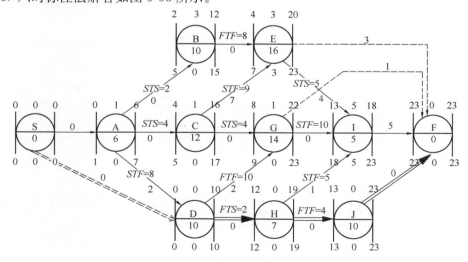

图 5-53　六时标注法网络计划图

关键线路为 S—D—H—J—F。

计算工期为 23d。

2. 由于 I 工作的总时差为 5d，停工 3d 并不影响总工期，因此监理工程师不予批准延长工期的要求。

承包商局部停工导致人工费、设备费的损失索赔，应予以批准。但由于不影响整个计划的总工期，故不予批准关于保函手续费、间接费及利润的索赔请求。

3. 监理工程师应对承包商每隔 28d 报送的阶段索赔临时报告审查后，每次均应在 28d 内做出批准临时延长工期的决定。并于事件影响结束后 28d 内承包人提出最终索赔报告后，批准顺延工期总天数。并且，最终批准的总顺延天数不应少于以前各阶段已同意顺延天数之和。

【背景六十五】

某重力式码头工程的施工项目主要有水下基础工程、沉箱预制与安放工程、上部工程与后部土石方填筑工程。该工程由具备相应施工资质的 A 公司承包。B 监理公司进行监理。A 公司在开工之前，编制了施工组织设计及施工总进度计划，并报监理机构审批。在基础工程施工之前，A 公司又编制该分部工程的施工进度计划。

该施工进度计划中将该分部工程分成三段施工，其程序是先施工第一段，再施工第二段，最后施工第三段。每段都要进行 3 个施工过程，其名称及施工顺序为挖泥→抛石→夯平。各施工过程在各施工段上的作业时间如表 5-7 所示。

各施工过程在各施工段上的作业时间 表 5-7

作业时间（周）段 施工项目	一	二	三
挖泥	3	4	3
抛石	3	2	2
夯平	2	3	2

A 公司为了保证船机和人员能连续作业，组织流水施工，并为每个施工过程各配备了专业施工队。为了审核该分部工程的施工进度计划及工期，负责该项目的专业监理工程师利用流水施工原理和单代号网络计划技术进行了复核。

【问题】

1. 流水施工工期是多少周？

2. 若采用单代号搭接网络计划表示流水施工，请绘出单代号搭接网络图，确定关键线路及计算工期。

3. 经过复核，专业监理工程师认为该分部工程工期超过已批准的总进度计划中对该部分的控制工期，问在不改变施工程序和作业时间的条件下，可否对计划进行调整？

思路是什么？绘制调整后单代号网络图，确定关键线路和工期。

【参考答案】

1. 计算流水步距 K：

$$
\begin{array}{cccc}
3 & 7 & 10 & \\
-) \quad 3 & 5 & 7 & \\
\hline
3 & 4 & 5 & -7
\end{array}
\qquad
\begin{array}{cccc}
3 & 5 & 7 & \\
-) \quad 2 & 5 & 7 & \\
\hline
3 & 3 & 2 & -7
\end{array}
$$

$$K_2 = 5 \qquad\qquad K_4 = 3$$

计算流水工期 T：

$$
\begin{aligned}
T = \Sigma K + \Sigma t_n &= K_2 + K_3 + (2 + 3 + 2) \\
&= 5 + 3 + 7 \\
&= 15(\text{周})
\end{aligned}
$$

答：流水工期为 15 周。

2. 单代号搭接网络如图 5-54 所示，参数计算如图 5-55 所示。

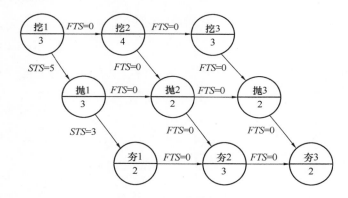

图 5-54 单代号搭接网络图

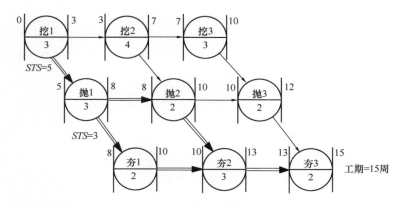

图 5-55 参数计算

工期为 15 周，关键线路有 2 条：挖1—抛1—夯1—夯2—夯3、挖1—抛1—抛2—夯2—夯3。

3.（1）可进行调整。

（2）思路是不考虑人员和船机作业的连续，而保证工作面连续。

（3）调整后的网络图去掉流水步距即可，如图 5-56 所示。

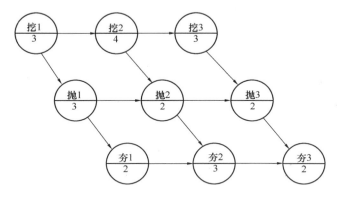

图 5-56　调整后的网络图

（4）确定关键线路及计算工期（图 5-57）。

工期为 14 周，关键线路有 2 条：挖1—挖2—挖3—抛3—夯3、挖1—挖2—抛2—夯2—夯3

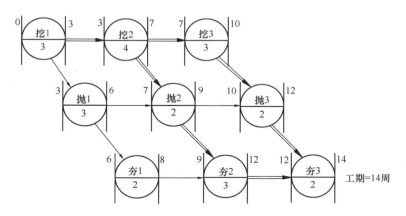

图 5-57　关键线路及计算工期

【背景六十六】

某工程项目的施工合同总价为 8000 万元，合同工期 18 个月，在施工过程中由于业主提出对原有设计文件进行修改，使施工单位停工待图 1.5 个月。在基础工程施工中，为了使施工质量得到保证，施工单位除了按设计文件要求对基底进行了妥善处理外，还将基础混凝土的强度由 C15 提高到 C20。施工完成后，施工单位向监理工程师提出工期和费用索赔，其中费用索赔计算中有以下两项（各费率为合同约定）：

1. 由于业主修改、变更设计图纸延误工期，损失 1.5 个月的间接费和利润：

间接费＝合同总价/工期×间接费费率×延误时间

＝8000/18×10％×1.5＝66.67（万元）

利润＝合同总价/工期×利润率×延误时间

＝8000/18×5％×1.5＝33.33（万元）

合计：100 万元

2. 由于基础混凝土强度的提高增加施工成本，索赔 15 万元。

【问题】

监理工程师是否同意给予费用索赔？是否应同意索赔费用的计算方法？

【参考答案】

监理工程师可同意第 1 项延误时间给予施工单位费用补偿。因为修改设计造成了施工单位的全场性停工，会造成因工期延长导致人工调动、生产率下降及机械设备闲置等。但施工单位所列的计算方法不正确，因为间接费的计算不能以合同总价为基数乘以相应费率，而应以直接费为基数乘以相应的费率来计算，并且间接费和利润包括在实施的工程内容价格内，由于工程设计变更导致工程量增加，才可以考虑间接费和利润补偿。所以监理工程师不应同意以上计算方法提出的索赔费用，施工单位应对人工窝工、设备闲置等重新计算索赔费用。

监理工程师不应同意其第 2 条索赔要求，因为保证质量措施是施工单位的技术措施，而不是规范、设计、合同的要求，所以这一措施造成的成本增加应由施工单位自己承担。

【背景六十七】

某工程业主与承包商签订了工程施工合同，合同中包含 2 个子项工程。估算工程量：甲项为 2300m³，乙项为 3200m³，经协商合同价为：甲项为 180 元/m³，乙项为 160 元/m³。承包合同规定：

（1）开工前业主应向承包商支付合同价款的 20％作为预付款。

（2）业主自第一个月起，从承包商的工程款中，按 5％的比例扣留保留金。

（3）当子项工程实际工程量超过估算工程量 10％时，可进行调价，调整系数为 0.9。

（4）根据市场情况规定平均价格调整系数按 1.2 计算。

（5）监理工程师签发月度付款最低金额为 25 万元。

（6）预付款在最后两个月扣除，每月扣 50％。

承包商每月实际完成并经监理工程师签证确认的工程量如表 5-8 所示。

承包商每月实际完成工程量表（单位：m³）　　　　　表 5-8

子项 ＼ 月份	1	2	3	4
甲项	500	800	800	600
乙项	700	900	800	600

第一个月工程量价款为 $500 \times 180 + 700 \times 160 = 20.2$（万元）

应签证的工程款为 $20.2 \times 1.2 \times (1-5\%) = 23.028$（万元）

由于合同规定监理工程师签发的最低金额为 25 万元，故本月监理工程师不予签发付款凭证。

【问题】

1. 预付款是多少？

2. 从第二个月起每月工程量价款是多少？监理工程师应签证的工程款是多少？实际签发的付款凭证金额是多少？

【参考答案】

1. 预付款金额为：$(2300 \times 180 + 3200 \times 160) \times 20\% = 18.52$（万元）

2. 第二个月：

工程量价款为：$800 \times 180 + 900 \times 160 = 28.8$（万元）

应签证的工程款为：$28.8 \times 1.2 \times 0.95 = 32.832$（万元）

本月监理工程师实际签发的付款凭证金额为：$23.028 + 32.832 = 55.86$（万元）

第三个月：

工程量价款为：$800 \times 180 + 800 \times 160 = 27.2$（万元）

应签证的工程款为：$27.2 \times 1.2 \times 0.95 = 31.008$（万元）

应扣预付款为：$18.52 \times 50\% = 9.26$（万元）

应付款为：$31.008 - 9.26 = 21.748$（万元）

监理工程师签发月度付款最低金额为 25 万元，所以本月监理工程师不予签发付款凭证。

第四个月：

甲项工程累计完成工程量为 2700m³，比原估算工程量 2300m³ 超出 400m³，已超过估算工程量的 10%，超出部分其单位应进行调整。

超过估算工程量 10% 的工程量为：$2700 - 2300 \times (1+10\%) = 170$（m³）

这部分工程量单价应调整为：$180 \times 0.9 = 162$（元/m³）

甲项工程工程量价款为：$(600 - 170) \times 180 + 170 \times 162 = 10.494$（万元）

乙项工程累计完成工程量为：3000m³，比原估算工程量 3200m³ 减少 200m³，不超过估算工程量，其单价不予调整。

乙项工程工程量价款为：$600 \times 160 = 9.6$（万元）

本月完成甲、乙两项工程量价款合计为：$10.494 + 9.6 = 20.094$（万元）

应签证的工程款为：$20.094 \times 1.2 \times 0.95 = 22.907$（万元）

本月监理工程师实际签发的付款凭证金额为：$21.748 + 22.907 - 18.52 \times 50\% = 35.395$（万元）

【背景六十八】

某工程深基坑支护系统包括围护桩、压顶梁、钢筋混凝土水平支撑、锚杆、钢围檩等。围护桩为干挖桩。业主通过招标确定由 A 施工单位承包。

A 施工单位报价明细如表 5-9 所示。

工程报价明细表　　　　　　　　　　表 5-9

序号	项目名称	单位	工作量	预算单价（元）	优惠后单价（元）	优惠后总价（万元）
1	压顶梁	m³	1015.67	685.07	527.50	53.57
2	干挖桩	m³	5901.70	936.96	721.40	425.70
3	钢筋混凝土支撑	m³	398.00	777.60	598.80	23.80
4	凿运桩头	m³	305.50	68.17	43.00	1.30
5	设计费		1%			8.90
6	风险费		3%			26.80
7	监测费					40.00
8	包干费					50.00
	合计					1180.00

业主认可 A 施工单位优惠后的报价，并以 1180 万元的总价签订了固定总价合同。由于当时业主意向性认可土方开挖仍由 A 施工单位承包，故围护施工中压顶梁、围护桩的土方未纳入上述工程而拟纳入今后土方开挖总量包干。可是，进入土方开挖阶段，业主又以 640 万元的总价将 18 万 m³ 的土方任务包给 B 施工单位，并明确 640 万元中扣除凿桩头费用为 10 万元，降水费 1.5 元/m³。A 施工单位由于未接到土方开挖任务，向业主提出，要求按业主与 B 施工单位签订的土方单价补偿 A 施工单位在围护桩施工期间实际发生的土方费用。

【问题】

1. A 施工单位要求是否合理？

2. 监理工程师应如何审核该部分费用？

【参考答案】

1. A 施工单位在围护桩施工期间完成的土方任务，由于双方签订合同时的意向，没有包含在上述合同内，属于合同之外的内容，且业已发生，故 A 施工单位要求补偿是合理的。

2. 土方开挖总价 640 万元，土方实际单价应扣除凿桩头及降水费用。即为：

$$(6400000 - 100000 - 1.5 \times 180000)/180000 = 33.5(元 /m^3)$$

$$33.5 \times (1015.67 + 5901.7) = 23.17(万元)$$

业主应付给 A 施工单位 23.17 万元土方费用。

【背景六十九】

某地基强夯处理工程，主要的分项工程包括开挖土方、填方、点夯、满夯等，由于工程量无法准确确定，签订的施工承包合同采用单价合同。根据合同的规定，承包商必须严格按照施工图及承包合同规定的内容及技术要求施工，工程量由监理工程师负责计量，工程款根据承包商取得计量证书的工程量进行结算。工程开工前，承包商向监理工程师提交了施工组织设计和施工方案，并得到批准。

为了做好该项目的投资控制，监理工程师在监理规划中提出了如下投资控制的要点：

（1）确定投资控制目标，编制资金使用计划。

（2）定期进行实际资金支出与计划投资的比较分析。

（3）认真审核承包商提交的变更单价。

（4）严格计量支付。

（5）公正处理索赔事宜。

【问题】

1. 你认为上述投资控制的要点是否已经足够全面？为什么？

2. 根据该工程的合同特点，监理工程师提出计量支付的程序要点如下，试改正不恰当和错误的地方。

（1）对已完分项工程向业主申请质量认证。

（2）在协议约定的时间内向监理工程师申请计量。

（3）监理工程师对实际完成的工程量进行计量，签发计量证书给承包商。

（4）承包商凭质量认证和计量证书向业主提出付款申请。

（5）监理工程师复核申报资料，确定支付款项，批准向承包商付款。

3. 在工程施工过程中，当进行到施工图所规定的处理范围边缘时，承包商为了使夯击质量得到保证，将夯击范围适当扩大。施工完成后，承包商将扩大范围内的施工工程量向监理工程师提出计量付款的要求，但遭到监理工程师的拒绝。试问监理工程师为什么会做出这样的决定？

4. 在施工过程中，承包商根据监理工程师指示就部分工程进行了变更施工，试问变更部分合同价款应根据什么原则进行确定？

5. 在土方开挖过程中，有两项重大原因使工期发生较大的拖延：一是土方开挖时遇到了一些在工程地质勘探中没有探明的孤石，排除孤石拖延了一定的时间；二是施工过程中遇到数天正常季节小雨，由于雨后土壤含水量过大，不能立即进行强夯施工，从而耽误了部分工期。随后，承包商按照正常索赔程序向监理工程师提出了延长工期并补偿停工期间窝工损失的要求。试问监理工程师是否应该受理这两起索赔事件？为什么？

【参考答案】

1. 尚不全面。除上述要点外，还应该补充两点：

（1）健全监理组织，落实投资控制的责任制。

（2）督促施工单位落实施工组织设计，按合理工期组织施工。

2. 计量支付的要点：

（1）对已完分项工程向监理工程师申请质量认证。

（2）取得质量认证后在协议约定时间内向监理工程师申请计量。

（3）监理工程师按照规定的计量方法对合同规定范围内的工程量进行计量，签发计量证书给施工单位。

（4）施工单位凭质量认证和计量证书向监理工程师提出付款申请。

（5）监理工程师审核申报资料，确定支付款额，向业主提供付款证明文件。

3. 监理工程师拒绝的原因：

（1）该部分的工程量超出了施工图的要求，不属于计量的范围。

（2）该部分的施工是承包商为了保证施工质量而采取的技术措施，费用应由施工单位自己承担。

4. 变更价款确定原则：

（1）合同中有适用于变更工程的价格，按合同已有价格计算变更合同价款。

（2）合同中只有类似于变更情况的价格，可以此作为基础确定变更价款。

（3）合同中没有类似和适用的价格，由承包商提出适当的变更价格，监理工程师批准执行，这一批准的变更价格，应与承包商达成一致，否则由造价管理部门裁定。

5. 对两项索赔的处理：

（1）对处理孤石引起的索赔，这是预先无法估计到的情况，索赔理由成立，应予受理。

（2）由于阴雨天气造成的延期和窝工费用，这是有经验的承包商预先应该估计的因素，在合同工期内已做考虑，因而索赔理由不成立，应予驳回。

【背景七十】

某国际工程项目由于业主违约，合同被迫终止。终止前的财务状况如下：有效合同价为 1000 万元，利润目标为有效合同价的 5%。违约时已完成合同工程造价 800 万元。每月扣保留金为合同工程造价的 10%，保留金限额为有效合同价的 5%。动员预付款为有效合同价的 5%（未开始回扣）。承包商为工程合理订购材料 50 万元（库存量）；承包商已完成暂定项目 50 万元；指定分包项目 100 万元；计日工 10 万元，指定分包商管理费率为 10%；承包商设备撤回其国内基地的费用为 10 万元（未单独列入工程量表）；承包商雇佣的所有人员的遣返费为 10 万元（未单独列入工程量表）。已完成的各类工程及计日工均已按合同规定支付。假定该项工程实际工程量与工程计量表中一致，且工程无调价。

【问题】

1. 合同终止时，承包商共得到多少暂定金付款？

2. 合同终止时，业主已实际支付各类工程付款共计多少万元？

3. 合同终止时，业主还需支付各类补偿款多少万元？

4. 合同终止时，业主总共应支付多少万元的工程款？

【参考答案】

1. 承包商共得暂定金付款＝对指定分包商的付款＋承包商完成的暂定项目付款

$$＋计日工＋对指定分包商的管理费$$
$$＝100＋50＋10＋100×10\%＝170（万元）$$

2. 业主已实际支付各类工程付款＝已完成的合同工程价款－保留金＋暂定金付款

$$＋动员预付款$$
$$＝800－1000×5\%＋170＋1000×5\%$$
$$＝800－50＋170＋50$$
$$＝970（万元）$$

其中保留金取到限额为止，为 $1000×5\%＝50$（万元），而不是 $800×10\%＝80$（万元）。

3. 业主还需支付各类补偿＝利润补偿＋承包商已支付的材料款＋承包商施工设备

$$的遣返费＋承包商所有人员的遣返费＋已扣留的保$$
$$留金$$

其中，利润补偿＝$（1000－800）×5\%＝200×5\%＝10$（万元）

承包商已支付的材料款为 50 万元，业主一经支付，则材料即归业主所有。

承包商施工设备和人员的遣返费因在工程量表中未单独列项，所以承包商报价时，应计入总体报价。因此，业主补偿时只支付合理部分，即支付：

$$\frac{1000－800}{1000}×10\%＝20\%$$

承包商所有人员的遣返费＝$10×20\%＝2$（万元）

返还已扣保留金＝$1000×5\%＝50$（万元）

业主还需支付各类补偿款共计：$10＋50＋2＋2＋50＝114$（万元）

4. 业主共应支付工程款＝业主已实际支付的各类工程付款＋业主还需支付的各类

补偿付款－动员预付款

$$＝970＋114－1000×5\%$$

$$＝970＋114－50$$

$$＝1034（万元）$$

【背景七十一】

某多层办公楼建设项目，业主与承包商签订了工程施工承包合同，根据合同及其附件的有关条文，对索赔内容有如下规定：

1. 因窝工发生的人工费以 25 元/工日计算，监理方提前 1 周通知承包方时不以窝工处理，以补偿费支付 4 元/工日。

2. 机械设备台班费

塔式起重机：300 元/台班；混凝土搅拌机：70 元/台班；砂浆搅拌机：30 元/台班；因窝工而闲置时，只考虑折旧费，按台班费 70% 计算。

3. 因临时停工一般不补偿管理费和利润。

在施工过程中发生了以下情况：

（1）6 月 8～21 日，施工到第七层时因业主提供的模板未到而使一台塔式起重机、一台混凝土搅拌机和 35 名支模工停工（业主已于 5 月 30 日通知承包方）。

（2）6 月 10～21 日，因公用网停电停水使进行第四层砌砖工作的一台砂浆搅拌机和 30 名砌砖工停工。

（3）6 月 20～23 日，因砂浆搅拌机故障而使进行第二层抹灰工作的一台砂浆搅拌机和 35 名抹灰工停工。

【问题】

承包商在有效期内提出索赔要求时，监理工程师认为合理的索赔金额应是多少？

【参考答案】

合理的索赔金额如下：

1. 窝工机械闲置费：按合同，机械闲置只计取折旧费。

塔式起重机 1 台：$300×70\%×14＝2940$（元）

混凝土搅拌机 1 台：$70×70\%×14＝686$（元）

砂浆搅拌机 1 台：$3×70\%×12＝252$（元）

因砂浆搅拌机机械故障闲置 4d 不应给予补偿。

小计：$2940＋686＋252＝3878$（元）

2. 窝工人工费：因业主已于 1 周前通知承包商，故只以补偿费支付。

支模工：$4×35×14＝1960$（元）

砌砖工：$25×30×12＝9000$（元）

因砂浆搅拌机机械故障造成抹灰工停工不予补偿。

小计：1960＋9000＝10960（元）

3. 临时个别工序窝工一般不补偿管理费和利润，故合理的索赔金额应为：

$$3878＋10960＝14838（元）$$

【背景七十二】

某工程项目有2000m²缸砖面层地面施工任务，交由某分包商承担，计划于6个月内完成。计划的各工作项目单价和拟完成的工作量如表5-10所示，该工程进行了3个月以后，发现某些工作项目实际已完成的工作量及实际单价与原计划有偏差，其数值见表5-10。

实际已完成工作量及实际单价与原计划偏差 表5-10

工作项目名称	平整场地	室内夯填土	垫层	缸砖面结合	踢脚
单位	100m³	100m³	10m³	100m²	100m²
计划拟完成工程量（3个月）	150	20	60	100	13.55
计划单价（元/单位）	16	46	450	1520	1620
实际已完工程量（3个月）	150	18	48	70	9.5
实际单价（元/单位）	16	46	450	1800	1650

【问题】

试计算并用表格法列出至第三个月末时各工作的拟完工程计划投资、已完工程计划投资、已完工程实际投资，并分析投资局部偏差、投资局部偏差程度、进度局部偏差、进度局部偏差程度，以及投资累计偏差和进度累计偏差。

【参考答案】

1. 用表格法分析投资偏差，如表5-11所示。

缸砖面层地面施工投资分析表 表5-11

(1) 项目编码		001	002	003	004	005	总计
(2) 项目名称	计算方法	平整场地	室内夯实土	垫层	缸砖面结合	踢脚	
(3) 单位		100m²	100m³	10m³	100m²	100m²	
(4) 拟完工程量（3个月）	(4)	150	20	60	100	13.55	
(5) 计划单价(元/单位)	(5)	16	46	450	1520	1620	
(6) 拟完工程计划投资	(6)=(4)×(5)	2400	920	27000	152000	21951	204271
(7) 实际已完工程量（3个月）	(7)	150	18	48	70	9.5	
(8) 已完工程计划投资	(8)=(7)×(5)	2400	828	21600	106400	15390	146618
(9) 实际单价(元/单位)	(9)	16	46	450	1800	1650	
(10) 已完工程实际投资	(10)=(7)×(9)	2400	828	21600	126000	15675	166503

续表

(11)投资局部偏差	(11)＝(10)－(8)	0	0	0	19600	285	
(12)投资局部偏差程度	(12)＝(10)/(8)	1.0	1.0	1.0	1.18	1.02	
(13)投资累计偏差	(13)＝∑(11)			19.885			
(14)进度局部偏差	(14)＝(6)－(8)	0	92	5400	45600	6561	
(15)进度局部偏差程度	(15)＝(6)/(8)	1.0	1.11	1.25	1.43	1.43	
(16)进度累计偏差	(16)＝∑(14)			57653			
(17)进度累计偏差程度	(17)＝∑(6)/(8)			1.39			

2. 横道图投资偏差分析如表 5-12 所示，其中各横道形式表示为：

拟完工程计划投资■；已完工程计划投资□；已完工程实际投资▨。

投资偏差分析表 表 5-12

项目编号	项目名称	投资数额 （千元）	投资偏差 （千元）	进度偏差 （千元）
001	平整场地	2.40 2.40 2.40	0	0
002	夯填土	0.92 0.83 0.83	0	0.09
003	垫层	27.00 21.60 21.60	0	5.40
004	缸砖面结合	152.00 106.40 126.00	19.60	45.60
005	踢脚	21.95 15.39 15.68	0.29	6.56
	合计	204.27 146.62 166.50	19.89	57.65

注：空间所限，表中各项工作的横道比例尺大小不同。

3. 用曲线法标明该项施工任务在第 3 个月末时，其投资及进度的偏差情况如图 5-58所示。

用曲线法分析时，由于假定各项工作均是等速进行的，故所绘曲线呈直线形，如图 5-58 所示。

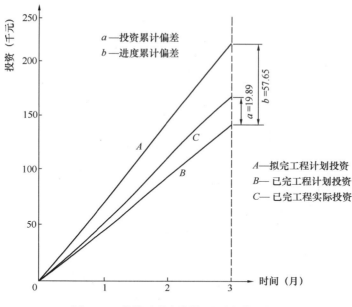

图 5-58　曲线法分析投资及进度偏差情况

【背景七十三】

某业主计划将拟建的工程项目在实施阶段委托光明监理公司进行监理，业主在合同草案中提出以下内容：

1. 除业主原因发生时间延误外，其他时间延误，监理单位均应付相当于施工单位罚款的 20% 给业主；如工期提前，监理单位可得到相当于施工单位工期提前奖励 20% 的奖金。

2. 工程图纸出现设计质量问题时，监理单位应付给业主相当于设计单位设计费 5% 的赔偿。

3. 施工期间每发生一起施工人员重伤事故，监理单位应受罚款 1.5 万元；发生一起死亡事故，监理单位应受罚款 3 万元。

4. 凡由于监理工程师发生差错、失误而造成重大经济损失的，监理单位应付给业主一定比例（取费费率）的赔偿费；如未发生差错、失误，则监理单位可得到全部监理费。监理单位认为以上条款有不妥之处，经过双方的商讨，对合同内容进行了调整与完善，确定了工程建设监理合同的主要条款，包括监理的范围和内容、双方的权利和义务、监理费的计取与支付、违约责任和双方约定的其他事项等。监理合同签订以后，总监理工程师组织监理人员就制定监理规划问题进行了讨论，有人提出了如下一些看法：

1. 监理规划的作用与编制原则：

（1）监理规划是开展监理工作的技术组织文件。

（2）监理规划的基本作用是指导施工阶段的监理工作。

（3）监理规划的编制应符合《工程建设监理规定》的要求。

（4）监理规划应一气呵成，不应分段编写。

（5）监理规划应符合监理大纲的有关内容。

（6）监理规划应为监理细则的编制提出明确的目标要求。

2. 监理规划的基本内容应包括：

（1）工程概况。

（2）监理单位的权利和义务。

（3）监理单位的经营目标。

（4）工程项目实施的组织。

（5）监理范围内的工程项目总目标。

（6）项目监理组织机构。

（7）质量、投资、进度控制。

（8）合同管理。

（9）信息管理。

（10）组织协调。

3. 监理规划文件分为 3 个阶段制定，各阶段的监理规划提交给业主的时间安排如下：

（1）设计阶段监理规划应在设计单位开始设计前的规定时间内提交给业主。

（2）施工招标阶段监理规划应在招标书发出后提交给业主。

（3）施工阶段监理规划应在承包单位正式施工后提交给业主。

施工阶段光明监理公司的施工监理规划编制后，提交给业主，其部分内容如下：

一、施工阶段的质量控制

1. 质量的事前控制

（1）掌握和熟悉质量控制的技术依据。

（2）……

（3）审查施工单位的资质。

1）审查总包单位的资质。

2）审查分包单位的资质。

（4）……

……

（7）行使质量监督权，下达停工指令。

为了保证工程质量，出现下述情况之一者，监理工程师报请总监理工程师批准，有权责令施工单位立即停工整改：

1）工序完成后未经检验即进行下一道工序者。

2）工程质量下降，经指出后未采取有效措施整改，或采取措施不力、效果不好，继续作业者。

3）擅自使用未经监理工程师认可或批准的工程材料。

4）擅自变更设计图纸。

5）擅自将工程分包。

6）擅自让未经同意的分包单位进场作业。

7）没有可靠的质量保证而贸然施工，已出现质量下降征兆。

8）其他对质量有重大影响的情况。

二、施工阶段的投资控制

（1）建立健全监理组织机构，完善职责分工及有关制度，落实投资控制的责任。

（2）审核施工组织设计和施工方案，合理审核签证施工措施费，按合理工期组织施工。

（3）及时进行计划费用与实际支出费用的分析比较。

（4）准确测量实际完工工程量，并按实际完工工程量签证工程款付款凭证。

在工程施工过程中，由于业主"未能给出承包商施工场地占有权"，使承包商土方工程（K工作）施工延误工期20d（图5-59），承包商在规定的期限内向监理工程师提出如表5-13所示索赔计算单。

<table>
<tr><td colspan="5" align="center">索赔计算单</td><td align="right">表 5-13</td></tr>
<tr><td>序号</td><td>内容</td><td>数量</td><td>费用计算</td><td colspan="2">备　注</td></tr>
<tr><td>1</td><td>土方施工工人</td><td>80（工日/d）</td><td>80×20×25=40000（元）</td><td colspan="2" rowspan="5">人工费 25 元/工日
租赁设备费 500 元/（d·台班）
台班费 650 元/台班
台班费 350 元/台班
人工费 35 元/工日</td></tr>
<tr><td>2</td><td>挖土机</td><td>8（台班/d）</td><td>8×20×500=80000（元）</td></tr>
<tr><td>3</td><td>推土机</td><td>5（台班/d）</td><td>5×20×650=65000（元）</td></tr>
<tr><td>4</td><td>自卸汽车</td><td>24（台班/d）</td><td>24×20×350=168000（元）</td></tr>
<tr><td>5</td><td>机械司机</td><td>37（工日/d）</td><td>37×20×35=25900（元）</td></tr>
<tr><td>合计</td><td></td><td></td><td>37.89（万元）</td></tr>
</table>

承包商在规定的期限内向监理工程师提出工期索赔 20d 的要求。

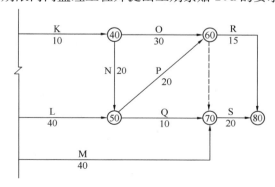

图 5-59　工程施工计划图

【问题】

1. 该监理合同是否已包括了主要的条款内容？

2. 该监理合同草案拟订的几个条款中是否有不妥之处？为什么？

3. 如果该合同是一个有效的经济合同，它应具备什么条件？

4. 你是否同意他们对监理规划的作用和编制原则的看法？为什么？

5. 监理单位在讨论中提出的监理规划基本内容，你认为哪些项目不应编入监理规划？

6. 给业主提交监理规划文件的时间安排中，你认为哪些是合适的？哪些是不合适或不明确的？如何提出才合适？

7. 监理工程师在施工阶段应掌握和熟悉哪些质量控制的技术依据？

8. 监理规划中规定了要对施工队伍的资质进行审查，请问总包单位和分包单位的资质应安排在什么时候审查？

9. 如果在施工中发现总包单位未经监理单位同意，擅自将工程分包，监理工程师应如何处置？

10. 你认为投资控制措施中第几项不完善？为什么？

11. 施工单位提出的费用索赔计算是否合理？为什么？

12. 施工单位提出的工期索赔要求是否合理？为什么？

【参考答案】

1. 在背景材料中，双方对合同内容进行了商讨，包括监理的范围和内容、双方的权利和义务、监理费的计取与支付、违约责任和双方约定的其他事项等，根据《工程建设监理规定》中对监理合同内容的要求，该合同包含了应有的主要条款。

2. 合同草稿中拟定的几条均不妥。

第一，监理工作的性质是服务性的，监理单位"将不是，也不能成为任何承包商的工程承保人或保证人"，将设计、施工出现的问题与监理单位直接挂钩，与监理工作的性质不相符。

第二，监理单位应是与业主和承包商相互独立的、平等的第三方，为了保证其独立性与公正性，我国建设监理法规明文规定：监理单位不得与施工、设备制造、材料供应等单位有隶属关系或经济利益关系。在合同中若写入工程背景中的条款，势必会将监理单位的经济利益与承建商的利益联系起来，不利于监理工作的公正性。

第三，第3条中对于施工期间施工单位人员的伤亡，业主方并不承担任何责任，监理单位的责、权、利主要来源于业主的委托与授权，业主把并不承担的责任在合同中要求监理单位承担，也是不妥的。

第四，《工程建设监理规定》中规定："监理单位在监理过程中因过错造成重大经济损失的，应承担一定的经济责任和法律责任"，但在合同中应明确写明责任界定，如

"重大经济损失"的内涵、监理单位赔偿比例等。

3. 若该合同是一个有效的经济合同，应满足以下基本条件：

（1）主体资格合法。即业主和监理单位作为合同双方当事人，应当具有合法的主体资格。

（2）合同的内容合法。内容应符合国家法律法规规定，真实表达当事人双方的意思。

（3）订立程序合法、形式合法。

4. 这些看法有些正确、有些不妥。监理规划作为监理组织机构开展监理工作的纲领性文件，是开展监理工作的重要技术组织文件。

第2条的基本作用是不正确的，因为背景材料中给出的条件是业主委托监理单位进行"实施阶段的监理"，所以监理规划就不应仅限于"是指导施工阶段的监理工作"这一作用。

监理规划的编制不但应符合监理合同、项目特征、业主要求等内容，还应符合国家制定的各项法律法规、技术标准、规范等要求。由于工程项目往往工期较长，所以在设计阶段不可能将施工招标的监理规划"一气呵成"地编制完成，而应分阶段进行"滚动式"编制完成，故这一条款不妥。

其他两条原则正确。监理大纲、监理规划、监理细则是监理单位针对工程项目编制的系列文件，具有体系的一致性、相关性和系统性，宜由粗到细形成文件。监理规划应符合监理大纲的有关内容，也应为监理细则的编制提出明确的目标要求。

5. 所讨论的监理规划中，第2条监理单位的权利和义务、第3条监理单位的经营目标和第4条项目实施的组织等内容，一般不宜编入监理规划（参照监理规范的规定）。

6. 监理规划文件分阶段进行编制，在时间的安排上：

（1）设计阶段监理规划提交的时间是合适的，但施工招标和施工阶段的监理规划提交时间不妥。

（2）施工招标阶段应在招标开始前一定的时间内（如合同约定时间）提交业主施工招标阶段的监理规划。

（3）施工阶段宜在施工开始前一定的时间内提交业主施工阶段监理规划。

7. 监理工程师在施工阶段应掌握和熟悉以下质量控制技术依据：

（1）设计图纸及设计说明书。

（2）工程质量评定标准及施工验收规范。

（3）监理合同及工程承包合同。

（4）工程施工规范及有关技术规程。

（5）业主对工程有特殊要求时，熟悉有关控制标准及技术指标。

8. 监理规划中确定了对施工单位的资质进行审查，对总包单位的资质审查应安排在施工招标阶段对投标单位的资格预审时，并在评标时也对其综合能力进行一定的评审。对分包单位的资质审查应安排在分包合同签订前，由总承包单位将分包工程和拟选择的分包单位资料提交总监理工程师，经总监理工程师审核确认后，总承包单位与之签订工程分包合同。

9. 如果监理工程师发现施工单位未经监理单位批准而擅自将工程分包，根据监理规划中质量控制的措施，监理工程师应报告总监理工程师，经总监理工程师批准或经总监理工程师授权可责令施工单位做停工处理，而不能由监理工程师随意责令施工单位停工。

10. 在监理规划的投资控制 4 项措施中，第 4 条不够严谨。首先，施工单位"实际完工工程量"不一定是施工图纸或合同内规定的内容，或监理工程师指定的工程量，即监理工程师应只对图纸或合同，或监理工程师指定的工程量给予计量。其次，"按实际完工工程量签证工程款付款凭证"应改为"按实际完工的经监理工程师检查合格的工程量签证工程款付款凭证"，只有合格的工程才能办理签证。

11. 在施工单位提出的费用索赔计算单中，以下几项计算不正确：

（1）由于停工，施工单位可将土方施工工人另行安排其他工作，所以费用补偿应按双方合同中事先约定的补偿工资计算。

（2）推土机与自卸汽车闲置补偿不应按台班费全额计算，而应按双方合同中约定的闲置补偿费（如机械台班费的百分比或折旧费）计算。

（3）机械司机的工费应包括在机械台班中，不应另外计算。

12. 施工单位提出的工期索赔要求不合理。根据工程进度计划，由于工作 K 的开始时间被推迟 20d，使原计划的完成时间由 80d 增加到 90d，所以监理工程师应该批准的工期延长为 10d。

原计划完成时间计算如图 5-60 所示。

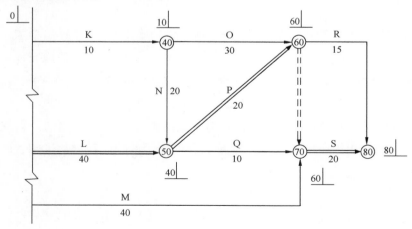

图 5-60　原计划完成时间计算图

K 工作推迟 20d 开始的计划完成时间如图 5-61 所示。

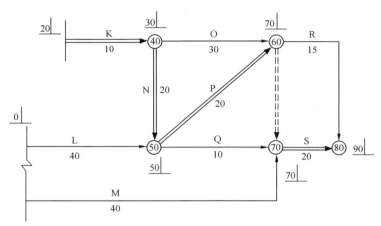

图 5-61　K 工作推迟后的计划完成时间计算图

【背景七十四】

某工程项目的原施工进度双代号网络计划如图 5-62 所示，该工程工期为 18 个月。在上述网络计划中，工作 C、F、J 三项工作均为土方工程，土方工程量分别为 7000m³、10000m³、6000m³，土方单价为 17 元/m³。合同中规定，土方工程量增加且超出原估算工程量的 15% 时，新的土方单价可从原来的 17 元/m³ 调整到 15 元/m³。

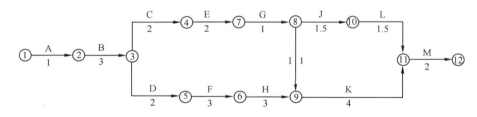

图 5-62　双代号网络计划图

在工程进行 4 个月后（已完成 A、B 两项工作的施工），业主提出增加一项新的土方工程 N，该项工作要求在 F 工作结束以后开始，并在 G 工作开始前完成，以保证 G 工作在 E 和 N 工作完成后开始施工。根据承包商提出并经监理工程师审核批复，该项 N 工作的土方工程量约为 9000m³，施工时间需要 3 个月。

根据施工计划安排，C、F、J 工作和新增加的土方工程 N 使用同一台挖土机先后施工，现承包商提出由于增加土方工程 N 后，使租用的挖土机增加了闲置时间，要求补偿挖土机的闲置费用（每台 800 元/d）和延长工期 3 个月。

【问题】

1. 增加一项新的土方工程 N 后，土方工程的总费用应为多少?

2. 监理工程师是否应同意给予承包方施工机械闲置补偿? 应补偿多少费用?

3. 监理工程师是否应同意给予承包商工期延长？应延长多长时间？

【参考答案】

1. 由于在计划中增加了土方工程 N，土方工程总费用计算如下：

（1）增加 N 工作后，土方工程总量为：$23000+9000=32000$（m^3）

（2）超出原估算土方工程量 $9000/23000×100\%=39.13\%>15\%$

土方单价应进行调整。

（3）超出 15% 的土方量为：$32000-23000×115\%=5550$（m^3）

（4）土方工程的总费用为：$23000×115\%×17+5550×15=53.29$（万元）

2. 施工机械闲置补偿计算

（1）不增加 N 工作的原计划机械闲置时间：

在图 5-63 中，因 E、G 工作的时间为 3 个月，与 F 工作时间相等，所以安排挖土机按 C—F—J 顺序施工可使机械不闲置。

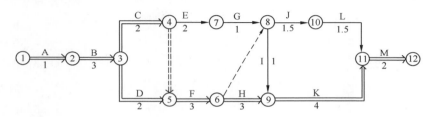

图 5-63　原计划机械闲置时间

（2）增加了土方工作 N 后机械的闲置时间

在图 5-64 中，安排挖土机按 C—F—N—J 顺序施工，由于 N 工作完成后到 J 工作开始前中间还需要施工 G 工作，所以造成机械闲置 1 个月。

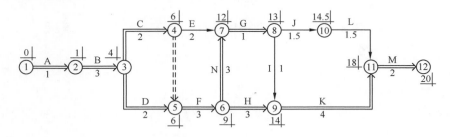

图 5-64　增加工作 N 后的机械闲置时间

（3）监理工程师应批准给予承包方施工机械闲置补偿费用

$30×800=24000$（元）（不考虑机械调往他处使用或退回租赁处）

3. 工期延长计算

根据对图 5-64 中节点最早时间的计算可知，增加 N 工作后工期由原来的 18 个月延长到 20 个月，所以监理工程师应批准给承包商顺延工期 2 个月。

【背景七十五】

国外一条城郊道路工程，包括跨河桥梁及跨人行桥，进行承包施工。其合同文件包括 FIDIC 合同条款、工程量清单和施工详图。中标合同为 4493600 美元，总部管理费率 7.5％，工地管理费率 12.5％，利润率 5％，工期 104 周。

中标的承包商在标书中把工期缩短为 78 周，并以此编制了报价。

开工以后，设计单位发现人行桥的设计有误，监理工程师指令承包商停止对人行桥的施工，设计单位允诺在 3 周内提出修改后的施工图。但事实上，修改的图纸在施工暂停 6 周后才交给承包商。由于公路干线地下电缆迁移造成承包商停工 6 周。为此，承包商向业主提出了延长工期的要求，并以工期延长为依据提出经济索赔。考虑延期 6 周提供图纸、地下电缆迁移，以及施工中遇上特别恶劣的天气、业主其他的工程变更并增加额外工程（185000 美元）等事件，承包商提出延长工期 14 周，并附以经济补偿的索赔要求，要点如下：

1. 修改人行桥设计，停工 6 周，造成设备窝工的损失。

9m³ 空压机，每周 383 美元（计日工费率），6 周计	2298 美元
3t 履带式起重机（租赁设备），每周租赁费 455 美元，6 周计	2730 美元
1/4m³ 混凝土拌合机，每周 118 美元（计日工费率），6 周计	708 美元
以上合计	5736 美元
加 12.5％工地管理费	717 美元
小计	6453 美元
加 5％利润	323 美元
总计	6776 美元

2. 额外工程，需时 6 周，应得此期间的工地管理费。

投标书中工地管理费为 12.5％，即 $4493600×12.5％=561700$（美元）

相当于每周 $\frac{561700}{78}=7201$（美元），6 周合计 43206 美元。

3. 公路干线地下电缆迁移延期，造成停工 6 周。

增收 6 周工地管理费	$7201×6=43206$（美元）
加 5％利润	2160 美元
共计	45366 美元
以上 3 项合计	$6776＋43206＋45366=95348$（美元）

对于承包商的上述索赔要求，业主开始时持反对态度，认为：①不必给承包商延长工期，即使延期 14 周，也不超出原定的 104 周；②人行桥虽然重新设计，但工程量和钢筋量没有变化，仅在钢筋布置上做了修改，故不予考虑经济补偿；③额外工程将按工程量清单上的单价付款，故不存在另付工地管理费的问题；④公路干线上的电缆

迁移，虽然影响了工期，但要求补偿管理费的理由并不充足，因为管理费本来是为104周工期使用的。虽然持上述反对工期索赔和经济索赔的意见，但业主仍将承包商的上述索赔要求请监理工程师提出具体意见。

【问题】

对上述问题，监理工程师应如何处理？

【参考答案】

监理工程师应根据合同文件的规定，并在审核承包商索赔报告的基础上，提出自己的意见，报送给业主，主要内容如下：

1. 由于修改设计，使施工设备非计划性闲置3周，承包商按计日工的费率计算不当，应该不高于设备折旧率。至于租赁的履带式起重机，则可按租赁的费率计算。计划性3周时间，承包商应合理调配使用，业主适当考虑补偿。

2. 至于额外工程，其产值为185000美元。按照对合同额的分析：

中标合同额   4493600美元

5%的利润 $\dfrac{4493600 \times 0.05}{1+0.05} = 213981$（美元）

减去5%的利润   4279619美元

7.5%的总部管理费 $\dfrac{4479619 \times 0.075}{1+0.075} = 298578$（美元）

减去7.5%的总部管理费   3981041美元

12.5%的工地管理费 $\dfrac{3981041 \times 0.125}{1+0.125} = 442338$（美元）

每周的工地管理费   442338/78 = 5671（美元）

工程的直接费为3981041－442338＝3538703美元

额外工程款185000美元，按原合同工程费的直接费3538703美元在78周内完成计算，其每周完成的工程直接费为3538703/78＝45368（美元），则额外工程款的款额相当于185000/45368＝4（周）整个工程的直接费。承包商要求的额外工程工地管理费应为5671×4＝22684（美元）。

3. 地下电缆迁移引起的工程延期，也导致承包商工地管理费的增加。由于承包商的报价确实是按78周计算的，所以电缆迁移引起的工程延期按合同规定应予以补偿，即

$$5671 \times 6 = 34026（美元）$$

利润不予补偿。

【背景七十六】

某监理公司通过投标的方式承担了某项一般房屋工程施工阶段的全方位监理工作，已办理了中标手续，签订了委托监理合同，任命了总监理工程师，并按以下监理实施

程序开展了工作：

（一）建立项目监理机构

1. 确定了本工程的质量控制目标为监理机构工作的目标。

2. 确定监理工作范围和内容包括设计阶段和施工阶段。

3. 进行项目监理机构的组织结构设计。

4. 由总监理工程师代表组织专业监理工程师编制建设工程监理规划。

（二）制定各专业监理实施细则

1. 各专业监理工程师仅以监理规划为依据编制了监理实施细则。

2. 总监理工程师代表批准了各专业的监理实施细则。

3. 各监理实施细则的内容是监理工作的流程、方法及措施。

（三）规范化地开展监理工作

（四）参与验收、签署建设工程监理意见

（五）向建设单位提交建设工程档案资料

（六）进行监理工作总结

【问题】

1. 请指出在建立项目监理机构的过程中"确定工作目标、工作内容和制定监理规划" 3 项工作中的不妥做法，并写出正确的做法。

2. 请指出在制定各专业监理实施细则的 3 项工作中的不妥之处，并写出正确的做法。

3. 试述监理工作总结的主要内容。

【参考答案】

1.（1）仅确定质量控制目标不妥，应确定质量、进度、投资三大控制目标。

（2）监理的工作范围和内容不妥，应只包括施工阶段的监理工作。

（3）总监理工程师代表组织编制监理规划不妥，应由总监理工程师组织编制。

2.（1）仅以监理规划为依据编制监理实施细则不妥，编制依据应包括已批准的监理规划以及与专业工作相关的标准、设计文件、技术资料、施工组织设计。

（2）总监理工程师代表批准了监理实施细则不妥，应由总监理工程师批准。

（3）监理实施细则包括的内容不全面，应包括专业工程特点、监理工作流程、监理工作要点、监理工作方法及措施 4 项内容。

3. 监理工作总结的主要内容包括：工程概况、项目监理机构、建设工程监理合同履行情况、监理工作成效以及监理工作中发现的问题及其处理情况、说明和建议。

【背景七十七】

某办公大楼工程，建设单位通过公开招标选择了一家施工单位，施工合同中已明确有 9200m² 外立面铝塑板安装任务，铝塑板由建设单位采购。建设单位在采购时，其中一家供货厂家提出该厂最近引进了国外先进技术，生产了一种由新型材料制成的铝塑板，安装方便、效果好，并表示可提供供货、安装、保修"一条龙"服务。建设单位就与供货厂家签订了该铝塑板供货与安装合同，并通知了施工单位和监理单位，由供货厂家负责铝塑板的安装。

【问题】

1. 建设单位选择铝塑板供货与安装单位的做法是否妥当？请说明理由。

2. 建设单位在通知由供货方负责铝塑板安装时，项目监理机构应做哪些工作？

3. 对于由新型材料制成的铝塑板及新的施工工艺的应用，项目监理机构应如何处理？

【参考答案】

1. 不妥。施工合同中明确有铝塑板安装任务；建设单位只负责铝塑板的采购，建设单位在铝塑板采购时把安装工程直接分包出去是不对的，属于合同违约行为。

2.（1）应及时向建设单位提出这种做法不妥，是违约行为，只能签订采购合同，安装应仍由原施工单位完成。

（2）若建设单位坚持其行为，总监理工程师应在建设单位和施工单位之间进行协调。若施工单位同意，则可由供货方承担安装任务。

（3）若施工单位不同意，即双方均不让步，则需总监理工程师提出合同争议处理意见，并标明建设单位违约，采购合同中安装部分无效，仍由施工单位承担安装任务。如双方在合同规定争议期限内无争议，且在符合施工合同的前提下，此意见应成为最后决定，双方必须同意，否则可通过仲裁或诉讼解决。

（4）若由供货厂家提供安装，则应要求其提交安装资质等有关资料并进行审查。符合，则进场安装；不符合，应向建设单位说明，仍由施工单位安装。

（5）若确定由供货厂家负责安装，监理工程师应对施工单位提出的铝塑板安装费用调整进行测算审核，协调建设单位和施工单位的费用调整，力求取得一致并办理合同变更手续。

3. 因为是新型铝塑板，又采用新工艺，项目监理机构应按以下程序处理：

（1）安装单位应将铝塑板的材料试验鉴定证书、鉴定单位、通过试验确定的施工工艺、检验标准以及按要求填写的《工程材料/购配件/设备报审表》报送项目监理机构。

（2）专业监理工程师进行审查，必要时聘请设计单位、有关专家进行专题论证，确定其是否满足设计和施工要求，以及是否符合现行强制性标准规定。审查同意后签署《工程材料/购配件/设备报审表》，并同意该施工工艺应用，在安装过程中重点控制，按检验标准检查、验收。

（3）如不符合现行强制性标准规定，应当由拟采用单位提请建设单位组织专题技术论证，报批准标准的建设行政主管部门或者国务院有关主管部门审定。

【背景七十八】

某建设工程项目，监理单位参与了建设单位的前期投资决策。共有甲、乙、丙、丁 4 种方案可供考虑，计算工期均为 5 年。假定行业基准收益率设定为 $i_e=10\%$，其中甲方案中项目的现金流量如表 5-14 所示，乙、丙、丁 3 种方案的财务净现值 $FNPV$ 和总投资现值 i_p 如表 5-15 所示。

甲方案现金流量表　　　　　　　　　　表 5-14

年份	1	2	3	4	5
现金流入（万元）	0	150	220	240	250
现金流出（万元）	300	100	40	30	0

乙、丙、丁方案的财务净现值与总投资现值表　　　　　　　表 5-15

方案	乙	丙	丁
财务净现值 $FNPV$（万元）	250	200	160
总投资现值 i_p（万元）	600	250	250

【问题】

1. 甲方案的财务净现值为多少？总投资现值为多少？

2. 甲方案的静态投资回收期是多少？

3. 试根据净现值系数 $FNPVR$ 判别甲、乙、丙、丁 4 种方案，哪个投资方案的财务效果更可行？

【参考答案】

1. 计算见表 5-16。

问题 1 计算表　　　　　　　　　　表 5-16

年份	1	2	3	4	5
现金流入（万元）	0	150	220	240	250
现金流出（万元）	300	100	40	30	0
净现金流量（万元）	−300	50	180	210	250
$i_e=10\%$ 的折现系数	0.909	0.826	0.751	0.683	0.621
净现金流量折现值（万元）	−272.70	41.30	135.18	143.43	155.25
各年的投资现值（万元）	272.70	82.60	30.04	20.49	0

甲方案的财务净现值 $FNPV=-272.70+41.30+135.18+143.43+155.25=202.46$（万元）

甲方案的总投资现值 $i_\mathrm{p}=272.70+82.60+30.04+20.49+0=405.83$（万元）

2. 计算见表 5-17。

问题 2 计算表　　　　　　　　　　　表 5-17

年　　份	1	2	3	4	5
现金流入（万元）	0	150	220	240	250
现金流出（万元）	300	100	40	30	0
净现金流量（万元）	−300	50	180	210	250
Σ净现金流量（万元）	−300	−250	−70	140	390

甲方案的静态投资回收期 $=4-1+|-70|/210=3.33$（年）

3. 计算见表 5-18。

问题 3 计算表　　　　　　　　　　　表 5-18

方　　案	甲	乙	丙	丁
财务净现值 FNPV（万元）	202.46	250	200	160
总投资现值 I（万元）	405.83	600	250	250
净现值系数 FNPVR	0.5	0.42	0.8	0.46

净现值系数 $FNPVR=$ 财务净现值/总投资现值 i_p，是指单位投资现值所带来的净现值，因此丙投资方案的财务效果更可行。

【背景七十九】

某国有企业计划投资 7000 万元新建一栋办公大楼，建设单位委托了一家符合资质要求的监理单位进行该工程的施工招标代理工作，由于招标时间紧，建设单位要求招标代理单位采取内部议标的方式选取中标单位，共有 A、B、C、D、E 5 家单位参加了投标，开标时出现了如下情形：

1. A 投标单位的投标文件未按招标文件的要求密封，而是按该企业的习惯做法密封。

2. B 投标单位虽按招标文件的要求编制了投标文件，但有一页文件漏打了页码。

3. C 投标单位投标保证金超过了招标文件中规定的金额。

4. D 投标单位投标文件记载的招标项目完成期限超过了招标文件规定的完成期限。

5. E 投标单位某分项工程的报价有个别漏项。

为了在评标时统一意见，根据建设单位的要求评标委员会由 6 人组成，其中 3 人是建设单位的总经理、总工程师和工程部经理，另外 3 人是从建设单位以外的评标专家库中抽取。

经过评标，建设单位选择急于进入该市市场的、以低于成本价格报价的 C 投标单位为中标单位。

【问题】

1. 建设单位要求采取的内部议标方式是否妥当？请说明理由。

2. 五家投标单位的投票文件是否有效？请分别说明理由。

3. 评标委员会的组建是否妥当？若不妥，请说明理由。

4. 确定的中标单位是否合理？请说明理由。

【参考答案】

1. 不妥。国有投资项目必须采用公开招标方式选择施工单位，特殊情况可选择邀请招标，且具体采用公开招标还是邀请招标，必须符合相关文件规定，并办理相关审批或备案手续。

2. A 属于无效投标文件。投标文件必须按照招标文件的要求密封。

B 属于有效投标文件。漏打了一页文件页码属于细微偏差。

C 属于有效投标文件。投标保证金只要符合招标文件的规定即可。

D 属于无效投标文件。项目完成期限超过招标文件规定的完成期限，属于重大偏差。

E 属于有效投标文件。个别漏项属于细微偏差，投标人可根据要求进行补正。

3. 不妥。评标委员会应为 5 人以上单数，且招标人以外的专家不得少于成员总数的 2/3。

4. 不合理。定标原则规定中标单位的投标价格不得低于成本价。

【背景八十】

某工程项目中，建设单位自行采购 425 号普通硅酸盐水泥 500t。采购合同中约定 2007 年 7 月 20 日为交货期，采购方应在交货后 3 日内付款。由于该地区水泥厂商联合限量供应，导致该段时间水泥货源突然紧张，供货商于 7 月 20 日先供货 400t，建设单位认为余下的 100t 水泥还未到，拒绝付款，直至 8 月 25 日余下的 100t 水泥才运至工地，8 月 27 日建设单位一次性支付了所有的水泥材料款。

【问题】

1. 在协商过程中，建设单位坚持说 8 月 27 日支付货款不属于违约行为。因为供货商没有按照合同在 7 月 20 日提供全部的 500t 水泥，采购方因此享有抗辩权。请问采购方所指的抗辩权属于哪一类的抗辩权？建设单位的说法是否成立？为什么？

2. 如果建设单位与供货商协商不成，下一步应该如何去解决问题？

3. 如果水泥晚到，使得总工期拖后 3d，施工单位提出了工程延期的要求。请列出监理工程师处理施工方向业主索赔的一般程序。

4. 水泥到达现场后，监理工程师应对其做哪方面的检验？并列出这些检验的有关方法。

【参考答案】

1. 后履行抗辩权。不成立。因为对于 500t 水泥中的 400t，供货商已经履行了其义务，对于这一部分标的，建设方不能享有抗辩权。

2. 应根据合同有关条款内容，双方或仲裁，或诉讼。

3.（1）监理单位审核由施工单位向监理提出的工期延期审批表。

（2）监理工程师根据施工合同中有关工程延期的约定、工期拖延和影响工期事件的事实和程度，以及事件对工期影响的量化程度确定拟批准工程延期的时间。

（3）组织建设单位与施工单位对延期申请进行沟通、协商和确定。

（4）批准延期审批表。

4.（1）质量检验和数量检验。

（2）质量检验方法包括经验鉴别法、物理试验和化学分析。数量检验方法包括衡量法、理论换算法和查点法。

【背景八十一】

某工程项目，建设单位为了节省投资，要求设计单位将该工程的桩长缩短 2m，该桩基设计人员由于工作忙未进行验算，便以书面形式同意了该项修改。监理单位在施工前熟悉设计文件的过程中发现此修改不妥，但建设单位认为设计已经同意，应该没有问题，没必要再进行修改，并以此进行了施工招标，且认为施工单位投标文件中已承诺按图施工，如出现质量问题由施工单位负主要责任，监理单位负次要责任，建设单位没有任何损失。

【问题】

1. 监理单位在施工前熟悉设计文件的过程中发现设计问题应如何处理？

2. 如果由于该设计造成施工质量问题而导致返工，分析建设单位、设计单位、监理单位和施工单位各方的责任与索赔关系。

3. 如果在施工中由于设计单位原因造成施工单位提出费用索赔，监理工程师应该依据什么内容进行处理？

4. 总监理工程师在审查施工单位的工程延期时，应依据哪些情况确定批准工程延期的时间？

【参考答案】

1. 报告建设单位要求设计单位改正。

2. 监理单位和施工单位没有责任；建设单位应负责任，由此造成监理单位和施工单位的损失应依据各方的合同由建设单位承担；建设单位可依据设计委托合同向设计单位进行索赔。

3. 应依据：

（1）国家有关法律法规和工程项目所在地的地方法规。

（2）本工程的施工合同文件。

（3）国家、部门和地方有关的标准规范和定额。

（4）施工合同履行过程中与索赔事件有关的凭证。

4. 应依据下列情况：

（1）施工合同中有关工程延期的约定。

（2）工程拖延和影响工期事件的事实和程度。

（3）影响工期事件对工期影响的量化程度。

【背景八十二】

某工程为一栋 5 层的病房大楼，业主委托某监理公司承担施工期间的监理工作。建设单位通过公开招标选择了 A 单位承包施工任务，A 施工单位将打桩工程分包给 B 地基基础工程公司，主体结构工程由其自己完成，设备安装工程由业主公司分包给 C 安装公司。在总监理工程师现场组织的监理工作会议上，总监理工程师要求工作人员熟悉设计文件，并在开工前审查 A 施工单位报送的施工组织设计报审表，以及分包单位 B 公司的资质情况，并准备召开第一次工地例会。

【问题】

1. 项目监理人员对设计文件中可能存在的问题如何处理？

2. A 施工单位提交的施工组织设计由谁负责审查？审查的基本程序是什么？

3. 开工前总监理工程师应审查 A 施工单位哪些技术质量管理和保证体系？审查的主要内容是什么？

4. B 分包单位的资质审查的程序和内容是什么？

5. 第一次工地例会何时召开？由谁主持？谁负责起草会议纪要？

【参考答案】

1. 在设计交底前，总监理工程师应组织监理人员熟悉设计文件，并对图纸中存在的问题通过建设单位向设计单位提出书面意见和建议。

2.（1）由总监理工程师负责审查。

（2）审查程序：①开工前总监理工程师应组织专业监理工程师审查 A 施工单位报送的施工组织设计报审表；②专业监理工程师提出审查意见；③总监理工程师审核、签认；需施工单位修改时，由总监理工程师签发书面意见，退回施工单位修改后再报审；④已审定的施工组织设计报建设单位。

3.（1）现场项目管理机构的质量管理体系、技术管理体系和质量保证体系。

（2）审核的主要内容：①质量管理、技术管理和质量保证的组织机构；②质量管理、技术管理制度；③专业管理人员和特种作业人员的资格证和上岗证。

4.（1）审查的程序：①打桩工程开工前，专业监理工程师应要求 B 公司报送分包单位资格报审表和分包单位有关资质资料；②审查符合有关规定后，由总监理工程师予以签认。

（2）对分包单位资格审核的主要内容：①营业执照、企业资质等级证书；②安全生产许可文件；③类似工程业绩；④专职管理人员和特种作业人员的资格。

5.（1）工程项目开工前。

（2）建设单位主持召开。

（3）项目监理机构。

【背景八十三】

一商业大楼桩基采用混凝土灌注桩，主体结构采用钢结构。某监理单位接受建设单位的委托对大楼的施工阶段进行监理，并任命了总监理工程师，组建了现场项目监理机构。总监理工程师根据有关要求编制了监理规划，并制定了监理旁站方案。

在监理规划中编制了如下一些内容：

1. 监理工作的目标是使工程获得"鲁班奖"。

2. 总监理工程师负责签发项目监理机构的文件和指令。

3. 编制工程预算，并对照审核施工单位每月提交的工程进度款。

4. 负责桩基工程的施工招标代理工作。

5. 对设计文件中存在的问题直接与设计单位联系进行修改。

6. 由结构专业监理工程师负责整个项目的监理细则审核工作。

7. 造价控制专业监理工程师负责调节和处理工程索赔，审核签认工程竣工结算。

8. 质量控制专业监理工程师负责所有分部分项工程的质量验收。

9. 专业监理工程师负责本专业监理资料的收集、汇总和整理，参与编写监理月报。

10. 监理员负责主持整理工程项目的监理资料。

在旁站监理方案中编制了如下内容：

1. 实施旁站制度就是对所有部位和工序的施工过程进行 24h 现场跟班监理。

2. 旁站监理在各监理工程师的指导下，由现场监理员实施完成。

3. 主体钢结构必须进行旁站监理。

4. 旁站监理人员仅需做好每天的监理日记。

5. 在旁站监理中当发现可能危及工程质量的行为时，监理人员应立即下达暂停施工指令。

6. 旁站监理人员应检查施工企业现场质检人员到岗、特殊工种人员持证上岗以及施工机械、建筑材料准备情况。

【问题】

1. 监理规划编制的内容中有哪几项不妥？不妥处请说明理由。

2. 旁站监理方案编制的内容中有哪几项不妥？不妥处请说明理由。

3. 旁站监理方案应明确的内容有哪些？旁站监理方案应送达的单位有哪些？

【参考答案】

1. 第 1 项不妥，"鲁班奖"是一种奖项，监理单位的产品是服务，确保工程质量应是施工单位的职责。

第 2 项正确。

第 3 项不妥，编制工程预算不是监理单位的工作职责，监理单位的工作职责应是审核工程预算。

第4项不妥，本工程监理只承担施工阶段的监理工作。

第5项不妥，应通过建设单位。

第6项不妥，应由总监理工程师负责审核。

第7项不妥，应由总监理工程师负责。

第8项不妥，质量控制专业工程师负责分项工程的质量验收，总监理工程师负责分部和单位工程质量检验评定资料的审核签认。

第9项正确。

第10项不妥，应由总监理工程师主持。

2. 第1项不妥，要求仅对关键部位、关键工序实施旁站监理。

第2项不妥，应在总监理工程师的指导下，由现场监理人员具体实施完成。

第3项正确。

第4项不妥，还应做好旁站监理记录。

第5项不妥，仅总监理工程师有权下达暂停施工指令，旁站人员无权下达暂停施工指令。

第6项正确。

3. 旁站监理方案应明确旁站监理的范围、内容、程序和旁站监理人员职责等。旁站监理方案应当送建设单位和施工企业各一份，并抄送工程所在地的建设行政主管部门或其委托的工程质量监督机构。

【背景八十四】

某工程项目，建设单位委托某监理公司承担该项目施工阶段全方位的监理工作，并要求建设工程档案管理和分类按照《建设工程文件归档规范》GB/T 50328—2014执行。工程开始后，总监理工程师任命了一位负责信息管理的专业监理工程师，并根据《建设工程监理规范》GB/T 50319—2013建立了监理报表体系，制定了监理主要文件档案清单，并按建设工程信息管理各环节要求进行建设工程的文档管理，竣工后又按要求向相关单位移交了监理文件。

【问题】

1. 按照《建设工程文件归档规范》GB/T 50328—2014的规定，建设工程档案资料分为哪五大类？

2. 根据《建设工程监理规范》GB/T 50319—2013的规定，构成监理报表体系的有哪几大类？监理主要文件档案有哪些？

3. 建设工程信息管理除了收集、分发之外，还有哪些环节？

4. 监理机构应向哪些单位移交需要归档保存的监理文件？

【参考答案】

1. 工程准备阶段文件、监理文件、施工文件、竣工图、竣工验收文件。

2．（1）监理报表有 3 类

A：工程监理单位用表

1）表 A.0.1 总监理工程师任命书；2）表 A.0.2 工程开工令；3）表 A.0.3 监理通知单；4）表 A.0.4 监理报告；5）表 A.0.5 工程暂停令；6）表 A.0.6 旁站记录；7）表 A.0.7 工程复工令；8）表 A.0.8 工程款支付证书。

B：施工单位报审/验用表

1）表 B.0.1 施工组织设计或（专项）施工方案报审表；2）表 B.0.2 工程开工报审表；3）表 B.0.3 工程复工报审表；4）表 B.0.4 分包单位资格报审表；5）表 B.0.5 施工控制测量成果报验表；6）表 B.0.6 工程材料、构配件或设备报审表；7）表 B.0.7 报审、报验表；8）表 B.0.8 分部工程报验表；9）表 B.0.9 监理通知回复；10）表 B.0.10 单位工程竣工验收报审表；11）表 B.0.11 工程款支付报审表；12）表 B.0.12 施工进度计划报审表；13）表 B.0.13 费用索赔报审表；14）表 B.0.14 工程临时或最终延期报审表。

C：通用表

1）表 C.0.1 工作联系单；2）表 C.0.2 工程变更单；3）表 C.0.3 索赔意向通知书。

（2）监理主要文件档案有：监理报表体系、监理规划、监理实施细则、监理日记、监理例会会议纪要、监理月报、监理工作总结。

3．传递、加工、整理、检索、存储。

4．建设单位和监理单位。

【背景八十五】

某钢结构厂房工程，建设单位通过公开招标选择了一家施工总承包单位，并将施工阶段的监理工作委托给了某家监理单位。施工总承包单位将其中钢结构的安装工程分包给某分包单位，安装人员在安装时发现设计图纸标明的安装尺寸等多处地方有明显问题和错误，必须进行设计修改。于是总监理工程师要求安装单位向其提出书面工程变更，安装人员立即停止了该部位施工，并向监理人员做了书面报告。报告中测算设计修改将可能导致直接费增加 15 万元，工期增加 2d，25 名工人窝工，1 台设备闲置。总监理工程师组织专业监理工程师查阅了总承包施工合同条款，双方约定安装人员窝工费用补偿 15 元/(人·d)。该台设备闲置补偿 1000 元/d，间接费费率 10%，利润率 5%，税金 3.41%，且设计变更应计算利润，索赔费用单独计算，不能进入直接费计算利润。总监理工程师审核了该工程变更，同意后与建设单位和设计单位进行了协商，他们也无异议，于是总监理工程师通知安装单位照此变更继续施工。

【问题】

1．总监理工程师处理该工程变更是否妥当？说明理由。

2．若分包安装单位评估的情况与实际情况一样，该工程设计变更价款和索赔的费用各为多少（计算至小数点后两位，四舍五入）？

【参考答案】

1. 不妥当。该工程变更应由施工总承包单位向监理单位提出，监理单位审核同意后应由建设单位转交原设计单位编制设计变更文件，并由总监理工程师就工程变更费用及工期的评估情况与建设单位和施工总承包单位进行协商，协同一致后由总监理工程师签发工程变更，督促施工总承包单位执行。

2. （1）工程设计变更价款（也可列表计算）：

1）直接费＝15(万元)

2）间接费＝(1)×10％＝15×10％＝1.5(万元)

3）利润＝[(1)＋(2)]×5％＝(15＋1.5)×5％＝16.5×5％＝0.83(万元)

4）税金＝[(1)＋(2)＋(3)]×3.41％＝(15＋1.5＋0.83)×3.41％＝0.59(万元)

5）工程设计变更价款＝（1）＋（2）＋（3）＋（4）＝15＋1.5＋0.83＋0.59＝17.92（万元）

（2）索赔的费用＝15×25×2＋1000×2＝2750(元)

【背景八十六】

某公开招标的工程项目，承包商在业主提供的投标书工程量清单基础上的报价清单见表5-19。签订的施工承包合同规定，合同总工期为6个月，工程预付款为原合同总价的10％，保留金为原合同总价的5％。预付款自承包商每月所有有权获得的工程进度款（每月实际完成的合同工程量价款加上承包商获得的索赔费用及工程变更款）累计总额达到合同总价的10％的那个月开始起扣，直到预付款还清为止，扣款按每月工程进度支付款的25％等比率扣除。保留金扣留从首次支付工程进度款开始，在每月承包商所有有权获得的工程进度款（每月实际完成的合格工程量价款加上承包商获得的索赔费用及工程变更款）中按10％扣留，直到累计扣留达到保留金的限额为止。承包商按合同工期要求编制了如图5-65所示的施工进度双代号网络计划图，并得到总监理工程师批准。该工程在施工过程中出现如下事件：

承包商报价清单   表5-19

工　　作	估计工程量（m³）	综合单价（元/m³）	合价（万元）
A	3000	50	
B	1800	100	
C	8000	45	
D	2500	80	
E	800	460	
F	10000	45	
G	1200	120	
H	6000	45	

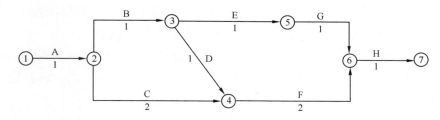

图 5-65 施工进度双代号网络计划图

1. A 工作实施过程中遇到了工程地质勘探中没有探明的地下障碍物，排除地下障碍物虽没有延长 A 工作的持续时间，但增加了施工成本 0.8 万元，承包商提出费用索赔 0.8 万元。

2. B 工作实施过程中承包商为了使基础工程的施工质量得到保证，采取了提高混凝土标号的技术措施，导致施工成本增加 1.2 万元，承包商提出了费用索赔 1.2 万元。

3. 在 E 工作刚开始实施过程中，承包商由于修理机械设备，提出工期延期 0.5 个月的申请。

4. 开工 3 个月时，由于业主原因须增加一项新工作 N，该工作要求 C、D 工作结束以后开始，并在 G 工作开始前完成，以保证 G 工作在 E、N 工作完成后开始施工。N 工作工程量 3000m³，综合单价 50 元/m³，持续时间 1 个月，承包商提出工程变更费用 15 万元、延期 1 个月申请。

【问题】

1. 监理工程师对承包商在施工过程中发生的事件应如何处理？请分别说明理由。

2. 在题目给出的图中绘出增加的新工作 N，并标明关键线路，判别施工工期是否有变化？若该工程的各项工作均按最早开始时间安排，且各工作每月所完成的工程量相等，在表 5-20 中列出 A、B、C、D、E、F、G、H、N 各项工作每月实际完成的工作量。

工 作 量 表   表 5-20

工程进度 / 工作名称	第1个月	第2个月	第3个月	第4个月	第5个月	第6个月	……	合计
A								
B								
C								
D								
E								
F								
G								
H								
N								

3. 本工程原合同总价为多少？施工过程中成立的承包商索赔费用各为多少？业主引起的工程变更价款为多少？本工程最终造价为多少？

4. 本工程预付款为多少？从哪个月开始扣？扣到何月为止？每月扣多少？

5. 本工程保留金总数为多少？保留金扣到第几个月？每月扣留的金额为多少？

【参考答案】

1.（1）事件1索赔理由成立，因为发生了事先无法估计到的情况，且非承包商责任造成，应给予承包商0.8万元的费用索赔。

（2）事件2索赔理由不成立，因为属于承包商采取具体的施工措施用于确保施工质量。

（3）事件3索赔理由不成立，因为修理机械设备是承包商的责任，不能给予工期延期，承包商必须采取措施确保C工作按计划时间落实。

（4）事件4承包商提出的工程变更价款增加15万元成立，因为N工作增加属于业主原因引起的工程变更；工程延期不成立，因为N工作增加没有引起总工期的增加。

2.（1）在题目给出的图5-67中绘出增加的新工作N，标明关键线路（双线），通过计算施工工期仍为6个月，没有变化（图5-66）。

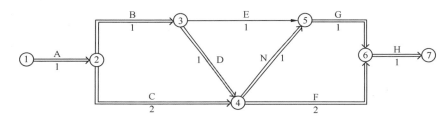

图5-66 增加工作N后的网络计划图

（2）列出A、B、C、D、E、F、G、H、N各项工作每月实际完成的工作量，如表5-21所示。

每月工程进度表 表5-21

工作名称 \ 工程进度	第1个月	第2个月	第3个月	第4个月	第5个月	第6个月	合计
A	3000						3000
B		1800					1800
C		4000	4000				8000
D			2500				2500
E			800				800
F				5000	5000		10000
G					1200		1200
H						6000	6000
N				3000			3000

3.（1）本工程原合同总价＝15＋18＋36＋20＋36.8＋45＋14.4＋27＝212.2（万元）

（2）施工过程中成立的承包商费用索赔＝0.8（万元）

（3）业主引起的工程变更价款＝15（万元）

（4）本工程最终造价＝212.2＋0.8＋15＝228（万元）

4. 工程预付款＝212.2×10％＝21.22（万元）

第一个月有权获得的工程进度款＝3000×50＋8000＝15.8（万元）＜21.22（万元）

第二个月有权获得的工程进度款＝1800×100＋4000×45＝36（万元）

到第二个月累计所有有权获得的工程进度款＝15.8＋36＝51.8（万元）＞212.2×10％＝21.22（万元）

第二个月预付款扣款＝36×25％＝9.0（万元）

第三个月有权获得的工程进度款＝4000×45＋2500×80＋800×460＝74.8（万元）

估算第三个月预付款扣款＝74.8×25％＝18.7（万元）

估算第三个月累计预付款扣款＝9.0＋18.7＝27.7（万元）＞212.2×10％＝21.22（万元）

实际第三个月预付款扣款调整为 21.22－9.0＝12.22（万元）

因此，工程预付款从第二个月开始扣，扣到第3个月为止。

5. 工程保留金总数＝212.2×5％＝10.61（万元）

第一个月扣保留金＝15.8×10％＝1.58（万元）＜10.61（万元）

第二个月扣保留金＝6.0×10％＝3.6（万元）

第二个月累计扣保留金＝1.58＋3.6＝5.18（万元）＜10.61（万元）

第三个月所有有权获得的工程进度款＝4000×45＋2500×80＋800×460＝74.8（万元）

估算第三个月扣保留金＝74.8×10％＝7.48（万元）

估算第三个月累计扣保留金＝1.58＋3.6＋7.48＝12.66（万元）＞10.61（万元）

实际第三个月扣保留金调整为 10.61－1.58－3.6＝5.43（万元）

因此，保留金扣到第三个月为止。

【背景八十七】

某工程项目桩基工程采用钻孔灌注桩，按设计要求，正式桩基工程施工前必须进行两组试桩，试验结果未达到预计效果，总监理工程师对整个试桩过程进行了分析，发现如下问题：

1. 施工单位不是专业的钻孔灌注桩施工队伍。

2. 混凝土未达到设计要求的 C35 强度。

3. 焊条的规格未满足要求。

4. 钢筋工没有上岗证书。

5. 施工中采用的钢筋笼主筋型号不符合规格要求。

6. 在暴雨条件下进行钢筋笼的焊接。

7. 钻孔时施工机械经常出现故障造成停钻。

8. 按规范应采用反循环方法施工，而施工单位采用正循环方法施工。

9. 清孔的时间不够。

10. 钢筋笼起吊方法不对，造成钢筋笼弯曲。

【问题】

1. 试述影响工程质量的因素有哪几大类？

2. 以上问题各属于哪类影响工程质量的因素？

【参考答案】

1. 人、材料、机械、方法、环境五大类。

2.（1）人的因素：1、4。

（2）材料的因素：2、3、5。

（3）机械的因素：7。

（4）方法的因素：8、9、10。

（5）环境的因素：6。

【背景八十八】

某工程项目，建设单位与施工单位签订了施工承包合同，合同中规定钢材由建设单位指定厂家，施工单位负责采购，厂家负责运输到工地，并委托了监理单位实行施工阶段的监理。当第一批钢筋运到工地时，施工单位认为钢筋由建设单位指定，在检查了产品合格证、质量保证书后即可用于工程，反正如有质量问题均由建设单位负责。监理工程师认为必须进行材质检验。此时，建设单位现场项目管理代表正好到场，认为监理工程师多此一举。但监理工程师坚持必须进行材质检验，可施工单位不愿进行检验，于是监理工程师按规定进行了抽检，检验结果达不到设计要求，遂要求对该批钢筋进行处理。建设单位现场项目管理代表认为监理工程师故意刁难，要求监理单位赔偿材料的损失，并支付试验费用。

【问题】

1. 施工单位的做法是否正确？说明理由。

2. 若施工单位将该批材料用于工程造成质量问题，其是否有责任？说明理由。

3. 监理工程师的行为是否正确？若监理单位将该批材料用于工程而造成质量问题，其是否应承担责任？说明理由。

4. 若该批材料用于工程造成质量问题，建设单位是否有责任？说明理由。

5. 建设单位现场项目管理代表要求监理单位赔偿相应损失是否合理？说明理由。

6. 材料的损失由谁承担？试验费由谁承担？

7. 该批钢筋应如何处理?

【参考答案】

1. 不正确。对到场的材料,施工单位有职责必须进行抽样检验。

2. 有责任。施工单位对用于工程的原材料必须确保其质量。

3. 正确。有责任,监理对进场原材料必须进行检查,不合格材料不准用于工程。

4. 没有。建设单位只是指定厂家,采购是由施工单位负责的。

5. 不合理。材料质量由厂家和施工单位负责,控制材料质量是监理工程师的职责,监理工程师履行了职责,维护了建设单位的权益。

6. 材料的损失由厂家承担,试验费用由施工单位承担。

7. 退场或降级使用。

【背景八十九】

某工程,建设单位与施工总包单位按《建设工程施工合同(示范文本)》GF—2017—0201 签订了施工合同,与监理单位按《建设工程监理合同(示范文本)》GF—2012—0202 签订了施工阶段监理合同。工程实施过程中发生如下事件:

事件 1:主体结构施工时,建设单位收到用于工程的商品混凝土不合格的举报,立刻指令施工总包单位暂停施工。经检测鉴定单位对商品混凝土的抽样检验及混凝土实体质量抽芯检测,质量符合要求。为此,施工总包单位向项目监理机构提交了暂停施工后人员窝工及机械闲置的费用索赔申请。

事件 2:施工总包单位按施工合同约定,将装饰工程分包给甲装饰分包单位。在装饰工程施工过程中,项目监理机构发现工程部分区域的装饰工程由乙装饰分包单位施工。经查实,施工总包单位为按时完工,擅自将部分装饰工程分包给乙装饰分包单位。

事件 3:室内空调管道安装工程隐蔽前,施工总包单位进行了自检,并在约定的时限内按程序书面通知项目监理机构验收。项目监理机构在验收前 6h 通知施工总包单位因故不能到场验收,施工总包单位自行组织了验收,并将验收记录送交项目监理机构,随后进行工程隐蔽,进入下一道工序施工。总监理工程师以"未经项目监理机构验收"为由下达了《工程暂停令》。

事件 4:工程保修期内,建设单位为使用方便,直接委托甲装饰分包单位对地下室进行了重新装修。在没有设计图纸的情况下,应建设单位要求,甲装饰分包单位在地下室承重结构墙上开设了两个 1800mm×2000mm 的门洞,造成一层楼面有多处裂缝,且地下室有严重渗水的现象。

【问题】

1. 事件 1 中,建设单位的做法是否妥当?项目监理机构是否应批准施工总包单位的索赔申请?分别说明理由。

2. 写出项目监理机构对事件 2 的处理程序。

3. 事件 3 中，施工总包单位和总监理工程师的做法是否妥当？分别说明理由。

4. 对于事件 4 中发生的质量问题，建设单位、监理单位、施工总包单位和甲装饰分包单位是否应承担责任？分别说明理由。

【参考答案】

1. （1）建设单位的做法不妥。理由：根据《建设工程监理规范》GB/T 50319—2013 的规定，建设单位与承包单位之间与建设工程相关的联系活动应通过监理单位进行，故建设单位收到举报后，应通过总监理工程师下达《工程暂停令》。

（2）项目监理机构应批准施工总包单位的索赔申请。理由：在本案例中，经检验质量合格，根据合同通用条款关于暂停施工的相关规定，因发包人原因造成停工的，由发包人承担所发生的追加合同价款，赔偿承包人由此造成的损失，并相应顺延工期。

2. 项目监理机构对事件 2 的处理程序如下：

（1）签发《工程暂停令》，停止相应装修工程施工，并向业主报告。

（2）要求施工总包单位提供乙装饰分包单位的资质材料，如符合要求，准许继续施工，否则责令退场。

（3）对已做装修部位的工程质量，请有资质的法定检测单位鉴定，合格的予以验收，不合格的予以处理。

（4）因工程暂停引起的与工期、费用等有关的问题，由施工总包单位承担。

（5）具备恢复施工条件时，施工总包单位申请复工，总监理工程师审核并下达《工程复工令》。

（6）将处理结果向业主报告。

3. （1）施工总包单位的做法是妥当的。理由：施工总包单位进行了自检并在约定的时限内按程序书面通知项目监理机构验收；项目监理机构未能在验收前 24h 提出延期要求，不进行验收，承包人可自行组织验收，工程师应承认验收记录。

（2）总监理工程师的做法不妥。理由：总监理工程师不能以"未经项目监理机构验收"为由下达《工程暂停令》。

4. （1）建设单位应承担责任。理由：建设单位在没有设计图纸的情况下，不能要求甲装饰分包单位施工；在装修过程中，不得擅自变动房屋建筑主体和承重结构。

（2）监理单位不应承担责任。理由："工程保修期"已不属于委托监理合同的有效期，即不在监理人的责任期，监理单位不用承担责任。

（3）施工总包单位不承担责任。理由：建设单位直接委托甲装饰分包单位对地下室进行重新装修，属于新签订的地下室装饰合同，与原先的总承包单位没有关系。

（4）甲装饰分包单位应承担责任。理由：未取得设计单位装修设计图纸就擅自施工，且甲装饰分包单位应对其施工质量负责。

【背景九十】

某实施监理的工程，甲施工单位选择乙施工单位分包基坑支护及土方开挖工程。

施工过程中发生如下事件：

事件1：为赶工期，甲施工单位调整了土方开挖方案，并按照规定程序进行了报批。总监理工程师在现场发现乙施工单位未按调整后的土方开挖方案施工，并造成围护结构变形超限，立即向甲施工单位签发《工程暂停令》，同时报告了建设单位。乙施工单位未执行指令仍继续施工，总监理工程师及时报告了有关主管部门，后因围护结构变形过大引发了基坑局部坍塌事故。

事件2：甲施工单位凭施工经验，未经安全验算就编制了高大模板工程专项施工方案，经项目经理签字后报总监理工程师审批的同时，就开始搭设高大模板，施工现场安全生产管理人员则由项目总工程师兼任。

事件3：甲施工单位为了便于管理，将施工人员的集体宿舍安排在本工程尚未竣工验收的地下车库内。

【问题】

1. 根据《建设工程安全生产管理条例》，分析事件1中甲、乙施工单位和监理单位对基坑局部坍塌事故应承担的责任，并说明理由。

2. 指出事件2中甲施工单位的做法有哪些不妥？写出正确的做法。

3. 指出事件3中甲施工单位的做法是否妥当？说明理由。

【参考答案】

1. 根据《建设工程安全生产管理条例》，甲、乙施工单位对基坑局部坍塌事故都应承担责任，监理单位不承担责任，具体分析如下：

（1）乙施工单位对基坑局部坍塌事故承担主要责任，甲施工单位承担连带责任。

理由：根据《建设工程安全生产管理条例》第二十四条规定，总承包单位依法将建设工程分包给其他单位的，分包合同中应当明确各自在安全生产方面的权利和义务。总承包单位和分包单位对分包工程的安全生产承担连带责任。分包单位应当服从总承包单位的安全生产管理，分包单位不服从管理导致发生生产安全事故的，由分包单位承担主要责任。事件1中，甲施工单位为总承包单位，乙施工单位为分包单位。因为乙施工单位未执行总承包单位指令仍继续施工，不服从安全生产管理，从而导致安全事故的发生，因此应由乙施工单位承担主要责任，甲施工单位承担连带责任。

（2）监理单位不承担监理责任。

理由：监理单位在现场对乙施工单位未按调整后的土方开挖方案施工的行为及时向甲施工单位签发《工程暂停令》，同时报告了建设单位，乙施工单位未执行指令仍继续施工，总监理工程师及时报告了有关主管部门，监理单位已履行了应尽的职责。按照《建设工程安全生产管理条例》和合同约定，监理单位对本次安全生产事故不承担责任。

2. 事件2中，甲施工单位做法中的不妥之处及正确做法具体如下：

（1）不妥之处：甲施工单位凭施工经验未经安全验算就编制高大模板工程专项施

工方案。

正确做法：高大模板工程施工属于危险性较大的工程，需要在施工组织设计中编制专项施工方案。高大模板工程专项施工方案的编制应经安全验算并附验算结果。

（2）不妥之处：专项施工方案经项目经理签字后即报总监理工程师审批。

正确做法：专项施工方案由施工项目经理组织编制，经施工单位技术负责人签字后，才能报送项目监理机构审查。

（3）不妥之处：高大模板工程施工方案未经专家论证、评审。

正确做法：按照《建设工程安全生产管理条例》的规定，危险性较大工程的专项施工方案编制后，应经 5 人以上专家论证后才可以实施。因此，高大模板工程施工方案应由甲施工单位组织专家进行论证和评审。

（4）不妥之处：甲施工单位在专项施工方案报总监理工程师审批的同时，就开始搭设高大模板。

正确做法：按照合同规定的管理程序，施工组织设计和专项施工方案应经总监理工程师签字后才可以实施。

（5）不妥之处：安全生产管理人员由项目总工程师兼任。

正确做法：在施工单位项目部的组织中，应安排专职安全生产管理人员。

3. 事件 3 中，甲施工单位的做法不妥当。

理由：依据《建设工程安全生产管理条例》，施工单位应当将施工现场的办公区、生活区与作业区分开设置，并保持安全距离；办公区、生活区的选址应当符合安全要求。职工的膳食、饮水、休息场所等应当符合卫生标准。施工单位不得在尚未竣工的建筑物内设置员工集体宿舍。事件 3 中，甲施工单位将施工人员的集体宿舍安排在尚未竣工验收的地下车库内是不妥当的，违反了《建设工程安全生产管理条例》的规定。

【背景九十一】

某工程，建设单位与施工单位按《建设工程施工合同（示范文本）》GF—2017—0201 签订了合同，经总监理工程师批准的施工总进度计划如图 5-67 所示（时间单位：

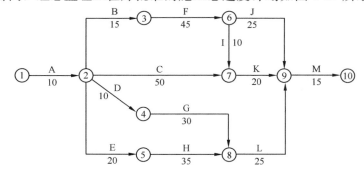

图 5-67　施工总进度计划

d)，各项工作均按最早开始时间安排且匀速施工。

工程实施过程中发生以下事件：

事件 1：合同约定开工日期前 10d，施工单位向项目监理机构递交了书面申请，请求将开工日期推迟 5d。理由是：已安装的施工起重机械未通过有资质检验机构的安全验收，需要更换主要支撑部件。

事件 2：由于施工单位人员及材料组织不到位，工程开工后第 33d 上班时工作 F 才开始。为确保按合同工期竣工，施工单位决定调整施工总进度计划。经分析，各项未完成工作的赶工费率及可缩短时间见表 5-22。

工作的赶工费率及可缩短时间　　　　　　　　表 5-22

工程名称	C	F	G	H	I	J	K	L	M
赶工费率（万元/d）	0.7	1.2	2.2	0.5	1.5	1.8	1.0	1.0	2.0
可缩短时间（d）	8	6	3	5	2	5	10	6	1

事件 3：施工总进度计划调整后，工作 I 按期开工。施工合同约定，工作 L 需安装的设备由建设单位采购，由于设备到货检验不合格，建设单位进行了退换。由此导致施工单位吊装机械台班费损失 8 万元，L 工作拖延 9d。施工单位向项目监理机构提出了费用补偿和工程延期申请。

【问题】

1. 事件 1 中，项目监理机构是否应批准工程推迟开工？说明理由。

2. 指出图 5-67 所示的施工总进度计划的关键线路和总工期。

3. 事件 2 中，为使赶工费减少，施工单位应如何调整施工总进度计划（写出分析与调整过程）？赶工费总计多少万元？计划调整后，工作 L 的总时差和自由时差为多少天？

4. 事件 3 中，项目监理机构是否应批准费用补偿和工程延期？分别说明理由。

【参考答案】

1. 总监理工程师应批准事件 1 中施工单位提出的延期开工申请。

理由：根据《建设工程施工合同（示范文本）》GF—2017—0201 的规定，如果承包人不能按时开工，应在不迟于协议约定的开工日期前 7d 以书面形式向监理工程师提出延期开工的理由和要求。本案例是在开工日前 10d 提出的，甲施工单位在合同规定的有效期内提出了申请；施工单位施工机械不能进场，不具备施工条件。总监理工程师应批准施工单位提出的延期 5d 开工申请。但由于是施工单位自身的责任，相应工期不予顺延。

2. 关键线路为①-②-③-⑥-⑦-⑨-⑩（或 A-B-F-I-K-M），总工期为 115d。

3. 为缩短工期，应该压缩关键线路上的工作。工作 F 开工后第 33d 才开始，延误工期 7d，为确保按合同工期竣工，应压缩工期 7d。在施工单位施工总进度计划的基础上，各缩短工作 K 和工作 F 的工作时间 5d 和 2d，这样才能实现既满足建设单位的要求，又能使赶工费用最少。

理由：工作 K 赶工费率最低，首先压缩它，最大可以压缩 10d，先直接压缩 7d，但结果是改变了关键线路，关键线路变成了 A-B-F-J-M，即将关键工作 I、K 变成了非关键工作，故此方案行不通；改压缩 K 工作 6d、F 工作 1d（因为 F 的赶工费率第二小），结果关键线路仍为 A-B-F-J-M，故此方案行不通；改压缩 K 工作 5d、F 工作 2d，此时有两条关键线路，包括原来的初始关键线路，所以此时满足条件，计算总工期刚好为 115d，即达到目的。

最小赶工费为：5×1.0＋2×1.2＝7.4（万元）

调整后 L 工作经计算可得总时差和自由时差均为 10d。

4. 批准费用补偿：因为费用损失是由于建设单位采购的材料出现质量检测不合格所导致的，故监理单位应批准承包商因此发生的费用损失索赔申请。

工期不予顺延：L 工作拖后的工期 9d 未超过其总时差 10d，故不应补偿工期。

【背景九十二】

某工程项目，建设单位通过招标选择了一家具有相应资质的监理单位承担施工招标代理和施工阶段监理工作，并在监理中标通知书发出后第 45d，与该监理单位签订了委托监理合同。之后双方又另行签订了一份监理酬金比监理中标价降低 10％的协议。

在施工公开招标中，有 A、B、C、D、E、F、G、H 等施工单位报名投标，经监理单位资格预审均符合要求，但建设单位以 A 施工单位是外地企业为由不同意其参加投标，而监理单位坚持认为 A 施工单位有资格参加投标。

评标委员会由 5 人组成，其中包括当地建设行政管理部门的招投标管理办公室主任 1 人、建设单位代表 1 人、政府提供的专家库中抽取的技术与经济专家 3 人。

评标时发现，B 施工单位投标报价明显低于其他投标单位报价，且未能合理说明理由；D 施工单位投标报价大写金额小于小写金额；F 施工单位投标文件提供的检验标准和方法不符合招标文件的要求；H 施工单位投标文件中某分项工程的报价有个别漏项；其他施工单位的投标文件均符合招标文件要求。

建设单位最终确定 G 施工单位中标，并按照《建设工程施工合同（示范文本）》GF—2017—0201 与该施工单位签订了施工合同。

工程按期进入安装调试阶段后，由于雷电引发了一场火灾。火灾结束后 48h 内，G 施工单位向项目监理机构通报了火灾损失情况：工程本身损失 150 万元，总价值 100 万元的待安装设备彻底报废，G 施工单位人员烧伤所需医疗费及补偿费预计 15 万元，租赁的施工设备损坏赔偿 10 万元，其他单位临时停放在现场的一辆价值 25 万元的汽车被烧毁。另外，大火扑灭后 G 施工单位停工 5d，造成其他施工机械闲置损失 2 万元，以及必要的管理保卫人员费用支出 1 万元，并预计工程所需清理、修复费用 200 万元。损失情况经项目监理机构审核属实。

【问题】

1. 指出建设单位在监理招标和委托监理合同签订过程中的不妥之处，并说明理由。

2. 在施工招标资格预审中，监理单位认为 A 施工单位有资格参加投标是否正确？说明理由。

3. 指出施工招标评标委员会组成的不妥之处，说明理由，并写出正确做法。

4. 判别 B、D、F、H 四家施工单位的投标是否为有效标？说明理由。

5. 安装调试阶段发生的这场火灾是否属于不可抗力？指出建设单位和 G 施工单位各自应承担哪些损失或费用（不考虑保险因素）？

【参考答案】

1.（1）在监理中标通知书发出后第 45d 签订委托监理合同不妥。理由：依照招投标法，应于 30d 内签订合同。

（2）在签订委托监理合同后，双方又另行签订了一份监理酬金比监理中标价降低 10% 的协议不妥。理由：依照招投标法，招标人和中标人不得再行订立背离合同实质性内容的其他协议。

2. 监理单位认为 A 施工单位有资格参加投标是正确的。以所处地区作为确定投标资格的依据是一种歧视性的依据，这是招投标法明确禁止的。

3. 评标委员会组成不妥，不应包括当地建设行政管理部门的招投标管理办公室主任。

正确组成应为：评标委员会由招标人或其委托的招标代理机构熟悉相关业务的代表，以及有关技术、经济等方面的专家组成，成员人数为 5 人以上单数，其中，技术、经济等方面的专家不得少于成员总数的 2/3。

4. B、F 两家施工单位的投标不是有效标。B 单位的情况可以认定为低于成本，F 单位的情况可以认定为是明显不符合技术规格和技术标准的要求，属重大偏差。D、H 两家单位的投标是有效标，他们的情况不属于重大偏差。

5. 安装调试阶段发生的火灾属于不可抗力。建设单位应承担的费用包括工程本身损失 150 万元，其他单位临时停放在现场的汽车损失 25 万元，待安装的设备损失 100 万元，工程所需清理、修复费用 200 万元。施工单位应承担的费用包括 G 施工单位人员烧伤所需医疗费及补偿费预计 5 万元，租赁的施工设备损坏赔偿 10 万元，大火扑灭后 G 施工单位停工 5d，造成其他施工机械闲置损失 2 万元，以及必要的管理保卫人员费用支出 1 万元。

【背景九十三】

某实施监理的工程，施工合同价为 15000 万元，合同工期为 18 个月，预付款为合同价的 20%，预付款自第 7 个月起在每月应支付的进度款中扣回 300 万元，直至扣完为止，保留金按进度款的 5% 从第 1 个月开始扣除（表 5-23）。

施工单位实际完成的进度款 表 5-23

时间（月）	1	2	3	4	5	6	7
实际完成的进度款（万元）	200	300	500	500	600	800	800

工程施工到第 5 个月，监理工程师检查发现第 3 个月浇筑的混凝土工程出现细微裂缝。经查验分析，产生裂缝的原因是混凝土养护措施不到位，须进行裂缝处理。为此，项目监理机构提出："出现细微裂缝的混凝土工程暂按不合格项目处理，第 3 个月已付该部分工程款在第 5 个月的工程进度款中扣回，在细微裂缝处理完毕并验收合格后的次月再支付"。经计算，该混凝土工程的直接工程费为 200 万元，取费费率：措施费为直接工程费的 5%，间接费费率为 8%，利润率为 4%，综合计税系数为 3.41%。

施工单位委托一家具有相应资质的专业公司进行裂缝处理，处理费用为 4.8 万元，工作时间为 10d。该工程施工到第 6 个月，施工单位提出补偿 4.8 万元和延长 10d 工期的申请。

【问题】

1. 项目监理机构在前 3 个月可签认的工程进度款分别是多少（考虑扣保留金）？

2. 写出项目监理机构对混凝土工程中出现细微裂缝质量问题的处理程序。

3. 计算出现细微裂缝混凝土工程的造价。项目监理机构是否应同意施工单位提出的补偿 4.8 万元和延长 10d 工期的要求？说明理由。

4. 如果第 5 个月无其他异常情况发生，计算该月项目监理机构可签认的工程进度款。

5. 如果施工单位按项目监理机构要求执行，在第 6 个月将裂缝处理完成并验收合格，计算第 7 个月项目监理机构可签认的工程进度款。

【参考答案】

1. 在支付周期实际应支付的工程进度款应考虑：

（1）本周期已完工程的价款。

（2）应增加和扣减的变更金额。

（3）应增加和扣减的索赔金额。

（4）应抵扣的工程预付款。

（5）应扣减的质量保证金。

（6）根据合同应增加和扣减的其他金额。

项目监理机构在前 3 个月可签认的工程进度款如下：

（1）200×（1−5%）＝190（万元）

（2）300×（1−5％）＝285（万元）

（3）500×（1−5％）＝475（万元）

2. 项目监理机构对混凝土工程中出现细微裂缝质量问题的处理程序如下：

（1）签发《监理工程师通知单》。

（2）批复处理方案。

（3）检查处理方案的实施。

（4）检查、鉴定和验收处理结果。

（5）提交质量问题处理报告。

3.（1）出现细微裂缝的混凝土工程造价计算如下：

措施费：200×5％＝10（万元）

直接费：200＋10＝210（万元）

间接费：210×8％＝16.8（万元）

利润：（210＋16.8）×4％＝9.07（万元）

税金：（210＋16.8＋9.07）×3.41％＝8.04（万元）

工程造价：210＋16.8＋9.07＋8.04＝243.91（万元）

（2）项目监理机构不应同意施工单位提出的补偿 8 万元和延长 10d 工期的要求。因为混凝土工程出现细微裂缝是施工单位的责任。

4. 第 5 个月项目监理机构可签认的工程进度款计算如下：

$$600×（1−5％）−243.91×（1−5％）＝338.29（万元）$$

5. 第七个项目监理机构可签认的工程进度款计算如下：

$$800×（1−5％）−300＋243.91×（1−5％）＝691.71（万元）$$

【背景九十四】

某工程实施过程中发生如下事件：

事件 1：总监理工程师主持编写项目监理规划后，在建设单位主持的第一次工地会议上报送建设单位代表，并介绍了项目监理规划的主要内容。会议结束时，建设单位代表要求项目监理机构起草会议纪要，总监理工程师以"谁主持会议谁起草"为由，拒绝起草。

事件 2：基础工程经专业监理工程师验收合格后已隐蔽，但总监理工程师怀疑隐蔽的部位有质量问题，要求施工单位将其剥离后重新检验，并由施工单位承担由此产生的全部费用，延误的工期不予顺延。

事件 3：现浇钢筋混凝土构件拆模后，出现蜂窝、麻面等质量缺陷，总监理工程师立即向施工单位下达了《工程暂停令》，随后提出了质量缺陷的处理方案，要求施工单位整改。

事件 4：专业监理工程师巡视时发现，施工单位未按批准的大跨度屋盖模板支撑体系专项施工方案组织施工，随即报告总监理工程师。总监理工程师征得建设单位同意后，及时下达了《工程暂停令》，要求施工单位停工整改。为赶工期，施工单位未停工整改仍继续施工。于是，总监理工程师书面报告了政府有关主管部门。书面报告发出的当天，屋盖模板支撑体系整体坍塌，造成人员伤亡。

事件5：按施工合同约定，施工单位选定甲分包单位承担装饰工程施工，并签订了分包合同。装饰工程施工过程中，因施工单位资金周转困难，未能按分包合同约定支付甲分包单位的工程款。为了不影响工期，甲分包单位向项目监理机构提出了支付申请。项目监理机构受理并征得建设单位同意后，即向甲分包单位签发了支付证书。

【问题】

1. 事件1中，总监理工程师的做法有哪些不妥之处？写出正确做法。

2. 事件2中，总监理工程师的要求是否妥当？说明理由。

3. 事件3中，总监理工程师的做法有哪些不妥之处？写出正确做法。

4. 根据《建设工程安全生产管理条例》，指出事件4中施工单位和监理单位是否应承担责任？说明理由。

5. 指出事件5中项目监理机构做法的不妥之处，并说明理由。

【参考答案】

1. （1）不妥之处：监理规划在建设单位主持的第一次工地会议上报送建设单位代表。

正确做法：监理规划应在召开第一次工地会议前报送建设单位代表。

（2）不妥之处：总监理工程师主持编写项目监理规划后，直接报送建设单位代表。

正确做法：监理规划在编制完成后必须经监理单位技术负责人审批核准后，才能报送建设单位。

（3）不妥之处：在第一次工地会议上仅介绍了项目监理规划的主要内容。

正确做法：在第一次工地会议上总监理工程师应做的工作包括以下内容：①介绍入驻现场的项目监理组织机构、人员及其分工；②对施工准备情况提出意见和要求；③介绍监理规划的主要内容。

（4）不妥之处：总监理工程师以"谁主持会议谁起草"为由，拒绝起草会议纪要。

正确做法：第一次工地会议纪要应由项目监理机构负责起草，并经与会各方代表会签。

2. 事件2中，总监理工程师要求：

（1）剥离后重新检验妥当。理由：总监理工程师有权对已隐蔽的工程提出剥离后重新检验的要求。

（2）"施工单位承担重新检验所发生的全部费用，延期的工期不予顺延"不妥。理由：检验合格时，建设单位应承担由此发生的全部费用，并应顺延工期；检验不合格时，施工单位应承担由此发生的全部费用，工期不予顺延。

3.（1）不妥之处：出现蜂窝、麻面等质量缺陷时，总监理工程师立即向施工单位下达了《工程暂停令》。

正确做法：对施工过程中出现的质量缺陷，专业监理工程师应及时下达《监理通知单》，要求承包商及时采取措施予以整改。

（2）不妥之处：总监理工程师随后提出了质量缺陷处理方案。

正确做法：专业监理工程师要求承包单位报送质量缺陷的补救处理方案，专业监理工程师应对其补救方案进行确认，跟踪处理过程，对处理结果进行验收，否则不允许进行下一道工序或分项工程的施工。

4.（1）施工单位应承担责任。理由：施工单位不服从监理单位管理，不按照审核过的施工方案施工，未按指令停止施工，造成重大安全事故。

（2）监理单位不承担责任。理由：项目监理机构及时发现了施工单位的违章作业，下达了《工程暂停令》，并通知了建设单位，对施工单位未停工整改也及时向有关主管部门报告，项目监理机构已经履行了监理职责。

5. 不妥之处：监理机构受理甲分包单位支付申请，即向甲分包单位签发了支付证书。

理由：建设单位与分包单位没有合同关系，不得与分包单位产生直接工作联系；发包人未经总包单位同意，不得以任何形式向分包单位支付各种工程款项。

【背景九十五】

某工程实施过程中发生如下事件：

事件1：总监理工程师对项目监理机构的部分工作做出如下安排：

（1）总监理工程师代表负责审核监理实施细则，进行监理人员的绩效考核，调换不称职的监理人员。

（2）专业监理工程师全权处理合同争议和工程索赔。

事件2：施工单位向项目监理机构提交了分包单位资格报审材料，包括营业执照、特殊行业施工许可证、分包单位业绩及拟分包工程的内容和范围。项目监理机构审核时发现，分包单位资格报审材料不全，要求施工单位补充提交相应材料。

事件3：深基坑分项工程施工前，施工单位项目经理审查该分项工程的专项施工方案后，即向项目监理机构报送，在项目监理机构审批该方案过程中就组织队伍进场施工，并安排质量员兼任安全生产管理员，对现场施工安全进行监督。

事件4：项目监理机构在整理归档监理文件资料时，总监理工程师要求将需要归档的监理文件直接移交本监理单位和城建档案管理机构保存。

【问题】

1. 事件1中，总监理工程师对工作安排有哪些不妥之处？分别写出正确做法。

2. 事件 2 中，施工单位还应补充提交哪些材料？

3. 事件 3 中，施工单位项目经理的做法有哪些不妥之处？分别写出正确做法。

4. 事件 4 中，指出总监理工程师对监理文件归档要求的不妥之处，写出正确做法。

【参考答案】

1.（1）不妥之处：由总监理工程师代表负责审核监理实施细则。

正确做法：应由总监理工程师负责审批监理实施细则。

（2）不妥之处：由总监理工程师代表进行监理人员的调配，调换不称职的监理人员。

正确做法：应由总监理工程师进行监理人员的调配，调换不称职的监理人员。

（3）不妥之处：由专业监理工程师全权处理合同争议和工程索赔。

正确做法：应由总监理工程师负责处理合同争议和工程索赔。

2. 施工单位还应补充提交以下资料：企业资质等级证书、安全生产许可证、专职管理人员和特种作业人员的资格证和上岗证。

3.（1）不妥之处：施工单位项目经理审查该深基坑分项工程的专项施工方案后，即向项目监理机构报送。

正确做法：应由施工单位项目经理组织专家组对深基坑的专项施工方案进行论证、审查，并经由施工单位技术负责人审核签字后报送项目监理机构。

（2）不妥之处：在项目监理机构审批该方案的过程中就组织队伍进场施工。

正确做法：在项目监理机构审批该方案的过程中不得进场施工，在总监理工程师签字后方可进场施工。

（3）不妥之处：安排质量员兼任安全生产管理员对现场施工安全进行监督。

正确做法：由专职安全生产管理人员对现场施工安全进行现场监督。

4. 不妥之处：总监理工程师把监理文档直接移交城建档案管理机构保存。

正确做法：项目管理机构向监理单位移交归档，监理单位向建设单位移交归档，建设单位向城建档案管理机构移交归档。

【背景九十六】

某工程，建设单位委托监理单位承担施工阶段的监理任务，总承包单位按照施工合同约定选择了设备安装分包单位。在合同履行过程中发生如下事件：

事件 1：专业监理工程师检查主体结构施工时，发现总承包单位在未向项目监理机构报审危险性较大的预制构件起重吊装专项方案的情况下已自行施工，且现场没有管理人员。于是，总监理工程师下达了《监理通知单》。

事件 2：专业监理工程师在现场巡视时，发现设备安装分包单位违章作业，有可能导致发生重大质量事故。总监理工程师口头要求总承包单位暂停分包单位施工，但总承包单位未予以执行。总监理工程师随即向总承包单位下达了《工程暂停令》，总承包单位在向设备安装分包单位转发《工程暂停令》前，发生了设备安装质量事故。

【问题】

1. 根据《建设工程安全生产管理条例》规定，事件1中起重吊装专项方案需经哪些人签字后方可实施？

2. 事件1中总监理工程师的做法是否妥当？说明理由。

3. 事件2中总监理工程师是否可以口头要求暂停施工？为什么？

4. 就事件2中所发生的质量事故，指出建设单位、监理单位、总承包单位和设备安装分包单位各自应承担的责任，并说明理由。

【参考答案】

1. 根据《建设工程安全生产管理条例》的规定，事件1中起重吊装专项方案需要经总承包单位负责人、总监理工程师签字后方可实施。

2. 事件1中，总监理工程师的做法不妥。理由：危险性较大的预制构件起重吊装专项方案没有报审、签认，现场没有专职安全生产管理人员，根据《建设工程安全生产管理条例》，总监理工程师应下达《工程暂停令》，并及时报告建设单位。

3. 事件2中，总监理工程师可以口头要求暂停施工。理由：在紧急事件发生或确有必要时，总监理工程师有权口头下达暂停施工指令，但在规定的时间内要书面确认。

4. 事件2中，建设单位、监理单位、总承包单位和设备安装分包单位各自应承担的责任及理由如下：

（1）建设单位没有责任。理由：因为质量事故是由于分包单位违章作业造成的，与建设单位无关。

（2）监理单位没有责任。理由：因为质量事故是由于分包单位违章作业造成的，且监理单位已按规定履行了职责。

（3）总承包单位承担连带责任。理由：工程分包不能解除总承包单位的任何质量责任和义务，总承包单位没有对分包单位的施工实施有效的监督管理。

（4）分包单位应承担责任。理由：因为质量事故是由于其违章作业而直接造成的。

【背景九十七】

某工程，监理单位承担其中A、B两个施工标段的监理任务，A标段施工由甲施工单位承担，B标段施工由乙施工单位承担。工程实施过程中发生以下事件：

事件1：A标段基础工程完工并经验收后，基础局部出现开裂。总监理工程师立即向甲施工单位下达《工程暂停令》，经调查分析，该质量事故是由于设计不当所致。

事件2：B标段5、6、7三个月混凝土试块抗压强度统计数据的直方图如图5-68所示。

事件3：专业监理工程师巡视时发现，甲施工单位的专职安全生产管理人员离岗，临时由乙施工单位的安全生产管理人员兼管A标段现场安全。

事件4：A标段工程设计中采用隔震、抗震新技术，为此，项目监理机构组织了设计技术交底会。针对该项新技术，甲施工单位拟在施工中采用相应的新工艺。

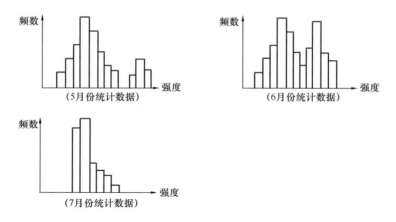

图 5-68　混凝土试块抗压强度统计数据

【问题】

1. 针对事件 1，写出项目监理机构处理基础工程质量事故的程序。

2. 针对事件 2，指出 5、6、7 三个月的直方图分别属于哪种类型，并分别说明其形成的原因。

3. 事件 3 中，专业监理工程师应如何处理所发现的情况？

4. 事件 4 中，项目监理机构组织设计技术交底会是否妥当？针对甲施工单位拟采用的新工艺，写出项目监理机构的处理程序。

【参考答案】

1. 事件 1 中，当 A 标段基础工程完工并经验收后发现局部开裂，总监理工程师已向甲施工单位下达《工程暂停令》后，处理该质量事故的程序如下：

（1）报告建设单位。

（2）审查事故处理技术方案。

（3）跟踪监督基础工程处理过程。

（4）验收基础工程处理结果。

（5）经建设单位同意后签发复工令。

2. 事件 2 中，5、6、7 三个月的直方图分属类型及形成的原因如下：

（1）5 月份的直方图属于孤岛型。形成原因：是由于原材料发生变化，或者他人顶班作业造成的。

（2）6 月份的直方图属于双峰型。形成原因：是由于使用两种不同的方法或两台设备或两组工人进行生产，然后把两方面数据混在一起整理产生的。

（3）7 月份的直方图属于绝壁型。形成原因：是由于数据收集不正常，可能有意识地去掉了下限以下的数据，或是在检测过程中由于某种人为因素所造成的。

3. 事件 3 中，专业监理工程师巡视时发现，甲施工单位的专职安全生产管理人员离岗，应报告总监理工程师，同时签发《监理通知单》，要求甲施工单位安排专职安全生产管理人员上岗。

4. 事件 4 中，项目监理机构组织设计技术交底会不妥，应由建设单位组织召开设计交底会，设计单位、施工单位、监理单位参加。

项目监理机构对甲施工单位拟采用新工艺的处理程序如下：专业监理工程师应要求甲施工单位报送相应的施工工艺措施和证明材料，组织专题论证，经审定后予以签认。

【背景九十八】

某建设工程，建设单位决定进行公开招标。经过资格预审，A、B、C、D、E 五家施工单位通过了审查，并在规定时间内领取了招标文件。根据招标文件的要求，本工程的投标采用工程量清单的方式报价。

在招标文件中，只提供了部分分部分项工程的清单数量，而措施项目与其他项目清单仅列出了项目，没有具体工程量。

在这种情况下，投标人 B 在对报价部分计算时，工程量直接套用了招标文件中的清单数量，价格采用当地造价管理处的信息价格与估算价。及至招标截止时间前 5min，C 公司又递交了一份补充材料，表示愿意降低报价 25 万元，再让利 1.5%。

在招标人主持开标会议之时，经由他人提醒，E 投标人意识到自己的报价存在重大问题，于是立刻撤回了自己的投标文件。

【问题】

1. 投标人 B 的工程量计算与报价是否妥当？为什么？

2. 工程量清单报价中应当怎样计算措施费？

3. 投标人 C 的做法属于什么投标报价技巧、手段？

4. 投标人 E 撤回投标文件的行为是否正确？为什么？招标人应当如何应对？

【参考答案】

1. 投标人 B 的工程量计算与报价不妥当。

一般情况下，招标文件中提供的工程量含有预估成分，所以为了准确地确定综合单价，应根据招标文件中提供的相关说明和施工图重新校核工程量，并根据核对的工程量确定报价。由于工程量清单给出的工程量不是严格意义上的实际工程量，因此只根据招标文件中提供的清单工程量是无法准确组价的，合理的组价必须计算工程数量，并以此计算综合单价，必要时还应和招标单位进行沟通。

造价管理处的信息价格是一种综合价，不能准确反映个别工程的实际使用价格，因此必须按实际情况询价。根据当前当地的市场状况、材料供求情况和材料价格情况来确定报价中使用的价格数据，才能使报价具有竞争力。目前市场竞争较强，能不能中标，确定价格是至关重要的一个环节。另外，当地的造价计价标准、相关费用标准、相关政策和规定等，都是不可缺少的参考资料。

2. 根据工程量清单报价的组成要求，工程量清单项目包括分部分项工程清单、措施项目清单和其他项目清单等。对于市政工程的工程量清单报价，招标单位通常只列出措施项目清单或不列，但是投标单位必须根据施工组织设计确定措施项目并计算措施费，否则视为在其他项目中已考虑了措施费。

3. 投标人 C 的做法属于突然降价法和许诺优惠法。

4. 投标人 E 撤回投标文件的行为不正确，因为到投标截止日期后不允许撤标。对此，招标人可以没收投标人 E 的投标保证金。

【背景九十九】

某工程，施工总承包单位依据施工合同约定，与甲安装单位签订了安装分包合同。基础工程完成后，由于项目用途发生变化，建设单位要求设计单位编制设计变更文件，并授权项目监理机构就设计变更引起的有关问题与总承包单位进行协商。项目监理机构在收到经相关部门重新审查批准的设计变更文件后，经研究对其今后工作安排如下：

（1）由总监理工程师负责与总承包单位进行质量、费用和工期等问题的协商工作。

（2）要求总承包单位调整施工组织设计，并报建设单位同意后实施。

（3）由总监理工程师代表主持修订监理规划。

（4）由负责合同管理的专业监理工程师全权处理合同争议。

（5）安排一名监理员主持整理工程监理资料。

在协商变更单价过程中，项目监理机构未能与总承包单位达成一致意见，总监理工程师决定以双方提出的变更单价的均值作为最终的结算单价。

项目监理机构认为甲安装分包单位不能胜任变更后的安装工程，要求更换安装分包单位。总承包单位认为项目监理机构无权提出该要求，但仍表示愿意接受，随即提出由乙安装单位分包。

甲安装单位依据原定的安装分包合同已采购的材料，因设计变更需要退货，向项目监理机构提出了申请，要求补偿因材料退货造成的费用损失。

【问题】

1. 逐项指出项目监理机构对其今后工作的安排是否妥当，不妥之处写出正确做法。

2. 指出在协商变更单价过程中项目监理机构做法的不妥之处，并按《建设工程监理规范》GB/T 50319—2013 写出正确做法。

3. 总承包单位认为项目监理机构无权提出更换甲安装分包单位的意见是否正确？为什么？写出项目监理机构对乙安装单位分包资格的审批程序。

4. 指出甲安装单位要求补偿材料退货造成费用损失申请程序的不妥之处，写出正确做法。该费用损失应由谁承担？

【参考答案】

1.（1）"由总监理工程师负责与总承包单位进行质量、费用和工期等问题的协商工作"妥当。

（2）"要求总承包单位调整施工组织设计，并报建设单位同意后实施"不妥。

正确做法：调整后的施工组织设计应经项目监理机构（或总监理工程师）审核、签认。

（3）"由总监理工程师代表主持修订监理规划"不妥。

正确做法：应由总监理工程师主持修订监理规划。

（4）"由负责合同管理的专业监理工程师全权处理合同争议"不妥。

正确做法：应由总监理工程师负责处理合同争议。

（5）"安排一名监理员主持整理工程监理资料"不妥。

正确做法：由总监理工程师主持整理工程监理资料。

2. 不妥之处：以双方提出的变更费用价格的均值作为最终的结算单价。

正确做法：项目监理机构（或总监理工程师）提出一个暂定价格，作为临时支付工程进度款的依据。变更费用价格在工程最终结算时以建设单位与总承包单位达成的协议为依据。

3. 总承包单位认为项目监理机构无权提出更换甲安装分包单位的意见不正确。

理由：依据有关规定，项目监理机构对工程分包单位有认可权。

审批程序：项目监理机构（或专业监理工程师）审查总承包单位报送的分包单位资格报审表和分包单位的有关资料，符合有关规定后，由总监理工程师予以签认。

4. 不妥之处：由甲安装分包单位向项目监理机构提出申请。

正确做法：甲安装分包单位向总承包单位提出，再由总承包单位向项目监理机构提出。

该费用损失由建设单位承担。

【背景一百】

某工程项目，业主通过招标选择某施工单位承包该工程，工程承包合同中约定的与工程价款结算有关的合同内容有：

（1）建筑工程预算造价 600 万元，主要材料和构配件价值占施工产值的 60%。

（2）工程预付款为工程造价的 20%。

（3）工程进度款按月结算。

（4）工程质量保修金为合同价的 5%。

（5）材料价差调整按规定进行。

工程各月实际完成产值如表 5-24 所示，按地方有关规定，上半年材料差价应上调 10%。

承包商实际完成产值

表 5-24

月份	二月	三月	四月	五月	六月
完成产值（万元）	50	100	150	200	100

该工程竣工验收并交付使用后，在保修期内发生屋面漏水的现象，业主通知施工单位后，施工单位迟迟不予维修。业主请另外一家施工单位进行修理，产生费用 2 万元。

【问题】

1. 影响工程预付款限额的因素有哪些？

2. 该工程预付款为多少？

3. 该工程各月结算工程价款各为多少？

4. 进行工程竣工结算的前提是什么？该工程竣工结算价款为多少？

5. 业主产生的修理费用 2 万元应如何处理？

【参考答案】

1. 影响工程预付款限额的因素有：①施工产值；②施工工期；③材料及构配件比重；④材料定额储备期。

2. 工程预付款为：$600 \times 20\% = 120$（万元）。

3.（1）工程预付款起扣点：

$$T = 600 - \frac{120}{60\%} = 400（万元）。$$

（2）各月结算工程款

二月：50 万元。

三月：100 万元。

四月：150 万元。

五月：$100 + 100 \times （1 - 60\%）= 140$（万元）。

六月：$100 \times （1 - 60\%）- 600 \times 5\% = 10$（万元）。

4.（1）工程竣工结算的前提是该工程按设计图纸完成全部工程量，并经验收合格。

（2）竣工结算价款：$600 + 600 \times 10\% - 570 - 600 \times 5\% = 60$（万元）。

5.（1）业主产生的修理费用 2 万元应从施工单位质量保修金中扣除。

（2）工程保修期结束，返还施工单位质量保修金数额为：30 万元加上该质量保修金在保修期内银行存款利息再减去 2 万元。